# 微积分导引（下）

An Introduction to Calculus

唐少强 编著

北京大学出版社
PEKING UNIVERSITY PRESS

## 图书在版编目(CIP)数据

微积分导引. 下 / 唐少强编著. —北京：北京大学出版社，2019.9
ISBN 978-7-301-30648-2

Ⅰ. ①微… Ⅱ. ①唐… Ⅲ. ①微积分 - 高等学校 - 教学参考资料 Ⅳ. ① O172

中国版本图书馆 CIP 数据核字 (2019) 第 167791 号

| | |
|---|---|
| 书　　　名 | 微积分导引（下） |
| | WEIJIFEN DAOYIN |
| 著作责任者 | 唐少强　编著 |
| 责 任 编 辑 | 刘啸 |
| 标 准 书 号 | ISBN 978-7-301-30648-2 |
| 出 版 发 行 | 北京大学出版社 |
| 地　　　址 | 北京市海淀区成府路 205 号　100871 |
| 网　　　址 | http://www.pup.cn |
| 电 子 信 箱 | zpup@pup.cn |
| 新 浪 微 博 | @北京大学出版社 |
| 电　　　话 | 邮购部 62752015　发行部 62750672　编辑部 62754271 |
| 印 刷 者 | 天津中印联印务有限公司 |
| 经 销 者 | 新华书店 |
| | 730 毫米 × 980 毫米　16 开本　16.25 印张　310 千字 |
| | 2019 年 9 月第 1 版　2019 年 9 月第 1 次印刷 |
| 定　　　价 | 49.00 元 |

未经许可，不得以任何方式复制或抄袭本书之部分或全部内容。
**版权所有，侵权必究**
举报电话：010-62752024　电子信箱：fd@pup.pku.edu.cn
图书如有印装质量问题，请与出版部联系，电话：010-62756370

# 前　　言

　　历史决定了有什么可讲, 时代决定了选什么来讲. 作为一个教员, 在可讲和选讲之间, 我们以执行方式体现自己的理解.

　　北大力学系的数学教学体系, 沿袭着 20 世纪 50 年代开始的传统. 这样的教学实践, 为一届又一届毕业生打下了扎实的数理基础. 不少前辈系友讲过: 北大给他最大的益处, 就是基础 (数学) 课, 无论从事什么样的研究工作, 甚至历经多次变故之后, 重启学术之门还是靠最初一两年大学数学的底子. 我教过的学生在回访时, 也往往持同样观点.

　　随着时间的推移, 力学面对的问题有所改变, 学生的背景、前景变化更大. 选什么讲和怎么讲, 近些年一直萦绕于我心中.

　　按照微积分的路数, 首先要回答: 什么是力学? 我们的学生为什么要学 (选) 力学? 或者更直击教员内心的: 如果你有孩子, 会建议他学力学吗? 以及, 如果学力学的是你的孩子, 你想教他些什么?

　　我不禁想起十多年前一则逸事. 林家翘先生九十华诞的晚宴上, 他的同学好友彭桓武先生 (他们都是周培源先生的弟子) 一袭黄袍, 到台前致辞, 讲述他理解的理论物理. 寿星与他讨论兴起, 也跑到话筒前. 两位宿儒最终的结论是: 英国的理论物理 (彭先生所学的) 和美国的应用数学 (林先生在麻省理工学院首创应用数学系) 其实是一回事.

　　今日来看, 我觉得还可以加上一条, (理科) 力学也属同一回事: 数学专营工具, 物理格物致知, 力学居于其间而兼求有用. 此处, 夹挤原理似可一 (滥) 用. 没有行当的力学自有其可矜之处: 与数学家相比, 力学家擅长建模, 于是可四两拨千斤, 不唯有用, 而且好用; 与物理学家相比, 力学家数学功底更深, 不需斥巨资做实验而可探知物理本质 (著名力学家泰勒 (G. I. Taylor) 是这方面的典范, 他设计简单实验抓住了流体力学的核心).

　　大学生的职业生涯在二十年、三十年的尺度上, 而现代科技的一个特点就是变化快, 因此他们将会面对的课题往往是当前教育所不能预知的. 授人以渔, 正是力学的长处. 从近年来的情况看, 我们的毕业生, 特别是出国留学的学生, 在去到传统

的力学应用领域 (包括机械工程、航空航天、机器人、土木工程等) 之外, 更有不少去到应用数学领域 (包括计算数学、概率统计、运筹等) 进一步深造.

概言之, 力学是一个擅建模、能解题、可致用的学科 (正如许多学者说的那样, "力学既是基础科学, 又是应用科学"), 非常适合选作接受本科教育的专业.

那么, 理想的 (理科) 力学家是怎样的呢? 还是引林家翘先生的话, 他认为一个应用数学家, 一方面在所从事的应用领域里要成为该领域的内行、一流专家, 另一方面由此做出的数学, 也应该是高明的数学. 我觉得, 对于我们的学生, 做这样的期许也是完全恰当的.

服务这样的目标, 微积分教学希望达成以下几个层次的目的.

最低的要求是学生会用微积分工具去解题, 能算对、算得快. 工具不一定能决定一个学生的成功, 但工具不掌握好, 可以决定他做某些事一定不成功. 牛顿创造的范例, 就是把物体的运动用微分方程的形式做抽象的叙述, 解出微分方程再回到物理的具体解读, 从而实现认识世界的目的. 假若爱因斯坦没有了解到黎曼流形, 广义相对论就无从谈起. 庞加莱指出, 如果没有数学分析这种语言, 我们就永远认识不到事物之间密切的类比, 于是永远不知道世界的内在和谐. 求导、积分这样看似机械的计算手段, 实际上正是哲人留给我们后辈锋利无比的干将莫邪.

稍高一点的要求是学生懂得微积分的基本概念和关键点, 特别是哪些地方是可能错的、容易错的. 换言之, 知道自己知识的边界. 武际可老师曾经用这种思路区分过力学家与 (土木) 工程师: 要盖一座楼, 不需要力学家, 采用建筑规范工程师就可胜任, 但如果依据建筑规范盖的楼倒了, 就必须用到力学家了. 微积分学习同样如是, 本册内容中关于一致收敛、绝对/条件收敛的讨论就是典型的案例. 能察觉这样的边界, 就有可能窥见基础性创新的堂奥. 严格的数学分析区别于只会做高等数学计算, 正基于这一个边界. 前面对于 (理科) 力学学生的期许, 也正是建立在这一个边界上.

更上一层, 还希望我们的学生理解逻辑, 建立自己的理性思维能力. 浅而言之, 受了严格分析教育的人, 应当知道什么是需要证明的, 以及什么算是一个证明 (如果自己会证明更好, 如果不会, 可以用数学家听得懂的语言, 为数学家提供研究课题). 这样, 他就可以不为 "嗨, 就是好, 就是好呀就是好呀就是好" 这样的断言所惑, 也不因房子车子票子位子的裹挟, 而忘了自己的追求. 深而言之, 虽然哥德尔说有的命题在体系内不可证, 然而, 一个理论体系自身按照逻辑推演就会产生矛盾的, 不是垃圾, 就是新科学的起源, 总之是不能想当然地全盘接受下来. 掌握理性思维, 不意味着我们推导的就一定正确 (还依赖于出发点或者假设是否正确), 但至少能够像黎曼函数的可积性证明中所做的, 剔除掉一大片函数值小于 $\varepsilon$ 的胡言乱语. 承认逻辑、具备了理性思维能力的学生, 才能成为德赛二先生的使徒.

有了上面这些讨论, 就可以说说关于怎么教微积分 (特别是下册) 的一点浅见.

"概念清, 算得快" 仍然是我们的基本思路.

先说 "算得快". 多元微分、多元积分的计算, 本质上仍然就是一元微积分所教的那些: 求偏导数就是 "睁一只眼、闭一只眼" 地只看一个自变量的求导; 重积分一般也是化为累次积分, 利用牛顿–莱布尼茨公式一层一层求. 上册内容掌握得不够熟练的同学, 在本册学习中会迅速落下来, 而且觉得教学进度非常快. 因此, 有必要提醒上学期学得不理想的同学, 务必利用寒假时间补习 (主要是简单的求导、求不定积分部分, 概念性更强、证明类的问题对于这些同学可以先缓一缓, 有机会再提高).

再说 "概念清". 虽然对于大多数学生, 基本的教学目的侧重在计算那边, 但课堂讲授更应强调概念与逻辑, 因为这些内容学生较难通过自己的思考弄通理顺. 这些概念性部分的学习, 可以采用求同求异的办法. 求同, 就是看看与之前一元情况有什么相同的地方, 利用以前的知识直接掌握吸收. 求异, 就是看看有什么本质上不同的地方, 例如重积分一章, 积分区域就是大不同之处, 直接导致需要引入零测集与若尔当可测集, 通过函数的延拓来定义重积分 (这跟通过确界定义实数的乘法异曲而同工). 对于这样的地方, 要格外加深理解. 此外, 脑子里形成一些反例也是辨清概念的他山之石.

板书是讲授微积分的 "正楷". 由于知识量极为厚重, 即使以板书来延宕讲课进度, 对于大多数学生来说, 微积分每堂课的内容也非常充实, 因此, 应谨慎使用 PPT 等先进教学手段. 微积分不是一个可以高高提起, 轻轻放下的课程, 上课也不是听戏, 必须让大部分学生跟着教员的思路, 亦步亦趋地走一遍, 才有可能学明白. 上过课后学生知道大致讲过些什么, 但落到习题却上不了手, 是微积分教学的大忌. 诸如翻转课堂、慕课等先进理念, 如何在严谨的理科微积分教学中成为真正性价比更高的有效手段, 还是一个需要摸索的课题.

激发学生的兴趣、能动性永远是教学的主要目标之一, 但也要让他们认识到严谨的学习不是, 也不会是一个全时段、全方位有趣的事情, "只有不畏艰险勇于攀登的人, 才能到达光辉的顶峰". 不讨好学生与不故作高冷同样重要. 如果有部分学生, 发现自己确实不适合、不喜欢基于严谨思考、逻辑线长的学科的学习, 及早让他们通过微积分这样的课程认识自己, 无论从个体还是从社会来看, 都未必不是一桩好事. 需要说明的是, 我们从来不认为只有学好微积分的人才是聪明的人, 或是对社会有用的人. 教育的终极目的, 是帮助学生发现更好的自己、造就更好的自己, 而这里 "好" 的内涵中, 适合做、喜欢做是核心部分, 应当由每个人自己 (而不是老师、家长或者社会) 去判断.

具体到教学内容上, 下册的主要内容包括一元函数可积性和广义积分、多元微积分、含参变元的积分和级数.

一元函数的可积性和广义积分都是上册内容的后续. 可积性最简明有用的结

论是闭区间上连续函数必可积，于是导数、不定积分、(变上/下限) 定积分通过牛顿–莱布尼茨公式就完成了一个知识系统的闭环. 最重要的结论是可积性的判别定理，从增加一个分割点的引理出发，通过达布上下和、上下积分来抽丝剥茧，给学生展示了一个数学课题完整的研究过程. 可积性的深入研究，也是测度论和实变函数的先声. 广义积分在理论上的重要性是在积分这样一个极限过程的外面，又引入了另一个极限过程，即积分限的极限.

多元微积分从多维空间开始，这跟上册的实数部分密切相连. 线性空间和范数给出了多维空间的结构，特别地，按照范数来定义收敛，多维函数/序列的极限就迎刃而解. 这段内容中比较深刻、比较难的概念是紧致性. 学习这章时，建议首先考虑二维平面，在想通了之后再形式上写到任意维. 此外，要特别注意多维和一维的区别 (如按照集合收敛).

与一元情况不同，多元可微和多元可导并不等价. 对于足够光滑的函数，可导、可微等价，而且可以进行多重的求导得到高阶导数. 多元情况下，复合函数的求导公式变得更加复杂，此时需要用线性代数的记号表达和运算. 运用这些知识，可以得到泰勒展开、隐函数定理，并计算多元函数的极值. 这一部分的最后，在三维空间，我们讨论古典微分几何中曲线的刻画，以及曲面的第一和第二基本形式.

多元函数重积分的引入，靠的是可积性的讨论，其过程与一元函数几乎完全一样，并引出了零测集和若尔当可测集的概念. 重积分的计算，一般是通过化为累次积分一层一层求解，适当交换顺序和换元有时候能简化积分过程. 在三维空间里，根据应用背景的不同，分别有第一、第二型的曲线积分和曲面积分，格林公式、高斯公式和斯托克斯公式，以及梯度、散度、旋度，在物理、力学和工程中有很重要的应用.

与广义积分类似，含参变元的积分也引入了更多的极限过程，积分与极限、求导、另一层积分之间的交换性，常常需要一致收敛性加以保障.

最后，我们讨论数项级数、函数项级数，以及傅里叶级数. 级数不仅在概念上很重要 (容易引起混淆从而成为极限等概念的试金石)，而且曾经在数学分析与计算中发挥重要作用. 函数项级数在复变函数、微分方程的研究中也是基本手段. 傅里叶级数 (以及由此衍生的傅里叶变换) 对于分析线性 (微分、积分、差分等) 系统极其便利，从而广为应用.

教学安排上，完整讲授上述内容需要大致 96 学时的大课 (此外还应有 32 学时的习题课). 有条件进行三学期教学的，建议第二学期、第三学期各 64 学时 (目前北大力学系采用的方案)，其中第三学期讲授含参变元的积分、级数这两章，再补充测度论和/或流形上的微积分等内容. 对于非力学专业、两学期完成微积分教学，且只有 64 学时的，可以考虑不讲古典微分几何、场论、含参变元的积分. 随着计算工具的发展，级数在求解方程等方面的不可替代性减弱了，因此，这部分内容在本书中做了一些删减, 但完整的微积分教学, 级数还是不可或缺的.

最后, 为力学专业和为此服务的微积分写句宣传语:

以理性之力, 细思众妙之门;

藉工程之用, 尽展科学之徽.

感谢北大出版社刘啸同志的勉励与帮助, 以及郝进华同学帮助输入讲义的初稿, 王勇教授、孙博天同学帮着校正文字.

# 目　　录

**第七章　定积分的进一步讨论** · · · · · · · · · · · · · · · · · · · · · · · · · · · · · · · · · · · · · · · · 1
  7.1　定积分存在的一般条件 · · · · · · · · · · · · · · · · · · · · · · · · · · · · · · · · · · · · · · 1
  7.2　可积函数类与牛顿–莱布尼茨公式再讨论 · · · · · · · · · · · · · · · · · · · · 7
  7.3　积分中值定理 · · · · · · · · · · · · · · · · · · · · · · · · · · · · · · · · · · · · · · · · · · · · · · · · 13
  7.4　定积分的其他应用选讲 · · · · · · · · · · · · · · · · · · · · · · · · · · · · · · · · · · · · · · 18
  习题 · · · · · · · · · · · · · · · · · · · · · · · · · · · · · · · · · · · · · · · · · · · · · · · · · · · · · · · · · · · · · · · · · 23

**第八章　广义积分** · · · · · · · · · · · · · · · · · · · · · · · · · · · · · · · · · · · · · · · · · · · · · · · · · · · · · 25
  8.1　广义积分的定义与计算 · · · · · · · · · · · · · · · · · · · · · · · · · · · · · · · · · · · · · · 25
  8.2　广义积分的收敛原理与判别法 · · · · · · · · · · · · · · · · · · · · · · · · · · · · · · 32
  习题 · · · · · · · · · · · · · · · · · · · · · · · · · · · · · · · · · · · · · · · · · · · · · · · · · · · · · · · · · · · · · · · · · 39

**第九章　多维空间** · · · · · · · · · · · · · · · · · · · · · · · · · · · · · · · · · · · · · · · · · · · · · · · · · · · · · 41
  9.1　线性空间、距离空间和赋范空间：$\mathbb{R}^m$ 的代数结构和几何结构 · · · 41
  9.2　$\mathbb{R}^m$ 中的收敛点列、函数极限、连续及向量值函数 · · · · · · · · · · 49
  9.3　$\mathbb{R}^m$ 中有界闭集上连续函数的性质 · · · · · · · · · · · · · · · · · · · · · · · · · 57
  9.4　紧致性 · · · · · · · · · · · · · · · · · · · · · · · · · · · · · · · · · · · · · · · · · · · · · · · · · · · · · · · · · 59
  9.5　连通性 · · · · · · · · · · · · · · · · · · · · · · · · · · · · · · · · · · · · · · · · · · · · · · · · · · · · · · · · · 63
  习题 · · · · · · · · · · · · · · · · · · · · · · · · · · · · · · · · · · · · · · · · · · · · · · · · · · · · · · · · · · · · · · · · · 65

**第十章　多元微分** · · · · · · · · · · · · · · · · · · · · · · · · · · · · · · · · · · · · · · · · · · · · · · · · · · · · · 67
  10.1　偏导数和全微分 · · · · · · · · · · · · · · · · · · · · · · · · · · · · · · · · · · · · · · · · · · · · · 67
  10.2　复合函数的偏导数与全微分 · · · · · · · · · · · · · · · · · · · · · · · · · · · · · · · · 75
  10.3　高阶偏导数 · · · · · · · · · · · · · · · · · · · · · · · · · · · · · · · · · · · · · · · · · · · · · · · · · · 81
  10.4　有限增量公式与泰勒公式 · · · · · · · · · · · · · · · · · · · · · · · · · · · · · · · · · · · 88
  10.5　隐函数定理 · · · · · · · · · · · · · · · · · · · · · · · · · · · · · · · · · · · · · · · · · · · · · · · · · · 91
  10.6　矩阵值函数与向量值函数的微分 · · · · · · · · · · · · · · · · · · · · · · · · · · · 96
  10.7　多元函数的极值 · · · · · · · · · · · · · · · · · · · · · · · · · · · · · · · · · · · · · · · · · · · · 101
  10.8　微分学的几何应用 · · · · · · · · · · · · · · · · · · · · · · · · · · · · · · · · · · · · · · · · · · 110
  习题 · · · · · · · · · · · · · · · · · · · · · · · · · · · · · · · · · · · · · · · · · · · · · · · · · · · · · · · · · · · · · · · · 123

## 第十一章　多元积分 ........ 128
- 11.1　闭方块上的积分 ........ 128
- 11.2　可积条件 ........ 131
- 11.3　重积分化为累次积分 ........ 138
- 11.4　若尔当可测集上的积分 ........ 141
- 11.5　换元法求重积分 ........ 149
- 11.6　第一型曲线积分 ........ 156
- 11.7　第一型曲面积分 ........ 157
- 11.8　第二型曲线积分 ........ 161
- 11.9　第二型曲面积分 ........ 163
- 11.10　格林公式、高斯公式和斯托克斯公式 ........ 168
- 11.11　场论初步 ........ 173
- 习题 ........ 180

## 第十二章　含参变元的积分 ........ 184
- 12.1　含参变元的常义积分 ........ 184
- 12.2　一致收敛性 ........ 188
- 12.3　含参变元广义积分 ........ 192
- 12.4　欧拉积分 ........ 199
- 习题 ........ 208

## 第十三章　级数 ........ 211
- 13.1　数项级数 ........ 211
- 13.2　函数项级数 ........ 229
- 13.3　傅里叶级数 ........ 237
- 习题 ........ 247

# 第七章 定积分的进一步讨论

## 7.1 定积分存在的一般条件

在本书上册的第六章中,我们对于闭区间 $[a,b]$ 上的函数 $f(x)$,通过黎曼和的极限定义了积分

$$I = \int_a^b f(x)\mathrm{d}x = \lim_{|P|\to 0} \sigma(f,P,\xi) = \lim_{|P|\to 0} \sum_{i=1}^n f(\xi_i)\Delta x_i.$$

黎曼和的取值有两个待定的因素:一是分割

$$P = \{a = x_0, x_1, \cdots, x_n = b\};$$

二是标志点组

$$\xi = \{\xi_1, \xi_2, \cdots, \xi_n\}, \quad \xi_i \in [x_{i-1}, x_i], i = 1, \cdots, n.$$

这里的极限也不是简单的函数极限,而是

$$\exists I \in \mathbb{R}, \forall \varepsilon > 0, \exists \delta > 0, \forall |P| < \delta, 有 |\sigma(f,P,\xi) - I| < \varepsilon.$$

关于这个极限何时存在,即可积性问题,前面讨论中得到的主要结论包括:由 $\int_a^b f(x)\mathrm{d}x$ 存在可推导出 $f(x)$ 有界;有不定积分的函数可积 (牛顿–莱布尼茨公式);闭区间上连续函数可积.

严格按照定义求积分时,例如对于区间 $[0,1]$ 上的函数 $f(x) = x$,可以先做等距分割 $x_i = \dfrac{i}{n}$. 如果选取每个小区间中点为标志点,

$$\xi_i = \frac{x_{i-1} + x_i}{2} = \frac{2i-1}{2n},$$

计算可得

$$\sigma(f,P,\xi) = \sum_{i=1}^n \frac{2i-1}{2n} \cdot \frac{1}{n} = \frac{1}{2}.$$

现在选择其他标志点来试一试,看看与选择中点有多大差别. 选择区间左端点 $\xi_i = x_{i-1}$,得到最小的有限和

$$\sigma(f,P,\xi) = \sum_{i=1}^n \frac{i-1}{n} \cdot \frac{1}{n} = \frac{n-1}{2n};$$

而若选择区间右端点 $\xi_i = x_i$, 则得到最大的有限和

$$\sigma(f, P, \xi) = \sum_{i=1}^{n} \frac{i}{n} \cdot \frac{1}{n} = \frac{n+1}{2n}.$$

对于一般的函数和分割, 严格计算就更烦琐. 但由上可见, 不同标志点组的选取可能带来有限和的区别, 这种区别可以用最大和最小的有限和来刻画.

换言之, 如图 7.1 所示, 我们退后一步, 当 $P$ 选定后, 考虑标志点组的极端选择, 记第 $k$ 个区间上的上下确界和上下确界之差为

$$m_k = \inf_{x \in [x_{k-1}, x_k]} f(x), \quad M_k = \sup_{x \in [x_{k-1}, x_k]} f(x), \quad \omega_k = M_k - m_k \geqslant 0,$$

在整个区间上的上下确界和上下确界之差为

$$m = \inf_{x \in [a,b]} f(x), \quad M = \sup_{x \in [a,b]} f(x), \quad \omega = M - m \geqslant 0.$$

对于上面的例子, $m_k = x_{k-1}, M_k = x_k, \omega_k = \Delta x = \dfrac{1}{n}, m = x_0 = 0, M = x_n = 1, \omega = 1$.

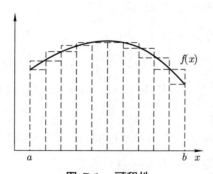

图 7.1 可积性

**定义 7.1** 对于函数 $f(x)$, 分割 $P$, 定义达布 (Darboux) 下和为

$$L(f, P) = \sum_{i=1}^{n} m_i \Delta x_i,$$

达布上和为

$$U(f, P) = \sum_{i=1}^{n} M_i \Delta x_i.$$

由上下确界的定义, 对于任意的标志点组 $\xi$, 有
$$L(f,P) \leqslant \sigma(f,P,\xi) \leqslant U(f,P).$$
而由于这里只涉及有限和, 因此
$$\inf_{\xi} \sigma(f,P,\xi) = L(f,P), \quad \sup_{\xi} \sigma(f,P,\xi) = U(f,P).$$

其实, 上册第六章里考察面包大小时, 在切好面包片之后售货员和顾客各自认同的面包大小正是达布上和与达布下和. 需要指出的是, 这里并没有按照区间中标志点 $\xi_k$ 来定义上和与下和, 这是因为对于一般的函数, 有可能小区间里的上、下确界不能取到 (如在接近上、下确界的地方函数不连续), 用标志点来定义就得额外引入极限.

对先前的例子 $f(x) = x$ 和 $[0,1]$ 上的均匀分割, 有
$$L(f,P) = \sum_{i=1}^{n} \frac{i-1}{n} \cdot \frac{1}{n} = \frac{1}{n^2} \cdot \frac{(n-1) \cdot n}{2} = \frac{n-1}{2n},$$
$$U(f,P) = \sum_{i=1}^{n} \frac{i}{n} \cdot \frac{1}{n} = \frac{1}{n^2} \cdot \frac{(n+1) \cdot n}{2} = \frac{n+1}{2n}.$$
于是
$$\lim_{|P| \to 0} |L(f,P) - U(f,P)| = 0.$$
这说明无论标志点组怎么取, 分割无限加细时有限和的区别趋于 0, 相应地, $\int_0^1 x \mathrm{d}x$ 存在.

但对一般的分割、一般的函数怎么处理? 我们直觉上认同: 如果分割无限加细时上下和的差趋于 0, 则积分存在. 这是否能够从定积分的定义出发加以严格证明呢?

**引理 7.1 (加细一个分点)** 在 $[a,b]$ 上函数 $f(x)$ 有界, 对于分割 $P = \{a = x_0 < x_1 < \cdots < x_n = b\}$, 考虑增加一个分点 $\widetilde{x}_k \in (x_{k-1}, x_k)$, 并定义加细一个点的分割 $P' = P \cup \{\widetilde{x}_k\}$, 有

(1) $L(f,P) \leqslant L(f,P') \leqslant L(f,P) + \omega|P|$;

(2) $U(f,P) \geqslant U(f,P') \geqslant U(f,P) - \omega|P|$.

**证明** $L(f,P)$ 的第 $k$ 个加项为 $m_k(x_k - x_{k-1})$, 其中 $m_k = \inf\limits_{x \in [x_{k-1}, x_k]} f(x)$. 而相应 $L(f,P')$ 的加项有两项, 即
$$\inf_{x \in [x_{k-1}, \widetilde{x}_k]} f(x)(\widetilde{x}_k - x_{k-1}) + \inf_{x \in [\widetilde{x}_k, x_k]} f(x)(x_k - \widetilde{x}_k).$$

注意到 $\inf\limits_{x\in[x_{k-1},\widetilde{x}_k]} f(x), \inf\limits_{x\in[\widetilde{x}_k,x_k]} f(x) \in [m_k, M_k]$，于是

$$0 \leqslant L(f,P') - L(f,P) \leqslant (M_k - m_k)(x_k - x_{k-1}) \leqslant \omega|P|.$$

即 (1) 式成立. 同理可证 (2) 式成立.

通过关于 $l$ 归纳即可证明以下推广 (注意到加细后分割的模不增加).

**引理 7.2 (加细 $l$ 个分点)** 在 $[a,b]$ 上函数 $f(x)$ 有界，对于分割 $P = \{a = x_0 < x_1 < \cdots < x_n = b\}$，考虑增加 $l$ 个分点 $y_1, \cdots, y_l \in [a,b]$，并定义加细 $l$ 个点的分割 $P' = P \cup \{y_1, \cdots, y_l\}$，有

(1) $L(f,P) \leqslant L(f,P') \leqslant L(f,P) + l\omega|P|$;

(2) $U(f,P) \geqslant U(f,P') \geqslant U(f,P) - l\omega|P|$.

我们看到，加细后下和不减小、上和不增大. 由此可得以下结论.

**引理 7.3** $f(x)$ 为有界函数，$P_1$ 与 $P_2$ 为 $[a,b]$ 的两个任意的分割，则

$$L(f,P_1) \leqslant U(f,P_2).$$

**证明** 考虑分割 $P_1 \cup P_2$，它既是 $P_1$ 的加细，也是 $P_2$ 的加细，有

$$L(f,P_1) \leqslant L(f, P_1 \cup P_2)$$
$$\leqslant U(f, P_1 \cup P_2)$$
$$\leqslant U(f, P_2).$$

该引理告诉我们，任选定一个 $P_0$ 后，对于任意的 $P, L(f,P)$ 以 $U(L,P_0)$ 为上界，$U(f,P)$ 以 $L(f,P_0)$ 为下界. 由确界原理可以给出以下定义.

**定义 7.2** 对于 $[a,b]$ 上的有界函数 $f(x)$，达布下积分为 $\underline{I} = \sup\limits_{P} L(f,P)$，达布上积分为 $\overline{I} = \inf\limits_{P} U(f,P)$.

在有的书上，把下积分记为 $\underline{\int_a^b} f(x)\mathrm{d}x$，上积分记为 $\overline{\int_a^b} f(x)\mathrm{d}x$. 以下引理指出，下积分这个达布下和的上确界就是分割无穷加细的极限. 上积分与此类似.

**引理 7.4** 对于 $[a,b]$ 上的有界函数 $f(x)$，$\underline{I} = \lim\limits_{|P|\to 0} L(f,P)$，$\overline{I} = \lim\limits_{|P|\to 0} U(f,P)$.

**证明** 由 $\underline{I}$ 作为上确界的定义，$\forall \varepsilon > 0, \exists P_0$，满足

$$\underline{I} - \varepsilon < L(f,P_0) \leqslant \underline{I}.$$

记 $P_0$ 内部分点个数为 $n$, 取 $\delta = \dfrac{\varepsilon}{n\omega + 1} > 0, \forall |P| < \delta$, 视 $P \cup P_0$ 为 $P$ 的增加 $n$ 个分点的加细. 由前述引理,
$$L(f, P_0) \leqslant L(f, P \cup P_0) \leqslant L(f, P) + n\omega|P|.$$

于是
$$\begin{aligned}\underline{I} &\geqslant L(f, P) \\ &\geqslant L(f, P_0) - n\omega|P| \\ &\geqslant \underline{I} - \varepsilon - n\omega\delta \\ &\geqslant \underline{I} - 2\varepsilon.\end{aligned}$$

所以,
$$\lim_{|P| \to 0} L(f, P) = \underline{I}.$$

同理可证 $\lim\limits_{|P| \to 0} U(f, P) = \overline{I}$.

**定理 7.1** $f(x)$ 在 $[a, b]$ 上有定义且有界, 则下述条件等价:
(1) $\forall \varepsilon > 0, \exists$ 分割 $P$, 满足 $U(f, P) - L(f, P) < \varepsilon$;
(2) $\underline{I} = \overline{I}$;
(3) $f(x)$ 在 $[a, b]$ 上可积.

**证明** (1) $\Rightarrow$ (2). $\forall \varepsilon > 0$, 由 (1) 知有分割 $P$, 满足 $U(f, P) - L(f, P) < \varepsilon$, 而
$$\overline{I} \leqslant U(f, P), \quad \underline{I} \geqslant L(f, P),$$

因此
$$0 \leqslant \overline{I} - \underline{I} \leqslant U(f, P) - L(f, P) < \varepsilon.$$

$\overline{I}, \underline{I}$ 为实数, 因而
$$\underline{I} - \overline{I} = 0.$$

(2) $\Rightarrow$ (3). 令 $I = \underline{I} = \overline{I}$, 由前述引理,
$$\lim_{|P| \to 0} L(f, P) = \underline{I} = I = \overline{I} = \lim_{|P| \to 0} U(f, P).$$

注意到
$$L(f, P) \leqslant \sigma(f, P, \xi) \leqslant U(f, P),$$

由夹挤原理知
$$\lim_{|P| \to 0} \sigma(f, P, \xi) = I.$$

(3) ⇒ (1). 由 $f$ 在 $[a,b]$ 上可积的定义, $\forall \varepsilon > 0, \exists \delta > 0$, 当 $|P| < \delta$ 时, 对任意的标志点组 $\xi$,
$$I - \varepsilon < \sigma(f, P, \xi) < I + \varepsilon.$$
任意取定一个这样的 $P$, 对黎曼和的每一个加项取上确界或下确界, 就有
$$I - \varepsilon \leqslant L(f, P) \leqslant U(f, P) \leqslant I + \varepsilon,$$
于是
$$U(f, P) - L(f, P) \leqslant 2\varepsilon.$$

通过上述推导, 我们发现可积的判断从积分原始定义 (3), 即对所有足够细分割都要求有限和接近 $I$, 退到在条件 (1) 中只需要找出一个上下和之差小于 $\varepsilon$ 的分割, 这就深入刻画了可积性. 回到面包大小的说法, 只要有一种切法使麻花部分的面积小于 $\varepsilon$ 即可.

我们记
$$\Omega(f, P) = \sum_{i=1}^{n} \omega_i \Delta x_i = U(f, P) - L(f, P),$$
则
$$\lim_{|P| \to 0} \Omega(f, P) = \overline{I} - \underline{I}.$$

上述定理可改写如下.

**定理 7.2** $f(x)$ 在 $[a,b]$ 上有定义且有界, 则下述条件等价:
(1) $\forall \varepsilon > 0, \exists$ 分割 $P$, 满足 $\Omega(f, P) < \varepsilon$;
(2) $\lim\limits_{|P| \to 0} \Omega(f, P) = 0$;
(3) $f(x)$ 在 $[a,b]$ 上可积.

**例 7.1** 考察 $[0,1]$ 上狄利克雷函数
$$D(x) = \begin{cases} 1, & x \in \mathbb{Q}, \\ 0, & x \notin \mathbb{Q} \end{cases}$$
的可积性.

**解** 在任意区间 $[x_{k-1}, x_k]$ 上都同时有有理数和无理数, 因此上下确界之差 $\omega_k = 1$,
$$\Omega(D(x), P) = \sum_{k=1}^{n} \omega_k \Delta x_k = \sum_{k=1}^{n} \Delta x_k = 1,$$
故 $D(x)$ 不可积.

**例 7.2** 求证 $[0,1]$ 上黎曼函数

$$R(x) = \begin{cases} \dfrac{1}{q}, & x = \dfrac{p}{q}, (p,q)=1, \\ 0, & x \notin \mathbb{Q} \end{cases}$$

可积.

**证明** $\forall \varepsilon > 0, \exists q^* \in \mathbb{N}, \dfrac{1}{q^*} \geqslant \varepsilon$. 那么仅存在有限个有理点, 形如 $\dfrac{p}{q}, (p,q)=1, q \leqslant q^*$, 记为 $r_1, \cdots, r_N$.

令 $\eta = \min\left(\dfrac{1}{(q^*)^2}, \dfrac{\varepsilon}{2N}\right)$, 取 $[0,1]$ 上的分割 $P \supseteq \{r_1-\eta, r_1+\eta, \cdots, r_N-\eta, r_N+\eta\}$, 则仅在 $\bigcup\limits_{i=1}^{N}[r_i-\eta, r_i+\eta]$ 上 $R(x)$ 有不小于 $\varepsilon$ 的点, 这样的区间长度之和为 $2N\eta$. 在其余点上 $\omega < \varepsilon$.

综上,
$$\Omega(f,P) = \sum_i \omega_i \Delta x_i < \varepsilon \cdot 1 + 2N\eta \leqslant \varepsilon + \varepsilon = 2\varepsilon.$$

## 7.2 可积函数类与牛顿–莱布尼茨公式再讨论

利用函数可积的判断定理, 我们可以更为方便地研究函数的可积性. 先看一个例子.

**例 7.3** $\int_0^1 \sin x \, dx$ 可积.

**证明** 我们计算 $\Omega(\sin x, P)$, 为此先计算区间 $[x_{i-1}, x_i]$ 上的上下确界之差.
运用单调性和中值定理, 有
$$\omega_i = \sin x_i - \sin x_{i-1} = \cos \xi_i \Delta x_i \leqslant \Delta x_i.$$

因此,
$$\Omega(f,P) = \sum_{i=1}^n \omega_i \Delta x_i \leqslant \sum_{i=1}^n \Delta x_i |P| = |P|.$$

由夹挤原理, 知 $\lim\limits_{|P| \to 0} \Omega(f,P) = 0$.

这个例子容易推广到闭区间上导数有界的函数, 但我们可以证明更为一般的结论.

为此, 先证明以下的引理, 用于表示 $\omega_i$.

**引理 7.5** 对于区间 $J$ 上的函数 $\varphi(x)$，有

$$\sup_{x,x'\in J}|\varphi(x)-\varphi(x')|=\sup_{x\in J}\varphi(x)-\inf_{x\in J}\varphi(x).$$

**证明** 若 $\omega=\sup\limits_{y\in J}\varphi(y)-\inf\limits_{y\in J}\varphi(y)=0$，则 $\varphi(x)$ 为常值函数，结论显然成立.
若 $\omega>0$，则一方面 $\forall x,x'\in J$，

$$|\varphi(x)-\varphi(x')|\leqslant\sup_{y\in J}\varphi(y)-\inf_{y\in J}\varphi(y);$$

另一方面，$\forall\varepsilon>0$，且 $\varepsilon<\omega$，$\exists x,x'\in J$，

$$\varphi(x)>\sup_{y\in J}\varphi(y)-\frac{\varepsilon}{2},\ \varphi(x')<\inf_{y\in J}\varphi(y)+\frac{\varepsilon}{2}.$$

于是

$$\varphi(x)-\varphi(x')>\omega-\varepsilon.$$

由上确界定义，引理成立.

以下讨论中，为方便起见，我们用 $\omega_i(f)$ 表示函数 $f(x)$ 在第 $i$ 个区间 $[x_{i-1},x_i]$ 上的上下确界之差.

**定理 7.3** 设 $f,g$ 在 $[a,b]$ 上可积，则有：
(1) $f\pm g$ 可积；
(2) $|f|$ 可积；
(3) $fg$ 可积；
(4) 若 $d>0,|f|\geqslant d$，则 $\dfrac{1}{f}$ 可积.

**证明** 由 $|(f+g)(x)-(f+g)(x')|\leqslant|f(x)-f(x')|+|g(x)-g(x')|$，知

$$\begin{aligned}\omega_i(f+g)&=\sup_{x,x'\in[x_{i-1},x_i]}|(f+g)(x)-(f+g)(x')|\\&\leqslant\sup_{x,x'\in[x_{i-1},x_i]}(|f(x)-f(x')|+|g(x)-g(x')|)\\&\leqslant\sup_{x,x'\in[x_{i-1},x_i]}|f(x)-f(x')|+\sup_{x,x'\in[x_{i-1},x_i]}|g(x)-g(x')|\\&=\omega_i(f)+\omega_i(g).\end{aligned}$$

于是 $\Omega(f+g,P)\leqslant\Omega(f,P)+\Omega(g,P)$，当 $|P|\to 0$，其极限为 0，故 $f+g$ 可积.
同理 $f-g$ 可积.

## 7.2 可积函数类与牛顿–莱布尼茨公式再讨论

由绝对值不等式 $||f(x)|-|f(x')||\leqslant |f(x)-f(x')|$，知

$$\omega_i(|f|) = \sup_{x,x'\in[x_{i-1},x_i]} ||f(x)|-|f(x')||$$
$$\leqslant \sup_{x,x'\in[x_{i-1},x_i]} |f(x)-f(x')|$$
$$= \omega_i(f).$$

其余部分的证明类似于加法，故 $|f|$ 可积. 实际上我们仅需考虑小区间内任意两点函数之差.

再看乘法. $f,g$ 可积故有界，不妨设 $|f|,|g|\leqslant L$，则有

$$|f(x)g(x)-f(x')g(x')| = |f(x)(g(x)-g(x'))+g(x')(f(x)-f(x'))|$$
$$\leqslant L(|g(x)-g(x')|+|f(x)-f(x')|).$$

于是 $\omega_i(fg)\leqslant L(\omega_i(f)+\omega_i(g))$，同上可得 $fg$ 的可积性.

除法留给读者完成.

我们特别对这里的 $|f|$ 可积做一点讨论. 首先，其逆命题不对，例如 $\left|D(x)-\frac{1}{2}\right|=\frac{1}{2}$ 可积，但 $D(x)-\frac{1}{2}$ 不可积. 其次，今后讲到广义积分的时候，会讨论绝对可积和条件可积，那时 $|f|$ 可积一定有 $f$ 可积，而逆命题不正确，跟这里 (常义) 积分可积性的结论不要混淆.

**定理 7.4** $f$ 在 $[a,b]$ 上可积，$[c,d]\subset[a,b]$，则 $f$ 在 $[c,d]$ 上可积.

**证明** 由 $f$ 在 $[a,b]$ 上可积知

$$\lim_{|P|\to 0} \Omega(f,P) = 0,$$

因此，$\forall \varepsilon>0, \exists\delta>0, \forall |P|<\delta, \Omega(f,P)<\varepsilon$.

分别对 $[a,c],[c,d],[d,b]$ 做分割 $P_1,P_2,P_3$，各自的模都小于 $\delta$，则 $P^*=P_1\cup P_2\cup P_3$ 满足 $|P^*|<\delta$，因此 $\Omega(f,P^*)<\varepsilon$.

显然，上述 $\Omega(f,P^*)$ 的和式中包含了 $f(x)$ 在 $[c,d]$ 上的部分，因此，

$$\Omega(f,P_2)\leqslant \Omega(f,P^*)<\varepsilon.$$

**定理 7.5** 若 $f$ 在 $[a,b]$ 上单调，则 $f$ 在 $[a,b]$ 上可积.

**证明** 由 $f$ 单调，不妨设其单调递增，则 $\omega_i=f(x_i)-f(x_{i-1})$，于是

$$\Omega(f,P)=\sum_i \omega_i\Delta x_i\leqslant \sum_i \omega_i|P|=|f(b)-f(a)||P|,$$

因此
$$\lim_{|P|\to 0} \Omega(f,P) = 0.$$

**定理 7.6** 若 $f \in C[a,b]$，则 $f$ 在 $[a,b]$ 上可积.

**证明** $f \in C[a,b]$，则 $f(x)$ 在 $[a,b]$ 上一致连续，即 $\forall \varepsilon > 0, \exists 0 < \delta < 1$. 于是，只要 $|P| < \delta$，就有
$$\omega_i = \sup_{x,x' \in [x_{i-1},x_i]} |f(x) - f(x')| < \varepsilon,$$
因此，
$$\Omega(f,P) < \varepsilon \sum_{i=1}^n \Delta x_i = \varepsilon(b-a).$$
由可积性判别定理知 $f$ 在 $[a,b]$ 上可积.

**定理 7.7** 若 $f$ 在 $[a,b]$ 上有界，而且除有限个间断点外连续，则 $f$ 在 $[a,b]$ 上可积.

注意到每个间断点对 $\Omega(f,P)$ 的贡献最多为 $4K|P|$，其中 $K$ 为 $|f(x)|$ 的上界. 请读者给出详细的证明.

**定理 7.8** $f,g$ 在 $[a,b]$ 上有定义，$f$ 在 $[a,b]$ 上可积，且除了在 $c_1 \cdots c_N$ 点之外，$f = g$，则 $g$ 在 $[a,b]$ 上可积，且
$$\int_a^b g(x)\mathrm{d}x = \int_a^b f(x)\mathrm{d}x.$$

**证明** 记 $K = \max_{1 \leqslant i \leqslant N}(|f(c_i) - g(c_i)|)$. $\forall P, \xi$，有
$$|\sigma(f-g, P, \xi)| \leqslant 4NK|P|,$$
故
$$\int_a^b (f-g)\mathrm{d}x = 0.$$
由可积函数之差仍为可积函数，得
$$\int_a^b g(x)\mathrm{d}x = \int_a^b f(x)\mathrm{d}x - \int_a^b (f(x) - g(x))\mathrm{d}x = \int_a^b f(x)\mathrm{d}x.$$

回顾牛顿–莱布尼茨公式为：若 $\exists F(x)$，满足 $F'(x) = f(x)$，则 $\int_a^b f(x)\mathrm{d}x$ 可积，且
$$\int_a^b f(x)\mathrm{d}x = F(b) - F(a).$$

现在, 若 $f(x)$ 在 $[a,b]$ 可积, $\forall x_0 \in [a,b]$, 必有 $f(x)$ 在 $[a,x_0]$ 上可积, 记为 $\Phi(x_0)$. 考虑 $x_0$ 在 $[a,b]$ 上变化, 就定义了一个函数

$$\Phi(x) = \int_a^x f(t)\mathrm{d}t.$$

注意到 $\Phi(a) = 0$, 显然有

$$\int_a^b f(x)\mathrm{d}x = \Phi(b) - \Phi(a).$$

那么, 是否能确定 $\Phi(x)$ 就是牛顿–莱布尼茨公式中的 $F(x)$ 呢? 这其实是问, 是否有 $\Phi'(x) = f(x)$.

从上面的定理, 我们容易知道一般情况下答案是否定的. 例如, 考虑函数 $\widetilde{f}(x)$ 与 $f(x)$ 仅在有限个点上不等, 则二者均可积, 且积分相等, 那么, $\Phi'(x)$ 即便存在, 也不能同时既等于 $f(x)$, 又等于 $\widetilde{f}(x)$.

但如果 $f(x)$ 连续, 情况就不同了.

**定理 7.9** 若 $f$ 在 $[a,b]$ 上可积, 则 $\int_a^x f(t)\mathrm{d}t$ 在 $[a,b]$ 上连续.

**证明** 不妨设 $|f| \leqslant K$, 则

$$|\Phi(x) - \Phi(x')| = \left|\int_{x'}^x f(t)\mathrm{d}t\right| \leqslant K|x - x'|.$$

因此, $\Phi(x)$ 连续 (且利普希茨 (Lipschitz) 连续[①]).

**定理 7.10** 若 $f$ 在 $[a,b]$ 上可积, 且在 $x_0 \in (a,b)$ 连续, 则 $\Phi(x)$ 在 $x_0$ 可导且

$$\Phi'(x_0) = f(x_0).$$

**证明**

$$\left|\frac{\Phi(x) - \Phi(x_0)}{x - x_0} - f(x_0)\right| = \left|\frac{1}{x - x_0}\int_{x_0}^x f(t) - f(x_0)\mathrm{d}t\right|$$

$$\leqslant \frac{1}{|x - x_0|} \sup_{t \in [x_0,x] \cup [x,x_0]} |f(t) - f(x_0)| \cdot |x - x_0|$$

$$= \sup_{t \in [x_0,x] \cup [x,x_0]} |f(t) - f(x_0)|.$$

---

[①]若 $\exists K \in \mathbb{R}^+, \forall x,x' \in [a,b]$, 有

$$|f(x) - f(x')| \leqslant K|x - x'|,$$

则称函数 $f(x)$ 在 $[a,b]$ 上利普希茨连续.

由 $f(x)$ 在 $x_0$ 点的连续性，右端在 $x \to x_0$ 时收敛到 0，于是按导数定义，有

$$\Phi'(x_0) = f(x_0).$$

上述定理对内点成立. 类似地，对于边界点 $a$ (或 $b$)，如果知道 $f(x)$ 的单侧连续性，则 $\Phi(x)$ 的单侧导数存在且为 $f(x)$.

综上，我们有下面的定理.

**定理 7.11 (牛顿–莱布尼茨公式)** 若 $f \in C([a,b])$，则

$$\Phi(x) = \int_a^x f(t)\mathrm{d}t$$

是 $f$ 的一个原函数，且 $f$ 的任一原函数在 $[a,b]$ 上均可表示为

$$\Phi(x) + C.$$

上述函数 $\Phi(x)$ 称为变上限积分，因为其中的积分上限是一个变量. 类似地，我们可以定义变下限积分

$$\Psi(x) = \int_x^b f(t)\mathrm{d}t.$$

容易证明与变上限积分类似的结论，特别地，在 $f(x)$ 的连续点 $x_0$ 处，

$$\Psi'(x_0) = -f(x_0).$$

其实，从

$$\Phi(x) + \Psi(x) = \int_a^b f(t)\mathrm{d}t$$

可以看出，这一结论是显然的.

再来看一个复杂的推广：若被积函数 $f(x)$ 和积分上下限 $u(x), v(x)$ 都充分光滑，

$$S(x) = \int_{u(x)}^{v(x)} f(t)\mathrm{d}t$$

关于 $x$ 的导数是多少？

我们如果记

$$\Phi(y) = \int_a^y f(t)\mathrm{d}t,$$

那么 $\Phi'(y) = f(y)$，而且

$$S(x) = \Phi(v(x)) - \Phi(u(x)).$$

因此, 由复合函数求导的链式法则, 可以得到

$$S'(x) = f(v(x))v'(x) - f(u(x))u'(x).$$

变上限积分的一个重要应用是给出了连续函数的原函数. 之前我们看到, 能够求出不定积分的初等函数其实很有限, 换言之, 初等函数求导仍为初等函数, 但初等函数的不定积分未必还能用初等函数来表示. 譬如 $\int e^{-x^2} dx, \int \sin x^2 dx$ 等, 可以证明它们不以任何初等函数为原函数. 由上述分析, 它们的原函数都存在, 记为

$$\int_a^x e^{-x^2} dt + C,$$
$$\int_a^x \sin x^2 dx + C.$$

## 7.3 积分中值定理

我们讨论两个积分中值定理.

积分的第一中值定理是之前学到的中值定理的一个推广. 先回顾一下, 对于 $[a,b]$ 上的可积函数 $f(x)$, 如果 $\exists m, M \in \mathbb{R}$, 对 $\forall x \in [a,b], m \leqslant f(x) \leqslant M$ 恒成立, 由于积分保持不等式, 有

$$m(b-a) = \int_a^b m dx \leqslant \int_a^b f(x) dx \leqslant \int M dx = M(b-a).$$

如果 $f(x) \in C[a,b]$, 那么取 $m = \min_{x \in [a,b]} f(x), M = \max_{x \in [a,b]} f(x)$, 上述结论表明

$$\frac{\int_a^b f(x) dx}{b-a} \in [m, M],$$

再由介值定理我们知道, $\exists c \in [a,b]$,

$$f(c) = \frac{\int_a^b f(x) dx}{b-a},$$

即

$$\int_a^b f(x) dx = f(c)(b-a).$$

现在考虑函数 $f(x), g(x)$, 其中 $g(x) \geqslant 0$. 如果 $m \leqslant f(x) \leqslant M$, 那么

$$mg(x) \leqslant f(x)g(x) \leqslant Mg(x),$$

于是
$$m\int_a^b g(x)\mathrm{d}x \leqslant \int_a^b f(x)g(x)\mathrm{d}x \leqslant M\int_a^b g(x)\mathrm{d}x.$$

如果 $f(x) \in C[a,b]$, 同上面一样, 取 $m, M$ 分别为最小值和最大值, 只要 $\int_a^b g(x)\mathrm{d}x \neq 0$, 就可以得到

$$\frac{\int_a^b f(x)g(x)\mathrm{d}x}{\int_a^b g(x)\mathrm{d}x} \in [m, M],$$

于是 $\exists c \in [a,b]$,

$$\int_a^b f(x)g(x)\mathrm{d}x = f(c)\int_a^b g(x)\mathrm{d}x.$$

若 $\int_a^b g(x)\mathrm{d}x = 0$, 必有 $\int_a^b f(x)g(x)\mathrm{d}x = 0$. 于是任选一个点 $c$, 上式成立.

**定理 7.12 (第一中值定理)** 若 $f, g$ 在 $[a, b]$ 上可积, 且

$$m \leqslant f(x) \leqslant M, g(x) \geqslant 0, \forall x \in [a,b],$$

则

$$m\int_a^b g(x)\mathrm{d}x \leqslant \int_a^b f(x)g(x)\mathrm{d}x \leqslant M\int_a^b g(x)\mathrm{d}x.$$

特别地, 若 $f \in C[a,b]$, 则 $\exists c \in [a,b]$,

$$\int_a^b f(x)g(x)\mathrm{d}x = f(c)\int_a^b g(x)\mathrm{d}x.$$

如果 $g(x) \leqslant 0$, 定理的第一个结论中的不等式反向即可, 第二个结论仍成立.

**例 7.4** 考虑 $g(x) = \sin x, x \in \left[0, \frac{\pi}{2}\right]$, $f(x)$ 分别取 $1$ 和 $\sin x$, 求相应的 $c$.

**解** (1) 若 $f(x) = 1$,

$$f(c) = \frac{\int_0^{\frac{\pi}{2}} g(x)f(x)\mathrm{d}x}{\int_0^{\frac{\pi}{2}} g(x)\mathrm{d}x} = 1,$$

$c$ 可任取.

(2) 若 $f(x) = \sin x$,
$$f(c) = \frac{\int_0^{\frac{\pi}{2}} \sin^2 x \mathrm{d}x}{\int_0^{\frac{\pi}{2}} \sin x \mathrm{d}x} = \frac{\pi}{4},$$
取 $c = \arcsin \frac{\pi}{4}$.

值得注意的是, $g(x)$ 定号是必须的, 例如 $g(x) = \sin x$, 考虑 $x \in \left[-\frac{\pi}{2}, \frac{\pi}{2}\right]$ 上的情况, 则 $\int_{-\frac{\pi}{2}}^{\frac{\pi}{2}} g(x) \mathrm{d}x = 0$. 一般情况下 $\int_{-\frac{\pi}{2}}^{\frac{\pi}{2}} f(x) g(x) \mathrm{d}x \neq 0$, 因此求不出 $c$.

在讨论积分第二中值定理之前, 我们先建立以下引理.

**引理 7.6 (阿贝尔 (Abel) 和差变换公式)**
$$\sum_{i=1}^n \alpha_{i-1}(\beta_i - \beta_{i-1}) = -\sum_{i=1}^n (\alpha_i - \alpha_{i-1})\beta_i + \alpha_n \beta_n - \alpha_0 \beta_0,$$
即
$$\sum_{i=1}^n \alpha_{i-1} \Delta \beta_i = -\sum_{i=1}^n \beta_i \Delta \alpha_i + \alpha_i \beta_i \Big|_{i=0}^n.$$

**证明** 注意到
$$\sum_{i=1}^n \alpha_{i-1}(\beta_i - \beta_{i-1}) + \sum_{i=1}^n (\alpha_i - \alpha_{i-1}) \beta_i$$
$$= \sum_{i=1}^n (\alpha_i \beta_i - \alpha_{i-1} \beta_{i-1})$$
$$= \alpha_n \beta_n - \alpha_0 \beta_0,$$

即得此引理成立.

容易看出, 阿贝尔和差变换公式就是离散意义下的分部积分公式.

与前面研究 $\dfrac{\int_a^b f(x) g(x) \mathrm{d}x}{\int_a^b g(x) \mathrm{d}x}$ 不同, 第二中值定理研究的是 $g(x)$ 积分限的中值选取.

先考虑较简单的情形, 若 $f \in C^1[a,b], f'(x) \leqslant 0, g \in C[a,b]$. 这时我们知道 $G(x) = \int_a^x g(t) \mathrm{d}t \in C^1[a,b]$, 且 $G'(x) = g(x), G(a) = 0$. 此外, $f'(x) \leqslant 0$ 说明 $f(x)$

单调下降.

直接演算表明

$$\int_a^b f(x)g(x)\mathrm{d}x$$

$$= \int_a^b f(x)\mathrm{d}G(x)$$

$$= f(x)G(x)\big|_a^b - \int_a^b f'(x)G(x)\mathrm{d}x$$

$$= f(b)G(b) + \int_a^b (-f'(x))\cdot G(x)\mathrm{d}x$$

$$\geqslant f(b)G(b) + \min_{x\in[a,b]} G(x)\int_a^b (-f'(x))\mathrm{d}x$$

$$= f(b)G(b) + \min_{x\in[a,b]} G(x)(f(a)-f(b))$$

$$= f(a)\min_{x\in[a,b]} G(x) + f(b)(G(b) - \min_{x\in[a,b]} G(x))$$

$$\geqslant f(a)\min_{x\in[a,b]} G(x).$$

同理, 可以得到

$$\int_a^b f(x)g(x)\mathrm{d}x \leqslant f(a)\max_{[a,b]} G(x).$$

由 $G(x)$ 的连续性, $\exists c \in [a,b]$, 满足

$$G(c) = \frac{\int_a^b f(x)g(x)\mathrm{d}x}{f(a)},$$

即

$$\int_a^b f(x)g(x)\mathrm{d}x = f(a)\int_a^c g(x)\mathrm{d}x.$$

上述推导过程要求 $g(x) \in C[a,b], f(x) \in C^1[a,b]$, 如果这样的连续性条件不成立, 我们就要考虑有限和, 而上面的分部积分则要改成阿贝尔和差变换公式.

**定理 7.13 (第二中值定理)** $f$ 在 $[a,b]$ 上单调下降且非负, $g$ 可积, 则 $\exists c \in [a,b]$, 满足

$$\int_a^b f(x)g(x)\mathrm{d}x = f(a)\int_a^c g(x)\mathrm{d}x.$$

**证明** 因为 $f$ 在 $[a,b]$ 上单调下降, 所以 $f$ 可积. 而 $g$ 也可积, 故 $fg$ 可积. 定义

$$G(x) = \int_a^x g(t)\mathrm{d}t,$$

则 $G(x) \in C[a,b]$, $G(a) = 0$.

对任一分割 $P = \{a = x_0 < x_1 < \cdots < x_N = b\}$, 有

$$\sum_{i=1}^{N} f(x_{i-1}) \int_{x_{i-1}}^{x_i} g(x) \mathrm{d}x$$

$$= \sum_{i=1}^{N} f(x_{i-1})(G(x_i) - G(x_{i-1}))$$

$$= f(x_N)G(x_N) - f(x_0)G(x_0) - \sum_{i=1}^{N}(f(x_i) - f(x_{i-1}))G(x_i)$$

$$= f(b)G(b) + \sum_{i=1}^{N}(f(x_{i-1}) - f(x_i))G(x_i)$$

$$\geqslant \left[f(b) + \sum_{i=1}^{N}(f(x_{i-1}) - f(x_i))\right] \min_{x \in [a,b]} G(x)$$

$$= f(a) \cdot \min_{x \in [a,b]} G(x).$$

由 $g(x)$ 可积知其有界, 不妨设 $|g(x)| \leqslant L$. 注意到

$$\sum_{i=1}^{N} f(x_{i-1}) \int_{x_{i-1}}^{x_i} g(x) \mathrm{d}x - \int_a^b f(x)g(x) \mathrm{d}x$$

$$= \sum_{i=1}^{N} \left[ f(x_{i-1}) \cdot \int_{x_{i-1}}^{x_i} g(x) - \int_{x_{i-1}}^{x_i} f(x)g(x) \mathrm{d}x \right]$$

$$= \sum_{i=1}^{N} \int_{x_{i-1}}^{x_i} (f(x_{i-1}) - f(x))g(x) \mathrm{d}x$$

$$\leqslant L \sum_{i=1}^{N} \omega_i(f) \cdot \Delta x_i$$

$$= L\Omega(f, P)$$

由 $f$ 可积, 取 $\lim_{|P| \to 0}$, 上式趋于 $0$.

于是前面离散形式的不等式给出

$$f(a) \cdot \min_{x \in [a,b]} G(x) \leqslant \int_a^b f(x)g(x) \mathrm{d}x.$$

同理, 有

$$\int_a^b f(x)g(x) \mathrm{d}x \leqslant f(a) \cdot \max_{x \in [a,b]} G(x).$$

由 $G(x)$ 的连续性知，$\exists c \in [a,b]$，满足

$$\int_a^b f(x)g(x)\mathrm{d}x = f(a)\int_a^c g(x)\mathrm{d}x.$$

对于更一般的单调下降的 $f(x)$，函数 $\widetilde{f}(x) = f(x) - f(b)$ 单调下降且非负，于是上述定理给出，$\exists c \in [a,b]$，满足

$$\int_a^b \widetilde{f}(x)g(x)\mathrm{d}x = \widetilde{f}(a)\int_a^c g(x)\mathrm{d}x.$$

整理可得

$$\int_a^b f(x)g(x)\mathrm{d}x = f(a)\int_a^c g(x)\mathrm{d}x + f(b)\int_c^b g(x)\mathrm{d}x.$$

再考虑对于单调递增的 $f(x)$，则 $-f(x)$ 单调下降，上式同时乘以 $-1$ 即知中值定理同样成立. 因此，我们有以下一般形式的结论.

**定理 7.14 (一般形式的第二中值定理)** 若 $f$ 在 $[a,b]$ 上单调，$g$ 可积，则 $\exists c \in [a,b]$,

$$\int_a^b f(x)g(x)\mathrm{d}x = f(a)\int_a^c g(x)\mathrm{d}x + f(b)\int_c^b g(x)\mathrm{d}x.$$

定理中 $f$ 的单调性是必需的. 否则，考虑满足 $f(a) = f(b) = 0$ 的函数 (例如 $f(x) = \sin x, a = 0, b = \pi$)，对于一般的 $g(x)$，当然不一定有

$$\int_a^b f(x)g(x)\mathrm{d}x = 0.$$

定理的特例如:
(1) $f = 1, \int_a^b g(x)\mathrm{d}x = \int_a^c g(x)\mathrm{d}x + \int_c^b g(x)\mathrm{d}x.$
(2) $f(x)$ 单调，$g = 1, \int_a^b f(x)\mathrm{d}x = f(a) \cdot (c-a) + (b-c) \cdot f(b).$
(3) $f = g$ 且单调，

$$\int_a^b f^2(x)\mathrm{d}x = f(a)\int_a^c f(x)\mathrm{d}x + f(b)\int_c^b f(x)\mathrm{d}x.$$

## 7.4 定积分的其他应用选讲

定积分在物理、力学、工程等方面有很多应用. 这里仅举两个例子，一个是近似计算，另一个是沃利斯 (Wallis) 公式.

## 7.4.1 定积分的近似计算

在之前的讨论中, 定积分 $\int_a^b f(x)\mathrm{d}x$ 一般是利用牛顿–莱布尼茨公式, 通过 $f(x)$ 的原函数 $F(x)$ 求得的. 然而, 在工程应用中我们未必有 $f(x)$ 的解析表达式, 而是只在若干个点处测得它的值, 或者 $f(x)$ 未必容易算出原函数, 这时怎么计算定积分呢?

有了计算机的帮助, 我们可以通过数值方法计算定积分的近似值. 计算近似值的公式一般需要下面几步: 分割、近似、求和、误差估计.

我们以矩形公式为例加以说明. 首先, 如图 7.2(a) 所示, 把区间分为 $N$ 等份, 每一个小区间上以中点值为高作矩形, 对这些矩形面积求和得到

$$\int_a^b f(x)\mathrm{d}x \approx \sum_{i=1}^N f\left(\frac{x_i + x_{i-1}}{2}\right)\Delta x.$$

容易看到, 在第 $i$ 个小矩形上, 局部误差为

$$\int_{x_{i-1}}^{x_i} f(x)\mathrm{d}x - f\left(\frac{x_i + x_{i-1}}{2}\right)\Delta x.$$

记

$$c = \frac{x_i + x_{i-1}}{2}, \quad h = \frac{\Delta x}{2},$$

以及

$$\psi(u) = \int_{c-u}^{c+u} f(x)\mathrm{d}x,$$

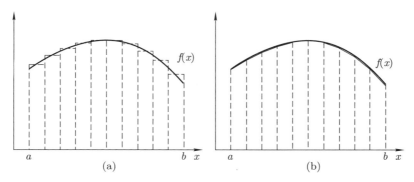

图 **7.2** 定积分近似计算: 矩形公式与梯形公式

直接计算可得
$$\psi(0) = 0,$$
$$\psi'(u) = f(c+u) + f(c-u),$$
$$\psi''(u) = f'(c+u) - f'(c-u).$$

由带积分余项的泰勒公式, 得
$$\psi(h) = \psi(0) + h\psi'(0) + \frac{h^2}{2}\psi''(0) + \frac{h^3}{2}\int_0^1 (1-t)^2 \psi'''(th)\mathrm{d}t$$
$$= h\psi'(0) + \frac{h^3}{2}\int_0^1 (1-t)^2 \psi'''(th)\mathrm{d}t.$$

注意到
$$h\psi'(0) = f(c)\Delta x, \quad \psi(h) = \int_{x_{i-1}}^{x_i} f(x)\mathrm{d}x,$$

因此局部误差就是
$$|\psi(h) - h\psi'(0)| \leqslant \frac{h^3}{2}\int_0^1 (1-t)^2 |\psi'''(th)|\mathrm{d}t$$
$$\leqslant \frac{h^3}{2} \sup_{0 \leqslant u \leqslant 1} |\psi'''(u)| \int_0^1 (1-t)^2 \mathrm{d}t$$
$$\leqslant \frac{h^3}{6} \cdot 2 \sup_{a \leqslant x \leqslant b} |f''(x)|$$
$$= \frac{(\Delta x)^3}{24} \sup_{a \leqslant x \leqslant b} |f''(x)|.$$

从而得整体误差为
$$\left| \int_a^b f(x)\mathrm{d}x - \sum_{i=1}^N f\left(\frac{x_i + x_{i-1}}{2}\right)\Delta x \right|$$
$$\leqslant \frac{\sup\limits_{a \leqslant x \leqslant b} |f''(x)|}{24} \cdot \sum_{i=1}^N (\Delta x)^3$$
$$= \frac{\sup\limits_{a \leqslant x \leqslant b} |f''(x)|}{24N^2} \cdot (b-a)^3.$$

该误差估计随着 $N$ 增大, 以 $N^{-2} \sim (\Delta x)^2$ 减小, 故称矩形公式二阶收敛.

以 $\int_0^1 x^2 \mathrm{d}x = \dfrac{1}{3}$ 为例.

(1) 取 $n=1$, 用等距分割得近似值为
$$f\left(\frac{1}{2}\right) = \frac{1}{4},$$
误差为 $\frac{1}{12}$.

(2) 取 $n=2$, 用等距分割得近似值为
$$\frac{1}{2}\left(f\left(\frac{1}{4}\right) + f\left(\frac{3}{4}\right)\right) = \frac{5}{16},$$
误差为 $\frac{1}{48}$.

(3) 取 $n=4$, 用等距分割得近似值为
$$\frac{1}{4}\left(f\left(\frac{1}{8}\right) + f\left(\frac{3}{8}\right) + f\left(\frac{5}{8}\right) + f\left(\frac{7}{8}\right)\right) = \frac{21}{64},$$
误差为 $\frac{1}{192}$.

如果用第 $i$ 个小区间里的梯形来近似这段积分, 如图 7.2(b) 所示, 就得到梯形公式
$$\int_a^b f(x)\mathrm{d}x \approx \sum_{i=1}^N \frac{f(x_i) + f(x_{i-1})}{2} \cdot \Delta x_i = \frac{1}{2N}\{f(a) + f(b) + 2[f(x_1) + \cdots + f(x_{N-1})]\}.$$

类似可得整体误差小于
$$\frac{(b-a)^3}{12N^2} \sup_{a \leqslant x \leqslant b} |f''(x)|.$$

它与矩形公式一样是二阶收敛的.

对于上面的例子, 用梯形公式结果如下:

(1) 取 $n=2$, 用等距分割得近似值为
$$\frac{1}{4}\left(f(0) + 2f\left(\frac{1}{2}\right) + f(1)\right) = \frac{3}{8},$$
误差为 $\frac{1}{24}$.

(2) 取 $n=4$, 用等距分割得近似值为
$$\frac{1}{8}\left\{f(0) + f(1) + 2\left[f\left(\frac{2}{4}\right) + f\left(\frac{1}{2}\right) + f\left(\frac{3}{4}\right)\right]\right\} = \frac{11}{32},$$
误差为 $\frac{1}{96}$.

如果在小区间里用端点和中点做抛物线近似,可以推导出抛物线公式,也叫辛普森 (Simpson) 公式:
$$\int_a^b f(x)\mathrm{d}x \approx \frac{1}{6}\sum_i \left[f(x_{i-1}) + 4f\left(\frac{x_i+x_{i-1}}{2}\right) + f(x_i)\right]\Delta x_i.$$

类似矩形公式的误差推导,整体误差小于
$$\frac{(b-a)^5}{2880N^4}\sup_{a\leqslant x\leqslant b}|f^{(4)}(x)|.$$

### 7.4.2 沃利斯公式

沃利斯公式是关于 $\pi$ 的一个逼近公式.

我们先考虑以下积分
$$J_m = \int_0^{\frac{\pi}{2}} \sin^m x \mathrm{d}x.$$

分部积分可得,对 $m \geqslant 2$,
$$J_m = -\int_0^{\frac{\pi}{2}} \sin^{m-1} x \mathrm{d}\cos x$$
$$= -\sin^{m-1} x \cos x \big|_0^{\frac{\pi}{2}} + (m-1)\int_0^{\frac{\pi}{2}} \sin^{m-2} x \cos^2 x \mathrm{d}x$$
$$= (m-1)J_{m-2} - (m-1)J_m,$$

于是 $J_m = \dfrac{m-1}{m}J_{m-2}$.

再由 $J_0 = \dfrac{\pi}{2}, J_1 = 1$,归纳可知
$$J_{2n} = \frac{\pi}{2}\cdot\frac{(2n-1)!!}{(2n)!!}, \quad J_{2n+1} = \frac{(2n)!!}{(2n+1)!!},$$

其中:
$$(2n)!! = 2n(2n-2)\cdots 4\cdot 2 = 2^n \cdot n!,$$
$$(2n-1)!! = (2n-1)(2n-3)\cdots 3\cdot 1 = \frac{(2n)!}{(2n)!!} = \frac{(2n)!}{2^n\cdot n!}.$$

另一方面,在 $\left[0, \dfrac{\pi}{2}\right]$ 上 $\sin^{2n+1} x \leqslant \sin^{2n} x \leqslant \sin^{2n-1} x$,容易知道
$$J_{2n+1} \leqslant J_{2n} \leqslant J_{2n-1},$$

即
$$\frac{(2n)!!}{(2n+1)!!} \leqslant \frac{\pi}{2}\frac{(2n-1)!!}{(2n)!!} \leqslant \frac{(2n-2)!!}{(2n-1)!!},$$

亦即
$$\frac{1}{2n+1}\left[\frac{(2n)!!}{(2n-1)!!}\right]^2 \leqslant \frac{\pi}{2} \leqslant \frac{1}{2n}\left[\frac{(2n)!!}{(2n-1)!!}\right]^2,$$

不等式两端之差为

$$\left(\frac{1}{2n}-\frac{1}{2n+1}\right)\left[\frac{(2n)!!}{(2n-1)!!}\right]^2$$
$$=\frac{1}{2n(2n+1)}\left[\frac{(2n)!!}{(2n-1)!!}\right]^2$$
$$=\frac{1}{2n+1}\frac{2n(2n-2)}{(2n-1)^2}\cdot\frac{(2n-2)(2n-4)}{(2n-3)^2}\cdots\frac{4\cdot 2}{3^2}$$
$$<\frac{1}{2n+1}.$$

当 $n \to +\infty$ 时，上式趋于 0. 因此，前面的不等式的两端都趋于 $\frac{\pi}{2}$. 这就给出了沃利斯公式：

$$\frac{\pi}{2} = \lim_{n\to\infty}\frac{1}{2n+1}\left[\frac{(2n)!!}{(2n-1)!!}\right]^2 = \lim_{n\to\infty}\frac{1}{2n}\left[\frac{(2n)!!}{(2n-1)!!}\right]^2.$$

运用定积分的知识，还可以推出其他很多这类逼近公式，比较重要的如斯特林 (Stirling) 公式：

$$n! = \sqrt{2\pi n}\left(\frac{n}{\mathrm{e}}\right)^n \mathrm{e}^{\frac{\theta}{12n}},$$

其中 $0 < \theta < 1$.

## 习　题

1. 对于在 $[1,2]$ 上的函数 $f(x)=x^2$，写出其 $\omega_i, \omega, L(f,P), U(f,P), \underline{I}, \overline{I}$，从而证明它可积.
2. 函数 $f(x)$ 在区间 $[a,b]$ 上利普希茨连续，试用本章的可积性判定定理证明其可积.
3. 判断下述函数在区间 $[-1,1]$ 上的可积性：

$$f(x) = \begin{cases} (-1)^p, & x = \pm\frac{q}{p}, (p,q)=1, \\ 0, & x = 0, \text{或} x \notin \mathbb{Q}; \end{cases}$$

$$g(x) = \begin{cases} \sin\frac{1}{x}, & x \neq 0, \\ 0, & x = 0; \end{cases}$$

$$h(x) = |g(x)|.$$

4. 已知 $\int_a^b f(x)\mathrm{d}x = I$ 存在, 若定义函数 $g(x) = f(x)$ 在 $x \neq x_1, \cdots, x_l \in [a,b]$ 成立, 而且 $g(x_1), \cdots, g(x_l)$ 均有定义, 试证明 $\int_a^b g(x)\mathrm{d}x = I$.

5. 举例说明, 在区间 $[a,b]$ 上 $f^2(x)$ 可积未必能推出 $f(x)$ 可积. 又若 $f^3(x)$ 可积, $f(x)$ 是否一定可积?

6. 若函数 $f(x)$ 在 $[a,b]$ 上可积, 试证明 $F(x) = \int_a^x f(x)\mathrm{d}x$ 必可分解为两个单调递增的函数之差.

7. 若函数 $f(x) \in C[a,b]$ 满足 $\int_a^x f(x)\mathrm{d}x = 2f(x) - 2f(a)$, $x \in [a,b]$, 试证明 $f(x) = f(a)\mathrm{e}^{\frac{x-a}{2}}$.

8. 求 $\dfrac{\mathrm{d}}{\mathrm{d}x}\int_{-x^2}^{x^2} \sin^2 t \mathrm{d}t$.

9. $f(a) = 0$, 证明 $\int_a^b f^2(x)\mathrm{d}x \leqslant (b-a)^2 \int_a^b [f'(x)]^2 \mathrm{d}x$.

10. 设 $f(x)$ 在 $[0,1]$ 上严格单调下降, 求证:

    (1) $\exists \theta \in [0,1]$, 使得 $\int_0^1 f(x)\mathrm{d}x = \theta f(0) + (1-\theta)f(1)$;

    (2) $\forall c > f(0), \exists \theta \in [0,1]$, 使得 $\int_0^1 f(x)\mathrm{d}x = \theta c + (1-\theta)f(1)$.

11. 若函数 $u(x)$ 在 $[0,a]$ 上严格单调递增, $u(0) = 0, u(a) = A$. 记 $u(x)$ 的反函数为 $x = v(y)$, 又 $0 \leqslant B \leqslant A$, 试证明

$$\int_0^a u(x)\mathrm{d}x + \int_0^B v(y)\mathrm{d}y \geqslant aB.$$

12. 考察近似积分公式

$$\int_a^b f(x)\mathrm{d}x = \sum_{i=1}^n \frac{x_i - x_{i-1}}{2}\left[f\left(\frac{x_i + x_{i-1}}{2} - \sqrt{\frac{2}{3}}\frac{x_i - x_{i-1}}{2}\right)\right.$$
$$\left. + f\left(\frac{x_i + x_{i-1}}{2} + \sqrt{\frac{2}{3}}\frac{x_i - x_{i-1}}{2}\right)\right],$$

试对 $\int_0^1 x^p \mathrm{d}x\ (p = 0, 1, 2, 3, 4)$ 采用等距分割 $(n = 4)$ 加以计算. 你能给出并证明它的误差估计吗?

# 第八章 广义积分

定积分定义为黎曼和的极限:

$$\int_a^b f(x)\mathrm{d}x = \lim_{|P|\to 0} \sigma(f,P,\xi).$$

这里，区间 $[a,b]$ 为有界闭区间，而可积的必要条件是 $f(x)$ 在该积分区间上有界，因此，如果积分区间无界，或者函数在有界的积分区间上无界，那么定积分都不存在.

另一方面，从变上限积分和牛顿–莱布尼茨公式，以及积分关于积分区间的可加性知道，对于变上限积分

$$\psi(y) = \int_a^y f(x)\mathrm{d}x,$$

若是无界的积分区间 $[a,+\infty)$，可以考虑 $\lim_{y\to+\infty}\psi(y)$；而若是在区间 $[a,b]$ 上无界的函数 $f(x)$，如果仅在 $x\to b$ 时无界，就可以考虑 $\lim_{y\to b^-}\psi(y)$. 这样，在 (变上限) 定积分这个极限过程的外边再套一层极限过程，如果极限存在，就扩充了定积分的定义. 我们称这样扩充定义的定积分为广义积分.

相对于广义积分，为了区别起见，有时也称以前所述的积分为常义积分.

## 8.1 广义积分的定义与计算

广义积分有两种：一是无穷限积分，即 $a,b$ 中有 $\pm\infty$，包括 $(-\infty,b]$, $[a,+\infty)$, $(-\infty,+\infty)$；另一种为瑕积分，即 $a,b$ 处或 $(a,b)$ 中含有函数值趋于无穷的点，包括

$$f(a^+) = \infty, \quad f(b^-) = \infty, \quad f(c) = \infty \ (c \in (a,b)).$$

### 8.1.1 无穷限积分

考虑如图 8.1 所示的函数在 $[a,+\infty)$ 的无穷限积分.

**定义 8.1** 若 $\forall A > a$, 函数 $f(x)$ 在 $[a,A]$ 上可积，并且极限 $\lim_{A\to+\infty}\int_a^A f(x)\mathrm{d}x$ 存在且等于有限值，则称该极限为函数 $f(x)$ 定义在 $[a,+\infty)$ 上的无穷限积分，记作

$$\int_a^{+\infty} f(x)\mathrm{d}x = \lim_{A\to+\infty}\int_a^A f(x)\mathrm{d}x.$$

这时也称无穷限积分 $\int_a^{+\infty} f(x)\mathrm{d}x$ 收敛, 否则称 $\int_a^{+\infty} f(x)\mathrm{d}x$ 发散. 特别地, 当极限为 $\pm\infty, \infty$, 称 $\int_a^{+\infty} f(x)\mathrm{d}x$ 发散于 $\pm\infty, \infty$.

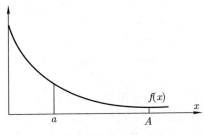

图 8.1  无穷限积分

**例 8.1**  求 $\int_1^{+\infty} \dfrac{1}{x}\mathrm{d}x$.

**解**  $\forall A > 1$, 可以解得

$$\int_1^A \frac{1}{x}\mathrm{d}x = \ln x \Big|_1^A = \ln A.$$

由于 $\lim\limits_{A \to +\infty} \ln A = +\infty$, 故无穷限积分 $\int_1^{+\infty} \dfrac{1}{x}\mathrm{d}x$ 发散 (到 $+\infty$).

与此类似, 我们可以求 $\dfrac{1}{x^p}$ $(p > 0)$ 的无穷限积分:

$$\int_1^{+\infty} \frac{1}{x^p}\mathrm{d}x = \begin{cases} \lim\limits_{A \to +\infty} \ln x \Big|_1^A, & \text{若} p = 1; \\ \lim\limits_{A \to +\infty} \dfrac{-1}{(p-1)x^{p-1}}\Big|_1^A, & \text{若} p \neq 1. \end{cases}$$

于是当 $p > 1$ 时, 积分收敛于 $\dfrac{1}{p-1}$; 当 $p \leqslant 1$ 时, 积分发散.

**例 8.2**  求 $\int_1^{+\infty} \sin x \mathrm{d}x$.

**解**  $\forall A > 1$, 可以解得

$$\int_0^A \sin x \mathrm{d}x = -\cos x \Big|_0^A = 1 - \cos A.$$

当 $A \to +\infty$ 时, 上式无极限, 因此原广义积分发散.

类似地, 定义
$$\int_{-\infty}^b f(x)\mathrm{d}x = \lim_{a\to -\infty}\int_a^b f(x)\mathrm{d}x.$$

而对于 $\int_{-\infty}^{+\infty} f(x)\mathrm{d}x$, 可能有三种定义方式:
$$\lim_{A\to -\infty}\left(\lim_{B\to +\infty}\int_A^B f(x)\mathrm{d}x\right),\quad \lim_{B\to +\infty}\left(\lim_{A\to -\infty}\int_A^B f(x)\mathrm{d}x\right),$$
$$\lim_{B\to +\infty}\left(\int_{-B}^B f(x)\mathrm{d}x\right).$$

这几种定义的关系是怎样的呢?

注意到常义积分可加性, 我们可以选定一点 $c$, 有
$$\int_A^B f(x)\mathrm{d}x = \int_A^c f(x)\mathrm{d}x + \int_c^B f(x)\mathrm{d}x.$$

根据极限关于加法的运算法则, 我们知道
$$\lim_{A\to -\infty}\left(\lim_{B\to +\infty}\int_A^B f(x)\mathrm{d}x\right)$$
$$=\lim_{A\to -\infty}\left[\lim_{B\to +\infty}\left(\int_A^c f(x)\mathrm{d}x + \int_c^B f(x)\mathrm{d}x\right)\right]$$
$$=\lim_{A\to -\infty}\left[\left(\int_A^c f(x)\mathrm{d}x + \lim_{B\to +\infty}\int_c^B f(x)\mathrm{d}x\right)\right]$$
$$=\lim_{A\to -\infty}\left[\left(\int_A^c f(x)\mathrm{d}x + \int_c^{+\infty} f(x)\mathrm{d}x\right)\right]$$
$$=\lim_{A\to -\infty}\int_A^c f(x)\mathrm{d}x + \int_c^{+\infty} f(x)\mathrm{d}x$$
$$=\int_{-\infty}^c f(x)\mathrm{d}x + \int_c^{+\infty} f(x)\mathrm{d}x.$$

同理
$$\lim_{B\to +\infty}\left(\lim_{A\to -\infty}\int_A^B f(x)\mathrm{d}x\right) = \int_{-\infty}^c f(x)\mathrm{d}x + \int_c^{+\infty} f(x)\mathrm{d}x.$$

这就是说, 前面两种定义是一致的, 而且, 容易知道与 $c$ 的选择无关.

然而, 第三种定义方式给出了一种特殊的极限取法, 通常与前两种不等价. 如由于 $f(x) = \sin x$ 反对称, 在对称区域 $[-B, B]$ 上积分恒为 0, 于是按第三种定义可

积, 但按照前两种定义却不可积. 另一方面, 如果按照前两种方式定义可积, 第三种方式必定也可积, 而且相等. 由此可见, 在前两种定义不可积的情况下, 第三种定义仍有可能可积, 这就是柯西主值.

**定义 8.2** 发散积分的柯西主值为①

$$V.P. \int_{-\infty}^{+\infty} f(x)\mathrm{d}x = \lim_{B \to +\infty} \int_{-B}^{B} f(x)\mathrm{d}x.$$

比较以下两个积分, 可以看出柯西主值的含义和局限性.

**例 8.3** 求 $V.P. \int_{-\infty}^{+\infty} \sin x \mathrm{d}x$ 和 $V.P. \int_{-\infty}^{+\infty} \sin(x-1)\mathrm{d}x$.

**解** 易知

$$\int_{-B}^{B} \sin x \mathrm{d}x = -\cos x \Big|_{-B}^{B} = 0,$$

$$\int_{-B}^{B} \sin(x-1)\mathrm{d}x = -\cos(x-1) \Big|_{-B}^{B} = \cos(B+1) - \cos(B-1),$$

因此, $V.P. \int_{-\infty}^{+\infty} \sin x \mathrm{d}x = 0$, 而 $V.P. \int_{-\infty}^{+\infty} \sin(x-1)\mathrm{d}x$ 发散.

另外, 从上述各个例题看到, 牛顿–莱布尼茨公式可直接用于求无穷限积分.

**定理 8.1** $f(x) \in C[a, +\infty)$, $F(x)$ 是 $f(x)$ 在 $[a, +\infty)$ 上的一个原函数, 若 $\lim\limits_{x \to +\infty} F(x)$ 存在, 则

$$\int_{a}^{+\infty} f(x)\mathrm{d}x = F(+\infty) - F(a).$$

定理对 $\lim\limits_{x \to +\infty} F(x) = \pm\infty$ 也成立, 对其他无穷限积分类似.

### 8.1.2 瑕积分

考虑如图 8.2 的函数在 $[a, b)$ 上的瑕积分.

**定义 8.3** 设 $f(x)$ 在 $x = b$ 点的邻域内无界, $\forall \eta > 0$ 充分小, $f(x)$ 在 $[a, b-\eta]$ 上可积, 且

$$\lim_{\eta \to 0^+} \int_{a}^{b-\eta} f(x)\mathrm{d}x$$

存在, 则称 $f(x)$ 在 $[a, b)$ 上广义可积, 记

$$\int_{a}^{b} f(x)\mathrm{d}x = \lim_{\eta \to 0^+} \int_{a}^{b-\eta} f(x)\mathrm{d}x$$

---

①$V. P.$ 来自主值的法语 Valeur Premiere.

为 $f(x)$ 在 $[a,b)$ 上的瑕积分, $b$ 称为瑕点. 瑕积分存在也称为 $\int_a^b f(x)\mathrm{d}x$ 收敛, 否则称 $\int_a^b f(x)\mathrm{d}x$ 发散.

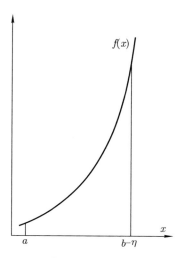

**图 8.2** 瑕积分

类似可定义 $a$ 为瑕点或 $a,b$ 都是瑕点的情形.

**例 8.4** 求 $\int_0^1 \dfrac{1}{x^p}\mathrm{d}x\ (p>0)$.

**解**

$$\int_a^1 \frac{1}{x^p}\mathrm{d}x = \begin{cases} \ln x\big|_a^1 = -\ln a, & \text{若}\ p=1, \\ \dfrac{-1}{(p-1)x^{p-1}}\bigg|_a^1 = \dfrac{a^{1-p}-1}{p-1}, & \text{若}\ p\neq 1, \end{cases}$$

故当 $p<1$ 时, 积分收敛于 $\dfrac{1}{1-p}$, 当 $p\geqslant 1$ 时, 积分发散.

值得注意的是, $\int_0^1 \dfrac{1}{x^p}\mathrm{d}x$ 的收敛条件刚好与无穷限积分 $\int_1^{+\infty} \dfrac{1}{x^p}\mathrm{d}x$ 相反, 而 $p=1$ 时两者都发散.

对于内点无界的情形, 做下述定义.

**定义 8.4** 若 $c\in(a,b)$, $f(c)$ 无界, 而积分的极限

$$\lim_{\eta\to 0^+}\int_a^{c-\eta}f(x)\mathrm{d}x + \lim_{\xi\to 0^+}\int_{c+\xi}^b f(x)\mathrm{d}x$$

存在,则将这一极限定义为 $\int_a^b f(x)\mathrm{d}x$. 若上述极限不存在,则称瑕积分发散 (不收敛).

类似定义柯西主值

$$V.P. \int_a^b f(x)\mathrm{d}x = \lim_{\eta \to 0^+}\left[\int_a^{c-\eta} f(x)\mathrm{d}x + \int_{c+\eta}^b f(x)\mathrm{d}x\right].$$

**例 8.5** 求 $\int_{-2}^4 \dfrac{1}{(x-1)^2}\mathrm{d}x$.

**解** 这里 $x_0 = 1$ 为瑕点. 注意到

$$\int_{-2}^{1-\delta}\frac{1}{(x-1)^2}\mathrm{d}x = \frac{1}{1-x}\bigg|_{-2}^{1-\delta} = \frac{1}{3} - \frac{1}{\delta},$$

$$\int_{1+\delta}^{4}\frac{1}{(x-1)^2}\mathrm{d}x = \frac{1}{1-x}\bigg|_{1+\delta}^{4} = \frac{1}{3} - \frac{1}{\delta},$$

可见 $\int_{-2}^4 \dfrac{1}{(x-1)^2}\mathrm{d}x$ 和 $V.P. \int_{-2}^4 \dfrac{1}{(x-1)^2}\mathrm{d}x$ 都发散.

事实上,内点为瑕点时,瑕积分不收敛而主值收敛的原因通常是正负相消,但这里被积函数恒为正,因此不能抵消.

**例 8.6** 求 $\int_{-2}^4 \dfrac{1}{\sqrt{|x|}}\mathrm{d}x$.

**解** 这里内点 $x = 0$ 是瑕点. 将瑕积分分成两部分 $[-2, 0)$ 和 $(0, 4]$, 容易解得这一瑕积分为 $4 + 2\sqrt{2}$.

牛顿–莱布尼茨公式对于瑕积分也成立.

**定理 8.2** $f(x) \in C[a, b)$, $F(x)$ 是 $f(x)$ 在 $[a, b)$ 上的一个原函数,若 $\lim\limits_{x \to b^-} F(x)$ 存在,则

$$\int_a^b f(x)\mathrm{d}x = F(b^-) - F(a).$$

其他瑕积分也有类似结论.

常义积分的运算法则,我们考虑过线性运算、换元法和分部积分等. 由于极限关于加减法是可交换的 (可以通进去), 线性运算 (加减法) 的法则仍然成立. 例如,对于无穷限积分 ($\lambda, \mu \in \mathbb{R}$), 有

$$\int_{-\infty}^{+\infty}(\lambda f(x) + \mu g(x))\mathrm{d}x = \lambda \int_{-\infty}^{+\infty} f(x)\mathrm{d}x + \mu \int_{-\infty}^{+\infty} g(x)\mathrm{d}x.$$

类似地,分部积分和换元法也可推广到广义积分.

**定理 8.3 (分部积分)** $u, v \in C^1[a, +\infty)$, 则
$$\int_a^{+\infty} u\mathrm{d}v = uv\Big|_a^{+\infty} - \int_a^{+\infty} v\mathrm{d}u.$$

**定理 8.4 (换元法)** 若 $x = \varphi(t)$ 在 $[\alpha, \beta]$ 上单调可导, 且 $\varphi(\alpha) = a, \varphi(\beta) = b, b$ 为瑕点, 则
$$\int_a^b f(x)\mathrm{d}x = \int_\alpha^\beta f(\varphi(t))\varphi'(t)\mathrm{d}t.$$

可以通过换元将无穷限、有穷限、瑕积分相互变换. 有时候, 还可以利用换元求解不能显式求出不定积分的被积函数的广义积分.

**例 8.7** 求 $\int_0^{+\infty} \dfrac{\ln x}{1 + x^2}\mathrm{d}x.$

**解** 做变换 $t = \dfrac{1}{x}$, 可得
$$\int_0^{+\infty} \frac{\ln x}{1 + x^2}\mathrm{d}x = \int_{+\infty}^0 \frac{-\ln t}{1 + \frac{1}{t^2}}\left(-\frac{1}{t^2}\right)\mathrm{d}t$$
$$= -\int_0^{+\infty} \frac{\ln t}{1 + t^2}\mathrm{d}t.$$
因此,
$$\int_0^{+\infty} \frac{\ln x}{1 + x^2}\mathrm{d}x = 0.$$

值得指出的是, 上述积分收敛是做这样的演算的前提. 否则, 我们还是做变换 $t = \dfrac{1}{x}$, 可以看出来
$$\int_0^1 \frac{1}{x}\mathrm{d}x = \int_1^{+\infty} \frac{1}{t}\mathrm{d}t.$$
但从它们的图像和对称性容易知道 (参见图 8.3)
$$\int_0^1 \frac{1}{x}\mathrm{d}x - \int_1^{+\infty} \frac{1}{x}\mathrm{d}x = 1.$$
产生这一悖论的原因在于这两个积分都发散到无穷.

另一个需要指出的是, 柯西主值不满足换元法的定理. 例如
$$V.P. \int_{-\infty}^{+\infty} \sin x \mathrm{d}x \neq V.P. \int_{-\infty}^{+\infty} \sin(y + 1)\mathrm{d}y.$$

**例 8.8 (第二宇宙速度)** 地球上发射卫星可以脱离地心引力所需的最小速度称为第二宇宙速度. 试求出其值.

**解** 质量为 $m$ 的物体在半径为 $r$ 的空间位置上受到的引力为

$$F = G\frac{mM}{r^2}$$
$$= G\frac{mM}{R^2}\frac{R^2}{r^2}$$
$$= mg\frac{R^2}{r^2},$$

从地球表面至无穷远做功为

$$-\int_R^{+\infty} mg\frac{R^2}{r^2}\mathrm{d}r = -mgR,$$

初始速度要保证动能不低于引力所做的功的大小, 即

$$\frac{1}{2}mv_0^2 \geqslant mgR,$$

因此, 第二宇宙速度为

$$V_0 = \sqrt{2gR} \approx 11.2 \text{ km/s}.$$

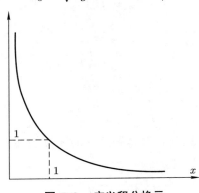

图 8.3 广义积分换元

## 8.2 广义积分的收敛原理与判别法

广义积分是当积分限变化时的极限. 例如, 无穷限积分是关于积分上下限的极限. 我们记

$$\phi(A) = \int_a^A f(x)\mathrm{d}x,$$

则

$$\lim_{A \to +\infty} \phi(A) = \int_a^{+\infty} f(x)\mathrm{d}x.$$

于是, 按照函数 $\lim\limits_{A \to +\infty} \phi(A)$ 收敛的柯西原理有下面的定理.

**定理 8.5 (无穷限积分的柯西收敛原理)** 若函数 $f(x)$ 在任意区间 $[a, H]$ 上可积, 则 $\int_a^{+\infty} f(x)\mathrm{d}x$ 收敛当且仅当 $\forall \varepsilon > 0, \exists \Delta > a, \forall H' \geqslant H > \Delta$, 有

$$\left|\int_H^{H'} f(x)\mathrm{d}x\right| < \varepsilon.$$

注意到

$$\left|\int_H^{H'} f(x)\mathrm{d}x\right| \leqslant \int_a^{+\infty} |f(x)|\mathrm{d}x,$$

由柯西收敛原理知道, 若 $\int_a^{+\infty} |f(x)|\mathrm{d}x$ 收敛, 必有 $\int_a^{+\infty} f(x)\mathrm{d}x$ 收敛.

**定义 8.5** 若 $\int_a^{+\infty} |f(x)|\mathrm{d}x$ 收敛, 称 $\int_a^{+\infty} f(x)\mathrm{d}x$ 绝对收敛; 若 $\int_a^{+\infty} |f(x)|\mathrm{d}x$ 发散而 $\int_a^{+\infty} f(x)\mathrm{d}x$ 收敛, 称 $\int_a^{+\infty} f(x)\mathrm{d}x$ 条件收敛.

**定理 8.6** 若 $\int_a^{+\infty} f(x)\mathrm{d}x$ 绝对收敛, 必有 $\int_a^{+\infty} f(x)\mathrm{d}x$ 收敛.

我们特别强调: 绝对收敛一定推出收敛, 这与常义积分中 $f(x)$ 可积则 $|f(x)|$ 可积并不矛盾, 那里是对有限和求极限, 而这里是对积分上下限求极限.

柯西收敛原理是收敛的充要条件, 但实际上更常用的是如下三个充分条件.

**定理 8.7 (比较判别法)** $f(x), g(x)$ 在区间 $[a, +\infty)$ 上有定义, 对任何 $H > a$, 在 $[a, H]$ 上常义可积, 若 $\exists \Delta$ 充分大, 满足

$$|f(x)| \leqslant g(x), \quad \forall x \in [\Delta, +\infty),$$

而且 $\int_a^{+\infty} g(x)\mathrm{d}x$ 收敛, 则 $\int_a^{+\infty} f(x)\mathrm{d}x$ 也收敛.

**证明** $\forall \varepsilon > 0, \exists \Delta' \geqslant \sigma$, 使得 $H' \geqslant H > \Delta'$ 时, 有

$$\int_H^{H'} g(x)\mathrm{d}x < \varepsilon,$$

于是

$$\left|\int_H^{H'} f(x)\mathrm{d}x\right| \leqslant \int_H^{H'} |f(x)|\mathrm{d}x < \varepsilon.$$

由柯西收敛原理知定理成立.

在这个定理中,我们取 $g(x) = \dfrac{c}{x^p}$,就有以下结论.

$f(x)$ 在 $[a, +\infty)$ 上有定义,对任何 $H > a$,在 $[a, H]$ 上常义可积,则有

(1) $\exists \Delta > a, p > 1, c > 0$,满足 $\forall x \geqslant \Delta, |f(x)| \leqslant \dfrac{c}{x^p}$,则 $\displaystyle\int_a^{+\infty} f(x)\mathrm{d}x$ 绝对收敛;

(2) $\exists \Delta > a, p \leqslant 1, c > 0$,满足 $\forall x \geqslant \Delta, |f(x)| \geqslant \dfrac{c}{x^p}$,则 $\displaystyle\int_a^{+\infty} |f(x)|\mathrm{d}x$ 发散.

由此可见,若 $f(x)$ 在 $[a, +\infty)$ 上有定义,$\forall H > a$,在 $[a, H]$ 上常义可积,且 $\displaystyle\lim_{x \to \infty} x^p|f(x)| = \beta$,则

(1) 若 $p > 1, \beta < +\infty$,则 $\displaystyle\int_a^{+\infty} f(x)\mathrm{d}x$ 绝对收敛;

(2) 若 $p \leqslant 1, \beta > 0$,则 $\displaystyle\int_a^{+\infty} |f(x)|\mathrm{d}x$ 发散.

**例 8.9** 判断 $\displaystyle\int_1^{+\infty} \dfrac{\sin x}{x\sqrt{x}}\mathrm{d}x$ 是否收敛.

**解** 由于 $\dfrac{|\sin x|}{x\sqrt{x}} \leqslant \dfrac{1}{x^{3/2}}$,故该无穷限积分收敛 (绝对收敛).

**例 8.10** 判断 $\displaystyle\int_1^{+\infty} \dfrac{\arctan x}{x^p}\mathrm{d}x$ 是否收敛.

**解** 由于 $\forall x \in [1, +\infty), \arctan x \in \left[\dfrac{\pi}{4}, \dfrac{\pi}{2}\right)$,故该无穷限积分在 $p > 1$ 时绝对收敛,$0 < p \leqslant 1$ 时发散.

条件收敛的无穷限积分,其被积函数往往表示为一个振荡函数 (如 $\sin x$) 和另一个函数的积. 因为有振荡,所以积分时可以正负相消而收敛,但是取绝对值之后,就不再相消,因此可能发散. 针对这类函数可用以下两种充分条件判断收敛.

**定理 8.8 (狄利克雷判别法)** 若 $f(x)$ 和 $g(x)$ 在 $[a, +\infty)$ 上有定义,且 $\forall H > a$,在 $[a, H]$ 上常义可积,如果

(1) $\exists \Delta > 0, f(x)$ 在 $[\Delta, +\infty)$ 上单调,且 $\displaystyle\lim_{x \to +\infty} f(x) = 0$,

(2) $\exists K \geqslant 0$,使得 $\forall H > a, \left|\displaystyle\int_a^H g(x)\mathrm{d}x\right| \leqslant K$,

则 $\displaystyle\int_a^{+\infty} f(x)g(x)\mathrm{d}x$ 收敛.

**证明** 由积分第二中值定理，有

$$\left|\int_H^{H'} f(x)g(x)\mathrm{d}x\right| = \left|f(H)\int_H^{\xi} g(x)\mathrm{d}x + f(H')\int_{\xi}^{H'} g(x)\mathrm{d}x\right|$$

$$\leqslant |f(H)| \cdot \left|\int_H^{\xi} g(x)\mathrm{d}x\right| + |f(H')| \cdot \left|\int_{\xi}^{H'} g(x)\mathrm{d}x\right|$$

$$\leqslant 2K(|f(H)| + |f(H')|).$$

上面用到了

$$\left|\int_H^{\xi} g(x)\mathrm{d}x\right| = \left|\int_a^{\xi} g(x)\mathrm{d}x - \int_a^H g(x)\mathrm{d}x\right| \leqslant 2K,$$

以及同理

$$\left|\int_{\xi}^{H'} g(x)\mathrm{d}x\right| \leqslant 2K.$$

因此，由 $\lim\limits_{x\to+\infty} f(x) = 0$ 知道，当 $H, H' \to +\infty$ 时，上式趋于 0，由柯西收敛原理知 $\int_a^{+\infty} f(x)g(x)\mathrm{d}x$ 收敛.

**例 8.11** 讨论 $\int_1^{+\infty} \dfrac{\sin x}{x}\mathrm{d}x$ 的收敛性.

**解** 由于 $\dfrac{1}{x}$ 单调下降趋于 0，且 $\int_1^H \sin x\mathrm{d}x = \cos 1 - \cos H$ 有界，所以 $\int_1^{+\infty} \dfrac{\sin x}{x}$ 收敛.

另一方面，在 $\bigcup\limits_{k=0}^{\infty} \left(2k\pi + \dfrac{\pi}{4}, 2k\pi + \dfrac{3\pi}{4}\right)$ 上 $|\sin x| > \dfrac{\sqrt{2}}{2}$，于是，

$$\int_1^{+\infty} \left|\dfrac{\sin x}{x}\right| \mathrm{d}x \geqslant \sum_{k=0}^{\infty} \int_{2k\pi+\frac{\pi}{4}}^{2k\pi+\frac{3\pi}{4}} \left|\dfrac{\sin x}{x}\right| \mathrm{d}x$$

$$\geqslant \dfrac{\sqrt{2}}{2} \sum_{k=0}^{\infty} \int_{2k\pi+\frac{\pi}{4}}^{2k\pi+\frac{3\pi}{4}} \dfrac{1}{x}\mathrm{d}x$$

$$\geqslant \dfrac{\sqrt{2}}{8} \int_{\frac{\pi}{4}}^{+\infty} \dfrac{1}{x}\mathrm{d}x.$$

这里用到了

$$4\int_{2k\pi+\frac{\pi}{4}}^{2k\pi+\frac{3\pi}{4}} \dfrac{1}{x}\mathrm{d}x \geqslant \int_{2k\pi+\frac{\pi}{4}}^{2(k+1)\pi+\frac{\pi}{4}} \dfrac{1}{x}\mathrm{d}x.$$

于是 $\int_1^{+\infty} \left|\dfrac{\sin x}{x}\right| \mathrm{d}x$ 发散.

综上，$\int_1^{+\infty} \dfrac{\sin x}{x} \mathrm{d}x$ 条件收敛.

**定理 8.9 (阿贝尔判别法)** 若 $f(x)$ 和 $g(x)$ 在 $[a+\infty)$ 上有定义，$\forall H > a$，在 $[a, H]$ 上常义可积，如果

(1) $\exists \Delta > a, f(x)$ 在 $[\Delta, +\infty)$ 上单调有界，

(2) $\int_a^{+\infty} g(x)\mathrm{d}x$ 收敛，

则 $\int_a^{+\infty} f(x)g(x)\mathrm{d}x$ 收敛.

**证明** $f(x)$ 单调有界，令 $\lim\limits_{x \to +\infty} f(x) = l$. 对 $\int_a^{+\infty} (f(x) - l)g(x)\mathrm{d}x$ 用狄利克雷判别法可推出

$$\int_a^{+\infty} f(x)g(x)\mathrm{d}x = \int_a^{+\infty} (f(x) - l)g(x)\mathrm{d}x + l\int_a^{+\infty} g(x)\mathrm{d}x$$

收敛.

**例 8.12** 考察 $\int_1^{+\infty} \dfrac{2 + \mathrm{e}^{-x}}{1 + x^2} \mathrm{d}x$ 是否收敛.

**解** 由于 $\lim\limits_{x \to +\infty} (2 + \mathrm{e}^{-x}) = 2$，而

$$\int_1^{+\infty} \dfrac{1}{1 + x^2} \mathrm{d}x = \arctan x \Big|_1^{+\infty} = \dfrac{\pi}{4},$$

由阿贝尔判别法知 $\int_1^{+\infty} \dfrac{2 + \mathrm{e}^{-x}}{1 + x^2} \mathrm{d}x$ 收敛.

上面这些讨论对瑕积分同样适用. 譬如，我们假设 $b$ 是瑕点，考虑 $\int_a^b f(x)\mathrm{d}x$. 同样把它看作关于积分上限的函数极限，就有相似的结论.

**定理 8.10 (柯西收敛原理)** $\int_a^b f(x)\mathrm{d}x$ 收敛当且仅当 $\forall \varepsilon > 0, \exists \delta > 0$，当 $0 < \eta' < \eta < \delta$ 时，有

$$\left| \int_{b-\eta}^{b-\eta'} f(x)\mathrm{d}x \right| < \varepsilon.$$

若 $\int_a^b |f(x)|\mathrm{d}x$ 收敛，必定有 $\int_a^b f(x)\mathrm{d}x$ 收敛，于是可以定义绝对收敛和条件收敛.

**定理 8.11 (比较判别法)** 若 $\exists \delta > 0, \forall x \in [b-\delta, b), |f(x)| \leq g(x)$, 而且 $\int_a^b g(x)\mathrm{d}x$ 收敛, 则 $\int_a^b f(x)\mathrm{d}x$ 收敛.

取 $g = \dfrac{1}{(b-x)^q}$ 就得到, 若 $f(x)$ 在 $[a,b]$ 上有定义, $\forall \eta > 0$, 在 $[a, b-\eta]$ 上常义可积, 则有:

(1) 如果 $\exists \delta > 0, 0 \leq q < 1, c > 0, \forall x \in [b-\delta, b)$,
$$|f(x)| \leq \frac{c}{(x-b)^q},$$
则 $\int_a^b f(x)\mathrm{d}x$ 绝对收敛;

(2) 如果 $\exists \delta > 0, q \geq 1, c > 0, \forall x \in [b-\delta, b)$,
$$|f(x)| \geq \frac{c}{(x-b)^q},$$
则 $\int_a^b |f(x)|\mathrm{d}x$ 发散.

**例 8.13** 讨论 $\int_0^1 \dfrac{\sin x}{\sqrt{x}}\mathrm{d}x$ 是否收敛.

**解** 由于 $\forall x \in (0, 1]$,
$$\left|\frac{\sin x}{\sqrt{x}}\right| \leq \frac{C}{\sqrt{x}},$$
故 $\int_0^1 \dfrac{\sin x}{\sqrt{x}}\mathrm{d}x$ 绝对收敛.

**定理 8.12 (狄利克雷判别法)** 若 $f(x)$ 和 $g(x)$ 在 $[a,b)$ 上有定义, $\forall \eta > 0$, 在 $[a, b-\eta]$ 上常义可积, 如果

(1) 若 $\exists \delta > 0, f(x)$ 在 $[b-\delta, b)$ 上单调, 且 $\lim\limits_{x \to b^-} f(x) = 0$,

(2) $\exists K \geq 0, \left|\int_a^{b-\eta} g(x)\mathrm{d}x\right| \leq K$,

则 $\int_a^b f(x)g(x)\mathrm{d}x$ 收敛.

**定理 8.13 (阿贝尔判别法)** 若 $f(x)$ 和 $g(x)$ 在 $[a,b)$ 上有定义, 在 $[a, b-\eta]$ 上常义可积, 如果

(1) $f(x)$ 在 $[b-\delta, b)$ 上单调有界,

(2) $\int_a^b g(x)\mathrm{d}x$ 收敛,

则 $\int_a^b f(x)g(x)\mathrm{d}x$ 收敛.

**例 8.14** 讨论 $\int_0^1 \dfrac{\sin\frac{1}{x}}{x^p}\mathrm{d}x (0 < p \leqslant 2)$ 的收敛性.

**解** (1) $0 < p < 1$ 时, 由于

$$\left|\frac{\sin\frac{1}{x}}{x^p}\right| \leqslant \frac{1}{x^p},$$

$$\int_0^1 \frac{1}{x^p}\mathrm{d}x = \frac{1}{1-p},$$

由比较判别法知该瑕积分绝对收敛.

(2) $1 \leqslant p < 2$ 时, 注意到 $x^{2-p}$ 在 $x \to 0^+$ 时单调趋于 $0$, 而

$$\left|\int_\eta^1 \frac{\sin\frac{1}{x}}{x^2}\mathrm{d}x\right| \leqslant \left|\cos 1 - \cos\frac{1}{\eta}\right| \leqslant 2,$$

因此由狄利克雷判别法知该瑕积分收敛.

另一方面,

$$\left|\frac{\sin\frac{1}{x}}{x^p}\right| \geqslant \frac{\sin^2\frac{1}{x}}{x^p} = \frac{1}{2x^p} - \frac{\cos\frac{2}{x}}{2x^p},$$

其中 $\int_0^1 \dfrac{\cos\frac{2}{x}}{x^p}\mathrm{d}x$ 同上可证收敛, 而

$$\int_0^1 \frac{2}{x^p}\mathrm{d}x = +\infty,$$

因此 $\int_0^1 \left|\dfrac{\sin\frac{1}{x}}{x^p}\right|\mathrm{d}x$ 发散到无穷, 而原瑕积分条件收敛.

(3) $p = 2$ 时,

$$\int_0^1 \frac{\sin\frac{1}{x}}{x^2}\mathrm{d}x = \lim_{\eta \to 0^+}\left(\cos 1 - \cos\frac{1}{\eta}\right),$$

故该瑕积分发散.

## 习 题

1. 求下述无穷限积分 (若不存在, 简要说明理由):

   (1) $\int_0^{+\infty} \dfrac{1}{x^2-4}\mathrm{d}x$;

   (2) $\int_0^{+\infty} \dfrac{1}{x^4-4}\mathrm{d}x$;

   (3) $V.P. \int_{-\infty}^{+\infty} x\sin x^2 \mathrm{d}x$;

   (4) $\int_0^{+\infty} x\mathrm{e}^{-x^2}\mathrm{d}x$;

   (5) $\int_0^{+\infty} \dfrac{1}{\sqrt{1+x^2}}\mathrm{d}x$;

   (6) $\int_2^{+\infty} \sqrt{1+x^2}-\sqrt{x^2-1}\mathrm{d}x$.

2. 若函数 $f(x)$ 在 $[0,+\infty)$ 一致连续 (即 $\forall \varepsilon>0, \exists \delta>0, \forall x,y \geqslant 0$, 且 $|x-y|<\delta$, 有 $|f(x)-f(y)|<\varepsilon$), 且 $\int_0^{+\infty} f(x)\mathrm{d}x$ 收敛, 试证明 $\lim\limits_{x\to+\infty} f(x)=0$. 若仅知道 $f(x) \in C[0,+\infty)$, 且 $\int_0^{+\infty} f(x)\mathrm{d}x$ 收敛, 是否仍有 $\lim\limits_{x\to+\infty} f(x)=0$?

3. $a \geqslant 1$, 试证明 $\int_0^{+\infty} \dfrac{\mathrm{d}x}{(1+x^2)(1+x^a)}$ 的值与 $a$ 的取值无关.

4. 求下述瑕积分 (若不存在, 简要说明理由):

   (1) $\int_0^2 \dfrac{1}{x^2-4}\mathrm{d}x$;

   (2) $\int_0^{\pi/2} \tan x \mathrm{d}x$;

   (3) $V.P. \int_{-1}^1 \dfrac{\sin x^2}{x}\mathrm{d}x$;

   (4) $\int_1^2 \dfrac{\mathrm{d}x}{\sqrt{(x-1)(x-3)}}$;

   (5) $\int_0^1 x^2(\ln x)^2 \mathrm{d}x$.

5. 判断下列积分是否收敛:

   (1) $\int_1^{+\infty} \dfrac{\mathrm{d}x}{\sqrt[4]{3x^5+2x^2-1}}$;

(2) $\int_0^{+\infty} \dfrac{\sin^2 x}{x^2} dx$;

(3) $\int_0^1 \dfrac{1}{\ln x} dx$.

6. 讨论下述积分的收敛性 (绝对收敛、条件收敛、发散):

(1) $\int_1^{+\infty} \dfrac{\cos x}{x^p} dx \ (p > 0)$;

(2) $\int_3^{+\infty} \dfrac{\ln \ln x}{\ln x} \sin x dx$.

7. 若 $f(x)$ 在 $(0,1]$ 上单调，且 $\lim\limits_{x\to 0^+} f(x) = +\infty$, 如果 $\int_0^1 f(x)dx$ 收敛, 试证明 $\lim\limits_{x\to 0^+} xf(x) = 0$.

8. 判断下列积分是否收敛:

(1) $\int_0^1 x^{p-1}(1-x)^{q-1} dx \ (p, q > 0)$;

(2) $\int_0^1 |\ln x|^p dx \ (p > 0)$;

(3) $\int_0^1 \dfrac{\ln(1-x)}{1-x^2} dx$.

9. 讨论下述积分的收敛性 (绝对收敛、条件收敛、发散):

$$\int_0^{\frac{\pi}{2}} \dfrac{dx}{\sin^p x \cos^q x} \ (p, q > 0).$$

# 第九章 多维空间

(一元) 函数就是数集之间的映射, 即给一个数 $x\in D\subset \mathbb{R}$, 通过映射得一个数, 记为 $f(x)\in \mathbb{R}$.

例如, 学号为 $n$ 的同学, "微积分" 课程成绩为 $A(n)$, 就给出了一个定义在自然数的一个子集上的函数 $A$. 上课的教室在 $t$ 时刻的温度 $T(t)$, 给出了一个定义在实数的子集上的函数 $T$.

然而, 对于复杂些的事物之间的联系, 往往只用一个自变量不足以刻画. 例如, "微积分" 课程成绩的总评计算方式为成绩 $y=0.3\times a$ (作业) $+0.3\times m$ (期中) $+0.4\times f$ (期末), 这就构成了一个三元函数

$$(a,m,f)\in D\subset \mathbb{R}^3 \mapsto y\in \mathbb{R}.$$

再如教室里 $t$ 时刻 $(x,y,z)$ 坐标处气体的状态包括密度 $\rho$, 速度 $(u,v,w)$, 温度 $T$:

$$(t,x,y,z)\in \mathbb{R}^4 \mapsto (\rho,u,v,w,T)\in \mathbb{R}^5.$$

要分析这些, 就需要扩大研究对象的范围. 特别地, 我们先讨论多维空间, 作为研究这些更为复杂映射的基础.

## 9.1 线性空间、距离空间和赋范空间: $\mathbb{R}^m$ 的代数结构和几何结构

空间是一个非常基本的概念, 它是一个集合, 而集合由元素构成. 我们赋予这个集合更多的内涵, 包括代数结构和几何结构. 代数结构让它成为线性空间 (也称为向量空间), 几何结构使它成为距离空间. 相应地, 集合中的元素也分别称为向量、点.

### 9.1.1 线性空间

在线性空间 $X$ 里, 元素称为向量, 关于向量和某个数域, 定义两种运算: 加法和数乘. 这里的数域通常是实数域, 这时向量空间称为实线性空间.

与实数理论中的加法一样, 线性空间 $X$ 里的加法是一个二元运算, $X$ 关于加法封闭:

$$\begin{aligned}+:X\times X &\to X\\ x,\ y &\mapsto x+y\end{aligned}$$

$(X, +)$ 构成交换群, 即满足:

(1) 交换律: $x + y = y + x$;

(2) 结合律: $x + (y + z) = (x + y) + z$;

(3) 零元 (加法的单位元): $x + 0 = x$;

(4) 逆元: $x + (-x) = 0$.

数乘是数 (譬如实数) 与向量的二元运算:

$$\cdot : \mathbb{R} \times X \to X$$
$$\lambda, \quad x \mapsto \lambda x$$

它满足:

(1) 结合律: $\lambda(\mu x) = (\lambda \mu) x$;

(2) 幺元: $1 \cdot x = x$;

(3) 分配律: $(\lambda + \mu)x = \lambda x + \mu x, \quad \lambda(x + y) = \lambda x + \lambda y$.

定义好上述两个运算, 就得到一个 (实) 线性空间.

加法运算可以是很一般的, 远不局限于 $\mathbb{R}^n$. 例如, 我们定义

$$X = \{a, b\},$$

其中加法定义为

$$a + a = b + b = a, \quad a + b = b + a = b.$$

线性空间最重要的基本概念是线性相关. $X$ 中的一个向量组 $\{x_1, \cdots, x_m\}$ 称为线性相关的, 若有一组不全为 0 的数 $\alpha_1, \cdots, \alpha_m$, 使得

$$\sum_{i=1}^{m} \alpha_i x_i = 0.$$

反之, 若不存在这样的一组数, 即若

$$\sum_{i=1}^{m} \alpha_i x_i = 0,$$

必有

$$\alpha_1 = \cdots = \alpha_m = 0,$$

则称这一组向量线性无关.

$X$ 称为 $m$ 维线性空间, 若其中含有由 $m$ 个线性无关向量组成的向量组, 而任意 $(m+1)$ 个向量必定线性相关[1], 记为

$$\dim(X) = m.$$

---

[1] 无穷维空间是指对于任意自然数 $m$, 空间中都有 $m$ 个线性无关向量构成的向量组. 例如所有的多项式函数就构成了一个无穷维空间.

在 "微积分" 课程中，我们只考虑有穷维空间. 任意一组 $m$ 个线性无关向量的向量组 $\{e_1, \cdots, e_m\}$, 称为一组基. 由于任意 $m+1$ 个向量必定线性相关, 因此空间中的任一向量必可表示为这 $m$ 个线性无关向量的线性组合. 事实上, $\forall x \in X, \{e_1, \cdots, e_m, x\}$ 线性相关, 因此 $\exists \alpha_0, \cdots, \alpha_m$ 不全为 0,

$$\alpha_0 x + \sum_{i=1}^{m} \alpha_i e_i = 0.$$

这里 $\alpha_0 \neq 0$, 否则由 $\sum_{i=1}^{m} \alpha_i e_i = 0$ 和基的定义知道 $\alpha_1 = \cdots = \alpha_m = 0$, 与 $\alpha_0, \cdots, \alpha_m$ 不全为 0 矛盾. 因此, 令

$$x_i = \frac{\alpha_i}{\alpha_0}, \quad i = 1, \cdots, m,$$

就有 $x = \sum_{i=1}^{m} x^i e_i$, 其中 $(x^1, \cdots, x^m)$ 称为 $x$ 在基 $\{e_1, \cdots, e_m\}$ 下的坐标.

确定了基以后, 向量与坐标形成了一一对应. 而且, 向量加法与数乘也刚好对应着坐标的加法与数乘. 由此, 我们得到 $m$ 维线性空间 $X$ 与 $\mathbb{R}^m$ 的对应. 在这个意义下, $m$ 维线性空间 $X$ 就是 $\mathbb{R}^m$①, 而线性空间中的向量就是有序实数组

$$x = (x^1, \cdots, x^m) \in \mathbb{R}^m.$$

于是设原点为 $O$ 对应于零向量, 建立坐标系, 点 $x = (x^1, \cdots, x^m) \in \mathbb{R}^m$ 与向量 $\overrightarrow{OX}$ 一一对应. 向量的加法定义为

$$x + y = (x^1 + y^1, \cdots, x^m + y^m),$$

点乘定义为

$$\lambda \cdot x = (\lambda x^1, \cdots, \lambda x^m).$$

在这个意义下, 矩阵 $A_{p \times m}$ 定义了 $\mathbb{R}^m$ 到 $\mathbb{R}^p$ 的线性 (向量值) 函数, $x \in \mathbb{R}^m \mapsto Ax \in \mathbb{R}^p$.

### 9.1.2 距离空间和赋范线性空间

在集合上定义几何结构后, 我们往往称之为空间, 而集合中的元素就称为空间里的点. 空间几何结构最根本的是定义它的开 (子) 集②. 特别地, 如果定义了点与点之间的距离函数 $d: X \times X \to \mathbb{R}$, 就可以得到距离空间 $(X, d)$.

---

①数学上称二者同构.
②拓扑空间就是定义了开集的空间.

**定义 9.1**  $d: X \times X \to \mathbb{R}$ 称为距离, 若满足
(1) 非负性: $d(x,y) \geqslant 0$, 且 $d(x,y) = 0 \Leftrightarrow x = y$;
(2) 对称性: $d(x,y) = d(y,x)$;
(3) 三角形不等式: $d(x,y) \leqslant d(x,z) + d(z,y)$.

对于有着代数结构的空间 $(X, +, \cdot)$, 有一种特殊的几何结构可以通过定义范数来给出, 其含义是向量的长度.

**定义 9.2**  $\|\cdot\|: X \to \mathbb{R}$ 称为范数, 若满足
(1) 正定性: $\|x\| \geqslant 0$, 且 $\|x\| = 0 \Leftrightarrow x = 0$;
(2) 齐次性: $\|\lambda x\| = |\lambda| \|x\|, \forall \lambda \in \mathbb{R}, x \in X$;
(3) 三角形不等式: $\|x+y\| \leqslant \|x\| + \|y\|$.

用范数定义 $d(x,y) = \|x-y\|$, 容易验证它满足距离的性质, 称为范数诱导出的距离.

例如, 范数 $\|x\| = \sqrt{\sum_{i=1}^m (x^i)^2}$ 诱导出欧氏距离

$$d(x,y) = \sqrt{\sum_{i=1}^m (x^i - y^i)^2}.$$

而范数 $\|x\| = \max_i |x^i|$ 诱导出距离

$$d(x,y) = \max_i |x^i - y^i|.$$

赋予了欧氏距离的空间 $\mathbb{R}^m$ 称为欧氏空间, 有时记为 $\mathbb{E}^m$.

并非所有距离都由范数诱导出来, 如下面定义的平庸距离 $d_3$ 就没有相应的范数.

可以证明, $\mathbb{R}^m$ 中的各种范数是等价的, 即 $\exists a, A \in \mathbb{R}^+$, 使得

$$a\|x\|_1 \leqslant \|x\|_2 \leqslant A\|x\|_1, \forall x \in X.$$

等价范数诱导出的距离也是等价的. 有限维赋范线性空间本质上等同于欧氏空间 $\mathbb{E}^m$.

由于范数具有齐次性, 一个范数定义下的单位球 $U(0,1) = \{x | \|x\| = 1\}$ 就完整地给出了范数的含义. 譬如, 欧氏距离相应的范数下, 单位球就是我们通常意义下的球, 而 $\|x\| = \max_i |x^i|$ 给出的单位球是一个边长为 2 的正方体.

定义点 $x$ 的半径为 $r$ 的开邻域为 $U(x,r) = \{y|d(x,y) < r\}$，去心开邻域为 $\check{U}(x,r) = \{y|0 < d(x,y) < r\}$. 有时候, 我们不指明半径, 直接说开邻域 $U(x)$ 和去心开邻域 $\check{U}(x)$.

**定义 9.3** 集合 $E \subset X$ 称为距离空间 $X$ 中的开集, 若 $\forall x \in E, \exists r > 0$, 满足 $U(x,r) \subset E$.

由于邻域的定义依赖于距离, 因此开集也因距离的不同而不同. 同一个空间 $X$, 可以有不同的 $d$, 例如 $(X,d_1),(X,d_2)$. 不同的距离定义了不同的空间, 但从开集的定义来说, 不同的距离可能诱导出一样的开集.

**例 9.1** 对于 $\mathbb{R}$, 定义距离 $d_1(x,y) = |y-x|, d_2(x,y) = 2|y-x|$.

这里, $d_1, d_2$ 给出相同的开集, 与此类似的例子是物理中的单位制, 在选择不同单位制时, 相应物理量的数值不同, 但只相差常数倍.

**例 9.2** 在任意一个非空集合 $X$ 上, 定义平庸距离

$$d_3(x,y) = \begin{cases} 0, & x = y; \\ 1, & x \neq y. \end{cases}$$

定义了平庸距离的空间 $(X,d_3)$, 对其任意子集 $E$, 若点 $x \in E$, 则 $U(x,0.5) = \{x\} \in E$, 因此任何子集都是开集.

利用距离可以定义极限, 包括收敛点列和函数 (映射) 极限.

**定义 9.4** 距离空间 $(X,d)$ 里的点列 $\{x_n\} \subset X$ 收敛, 即 $\lim\limits_{n\to\infty} x_n = x^*$, 是指

$$\lim_{n\to\infty} d(x_n, x^*) = 0,$$

即

$$\forall \varepsilon > 0, \exists N \in \mathbb{N}, \forall n > N, d(x_n, x^*) < \varepsilon.$$

在赋范空间里, 上述定义变为

$$\lim_{n\to\infty} \|x_n - x^*\| = 0,$$

即

$$\forall \varepsilon > 0, \exists N \in \mathbb{N}, \forall n > N, \|x_n - x^*\| < \varepsilon.$$

**定义 9.5** 对于从 $(X,d_1)$ 到 $(Y,d_2)$ 上的映射

$$f: (X,d_1) \to (Y,d_2)$$
$$x \mapsto f(x)$$

称 $\lim\limits_{x\to a} f(x) = A$, 若 $\forall \varepsilon > 0, \exists \delta > 0$, 当 $d_1(x,a) < \delta$, 就有
$$d_2(f(x), A) < \varepsilon.$$

类似可以定义空间 $X$ 到 $Y$ 的连续映射等.

在距离空间中, 我们可以对子集 $E \subset X$ 中的点进行分类. 称 $a$ 是 $E$ 的聚点, 若 $\forall \eta > 0$,
$$\check{U}(a, \eta) \cap E \neq \varnothing.$$

否则称 $a$ 是孤立点, 即 $\exists \eta > 0$,
$$\check{U}(a, \eta) \cap E = \varnothing.$$

给定子集 $E$, 我们可以把全空间的点做如下分类, 见图 9.1.

**定义 9.6** (1) $a$ 是 $E$ 的内点: $\exists \delta > 0, U(a, \delta) \subset E$;
(2) $a$ 是 $E$ 的外点: $\exists \delta > 0, U(a, \delta) \subset X \setminus E$;
(3) $a$ 是 $E$ 的边界点: $\forall \delta > 0, U(a, \delta) \cap E \neq \varnothing, U(a, \delta) \cap X \setminus E \neq \varnothing$.

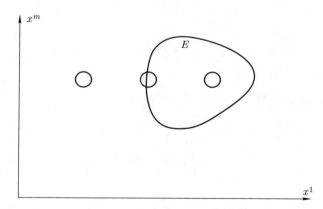

**图 9.1** $E \subset X$ 的内点、外点与边界点

$E$ 的所有内点组成的集合记为 $\text{int}(E)$, 称为 $E$ 的内部; 外点组成的集合记为 $\text{ext}(E)$, 称为 $E$ 的外部; 边界点组成的集合记为 $\partial E$ 或 $\text{bdry}(E)$, 称为 $E$ 的边界. 显然这三个集合两两不相交, 而且并起来就得到 $X$.

多维空间与一维空间之间一个很大的区别就在于其中的几何结构, 多维空间里的子集可以多种多样, 而且有实际意义和应用价值.

**定义 9.7** $a$ 为集合 $E \subset X$ 的一个聚点, 从 $E$ 到 $\Omega \subset Y$ 的映射 $f(x)$ 沿 $E$ 当 $x \to a$ 时的极限为 $A$, 若有 $\forall \varepsilon > 0, \exists \delta > 0, x \in E$, 且 $0 < d_1(x, a) < \delta$, 就有
$$d_2(f(x), A) < \varepsilon,$$

记为
$$\lim_{\substack{x\to a\\ \Omega}} f(x) = A.$$

当 $X = Y = \mathbb{R}$ 时, 上述映射是一元函数; 当 $X = \mathbb{R}^m, Y = \mathbb{R}$ 时, 上述映射就是 $m$ 元函数.

前面我们定义了开集, 现在定义闭集. 若 $F \subset X$ 中任何收敛点列 $\{x_n\}$ 的极限 $\lim_{n\to\infty} x_n \in F$, 则 $F$ 是闭集. 如前所述, $G \subset X$ 中的任一点都有开邻域包含于 $G$, 则称之为开集.

可以证明, 若开集 $G = \text{int}(G)$, 即它由内点组成, 则 $G$ 是开集. 开集之补为闭集, 闭集之补为开集.

我们定义闭包 $\overline{E} = E \cup \partial E$, 它是包含 $E$ 的最小闭集, 也记为 $\text{Cl}(E)$.

闭集有一些特殊的性质, 将在后续章节中研究. 这里我们仅讨论收敛列与柯西列 (基本列) 的关系, 即完备性.

**定义 9.8** 称序列 $\{x_n\} \subset X$ 为柯西列 (基本列), 若 $\forall \varepsilon > 0, \exists N \in \mathbb{N}, \forall n > N, p \in \mathbb{N}$, 有 $d(x_{n+p}, x_n) < \varepsilon$.

集合 $E \subset X$ 中的序列 $\{x_n\}$, 若作为 $X$ 中的点列收敛, 而且极限 $a = \lim_{n\to\infty} x_n \in E$, 则称 $\{x_n\}$ 是 $E$ 中的收敛列.

与一维情形类似, 可以证明以下关系.

**定理 9.1** 收敛列必为柯西列.

**证明** 若 $\{x_n\} \subset E$ 为收敛列, 则 $\forall \varepsilon > 0, \exists N \in \mathbb{N}, \forall n > N$, 有
$$d(x_n, a) < \varepsilon/2,$$
于是,
$$d(x_{n+p}, x_n) \leqslant d(x_{n+p}, a) + d(a, x_n) < \varepsilon.$$

然而子集 $X$ 中的柯西列未必一定是收敛列. 例如开区间 $(0,1) \subset \mathbb{R}$ 上的序列 $\left\{\dfrac{1}{n}\right\}$, 其极限 $\lim_{n\to\infty} \dfrac{1}{n} = 0 \notin (0,1)$.

**定义 9.9** $(X, d)$ 称为完备的距离空间, 若其中的柯西列均为收敛列.

**定义 9.10** 若对映射 $\varphi: X \to X, \exists \alpha \in [0, 1), \forall x, y \in X$, 有
$$d(\varphi(x), \varphi(y)) \leqslant \alpha d(x, y),$$
则称 $\varphi$ 为压缩映射.

**定理 9.2 (巴拿赫 (Banach) 不动点定理, 压缩映射原理)** 完备距离空间 $(X, d)$ 上的压缩映射必有唯一不动点, 即存在唯一 $x^* \in X$, 满足 $\varphi(x) = x$.

**证明** 首先, 我们任取定一点 $x_0 \in X$, 令 $x_n = \varphi(x_{n-1})$, 则得到一个序列 $\{x_n\} \in X$, 且

$$\begin{aligned} d(x_{n+1}, x_n) &= d(\varphi(x_n), \varphi(x_{n-1})) \\ &\leqslant \alpha d(x_n, x_{n-1}) \\ &\leqslant \cdots \\ &\leqslant \alpha^n d(x_1, x_0), \end{aligned}$$

于是,

$$\begin{aligned} d(x_{n+p}, x_n) &\leqslant d(x_{n+p}, x_{n+p-1}) + \cdots + d(x_{n+1}, x_n) \\ &\leqslant (\alpha^{n+p-1} + \cdots + \alpha^n) d(x_1, x_0) \\ &\leqslant \frac{\alpha^n}{1-\alpha} d(x_1, x_0) \\ &\to 0 \quad (n \to \infty), \end{aligned}$$

$\{x_n\}$ 是柯西列. 由于 $X$ 完备, 它必收敛. 记 $x^* = \lim\limits_{n \to \infty} x_n \in X$. 注意到

$$\begin{aligned} d(\varphi(x^*), x^*) &\leqslant d(\varphi(x^*), \varphi(x_n)) + d(\varphi(x_n), x^*) \\ &\leqslant \alpha d(x_n, x^*) + d(x_{n+1}, x^*) \\ &\to 0 \quad (n \to \infty), \end{aligned}$$

我们有 $x^* = \varphi(x^*)$, 即 $x^*$ 为不动点.

再证明不动点的唯一性. 设若不然, 另有 $y^* = \varphi(y^*)$, 则

$$0 \leqslant d(x^*, y^*) = d(\varphi(x^*), \varphi(y^*)) \leqslant \alpha d(x^*, y^*),$$

因此,

$$d(x^*, y^*) \leqslant 0,$$

由范数的定义, $x^* = y^*$.

对于完备距离空间 $X$ 的闭子集 $E$ (也称为闭子空间, 虽然在代数意义下并非子空间) , 上述定理同样成立. 为此, 只要证明上面构造的序列在 $X$ 空间意义下的极限仍在 $E$ 中即可, 而这由 $E$ 是闭集直接可以得到.

我们知道, 线性空间上的范数诱导出距离, 这样兼具了几何和代数结构的空间称为赋范线性空间. 如果它还是完备的, 我们也称之为巴拿赫空间. 于是, 巴拿赫空间里的压缩映射必有唯一不动点.

巴拿赫定理的一个直接应用如下: 如果我们拿一张全国地图平铺在教室里的任何一块地方, 有且仅有一个点, 它在地图上的像正好在它的正上方.

## 9.2 $\mathbb{R}^m$ 中的收敛点列、函数极限、连续及向量值函数

回到关于 $\mathbb{R}^m$ 的讨论, 不失一般性, 范数取为欧氏范数.

### 9.2.1 收敛点列

根据距离空间中收敛点列的定义, 在 $\mathbb{R}^m$ 中, 序列 $\{x_n\}$ 收敛是指 $\forall \varepsilon > 0, \exists N \in \mathbb{N}, \forall n > N$, 有
$$\|x_n - a\| < \varepsilon.$$
记为
$$\lim_{n \to \infty} x_n = a.$$
我们看到, 这里是通过范数把 $\mathbb{R}^m$ 映射到了 $\mathbb{R}$, 因此收敛就是指 $\lim_{n \to \infty} \|x_n - a\| = 0$. 用几何语言叙述, 就是当 $n$ 充分大时, $x_n$ 落入邻域 (开球) $U(a, \varepsilon) = \{x | d(a, x) < \varepsilon\}$.

研究收敛点列的基本定理如下.

**定理 9.3** 序列 $\{x_n\}$ 收敛于 $a$, 当且仅当它按照坐标收敛:
$$\lim_{n \to \infty} x_n^i = a^i, \quad i = 1, \cdots, m.$$

**证明** 注意到
$$\max_{1 \leqslant i \leqslant m} |x_n^i - a^i| \leqslant \|x_n - a\| \leqslant m \max_{1 \leqslant i \leqslant m} |x_n^i - a^i|,$$
由夹挤原理可以知道 $\lim_{n \to \infty} \|x_n - a\| = 0$ 与 $\lim_{n \to \infty} \max_{1 \leqslant i \leqslant m} |x_n^i - a^i| = 0$ 等价, 即与 $\lim_{n \to \infty} |x_n^i - a^i| = 0 \ (i = 1, \cdots, m)$ 等价.

该定理使得几乎所有一维结论都可以移植到多维, 因而可称为 "遗传定理". 例如:

(1) 若 $\lim_{n \to \infty} x_n = a$, 则极限是唯一的.

(2) 若 $\{x_n\}, \{y_n\} \subset \mathbb{R}^m, \{\lambda_n\} \subset \mathbb{R}$ 收敛, 则
$$\lim_{n \to \infty} (x_n \pm y_n) = \lim_{n \to \infty} x_n \pm \lim_{n \to \infty} y_n,$$
$$\lim_{n \to \infty} \lambda_n x_n = \lim_{n \to \infty} \lambda_n \lim_{n \to \infty} x_n.$$

**定义 9.11** 序列 $\{x_n\} \subset \mathbb{R}^m$，若 $\forall \varepsilon > 0, \exists N, \forall n > N, p \in \mathbb{N}$，有

$$\|x_{n+p} - x_n\| < \varepsilon,$$

则称 $\{x_n\}$ 是柯西列 (基本列).

**定理 9.4 (柯西收敛原理)** $\lim\limits_{n\to\infty} x_n$ 存在当且仅当 $\{x_n\}$ 是基本列.

由柯西收敛原理，$\mathbb{R}^m$ 是完备的赋范线性空间，即巴拿赫空间.

### 9.2.2 函数极限

$\mathbb{R}^m$ 中函数极限定义为：对于 $a \in \mathbb{R}^m$，若有 $A \in \mathbb{R}$，在某 $\check{U}(a, \eta)$ 上，对 $\forall x_n \to a$ 的序列 $\{x_n\}$，都有 $f(x_n) \to A$，则称当 $x \to a$ 时，$f(x)$ 的极限为 $A$，记为

$$\lim_{x \to a} f(x) = A,$$

其中以 $a$ 为中心的 $\eta$ 邻域

$$\check{U}(a, \eta) := \{x \in \mathbb{R}^m | 0 < \|x - a\| < \eta\}.$$

$\varepsilon$-$\delta$ 语言的定义如下：对于 $a \in \mathbb{R}^m$，若有 $A \in \mathbb{R}, \forall \varepsilon > 0, \exists \delta > 0, \forall 0 < |x - a| < \delta$，有

$$|f(x) - A| < \varepsilon,$$

则称当 $x \to a$ 时，$f(x)$ 收敛于 $A$.

$a, A$ 为 $\pm\infty$，或者沿着集合 $D \subset \mathbb{R}^m$ 收敛的情况类似.

**定义 9.12 (序列式定义)** 集合 $D \subset \mathbb{R}^m$，$a$ 是 $D$ 中聚点，若有 $A \in \mathbb{R}$，对 $\check{U}(0, \eta) \cap D$ 中任意收敛于 $a$ 的序列 $\{x_n\}$，都有 $f(x_n) \to A$，则称 $f(x)$ 在 $x \to a$ 时沿集合 $D$ 收敛到 $A$，记为

$$\lim_{\substack{x \to a \\ D}} f(x) = A.$$

**定义 9.13 ($\varepsilon$-$\delta$ 定义)** 集合 $D \subset \mathbb{R}^m$，$a$ 是 $D$ 中聚点，若有 $A \in \mathbb{R}, \forall \varepsilon > 0, \exists \delta > 0, \forall x \in D, 0 < \|x - a\| < \delta$，有

$$|f(x) - A| < \varepsilon,$$

则

$$\lim_{\substack{x \to a \\ D}} f(x) = A.$$

与一维类似可以证明, 序列式定义与 $\varepsilon$-$\delta$ 语言定义等价.

在一维时, 沿着集合收敛的用处不大. 譬如, 对于函数 $D(x) = \begin{cases} 0, & x \in \mathbb{Q}, \\ 1, & x \notin \mathbb{Q}, \end{cases}$ 考察当 $\lim\limits_{n\to\infty} x_n = 0$ 的序列, 分别有

(1) $\forall \{x_n\} \subset \mathbb{Q}, D(x_n) = 0$, 故 $\lim\limits_{\substack{x \to 0 \\ \mathbb{Q}}} D(x) = 0$;

(2) $\forall \{x_n\} \subset \overline{\mathbb{Q}}, D(x_n) = 1$, 故 $\lim\limits_{\substack{x \to 0 \\ \overline{\mathbb{Q}}}} D(x) = 1$.

在多元函数情况就需要分得更细, 这是定义沿着集合收敛的动机. 容易知道, 当函数收敛时, 沿任何一个子集 (要求 $a$ 为聚点) 的极限存在, 且就是函数收敛到的极限. 这可以用来方便地证明函数不收敛: 如果能找到两个集合, 其函数极限不同, 那么函数就不收敛. 当然也可以通过找两个序列, 其值序列不收敛到同一个值来说明函数不可能收敛.

**例 9.3** 讨论 $(x,y) \to (0,0)$ 时函数

$$f(x,y) = \frac{xy}{x^2 + y^2} \quad ((x,y) \neq (0,0))$$

的极限.

**解** 按方向 $\dfrac{y}{x} = a$, 我们有

$$f(x,y) = \frac{a}{1+a^2} \to \frac{a}{1+a^2},$$

从而

$$\lim_{\substack{(x,y)\to(0,0) \\ y=ax}} f(x,y) = \frac{a}{1+a^2}.$$

这是与 $a$ 的选择有关的, 故 $\lim\limits_{(x,y)\to(0,0)} f(x,y)$ 不存在.

$\mathbb{R}$ 中函数极限的性质在 $\mathbb{R}^m$ 中也成立.

**定理 9.5 (四则运算)** $A, B \in \mathbb{R}$, $\lim\limits_{\substack{x\to a \\ D}} f(x) = A$, $\lim\limits_{\substack{x\to a \\ D}} g(x) = B$, 则

$$\lim_{\substack{x\to a \\ D}} (f(x) \circ g(x)) = A \circ B.$$

这里 $\circ$ 为加、减、乘、除中的任一种运算 (其中做除法时要求 $B \neq 0$).

**证明** 以加法为例. $\forall \varepsilon > 0, \forall x_n \to a$ 且 $\{x_n\} \subset D, \exists N_1, N_2 \in \mathbb{N}$, 当 $n > N_1$ 时, 有

$$|f(x_n) - A| < \varepsilon/2,$$

当 $n > N_2$ 时,有
$$|g(x_n) - A| < \varepsilon/2,$$
从而,当 $n > \max(N_1, N_2)$ 时,就有
$$|(f(x_n) + g(x_n)) - (A + B)| < \varepsilon.$$

**定理 9.6 (函数复合)** 若 $m$ 元函数极限 $\lim\limits_{x \to a} f(x) = b$,一元函数极限 $\lim\limits_{y \to b} g(y) = c$,且 $f(\check{U}(a)) \subset \check{U}(b)$,则
$$\lim_{x \to a} g(f(x)) = c.$$
且若 $\lim\limits_{x \to a} f(x) = b$ 限制到集合 $D$ 上,该结论也成立.

**定理 9.7 (柯西收敛原理)** $\lim\limits_{\substack{x \to a \\ D}} f(x)$ 存在当且仅当 $\forall \varepsilon > 0, \exists \delta > 0, \forall x, x' \in D$, $0 < \|x - a\| < \delta, 0 < \|x' - a\| < \delta$ 时,有 $|f(x) - f(x')| < \varepsilon$.

**例 9.4** 求投影函数 $f(x) = x^i$ 当 $x \to a$ 时的极限.

**解** 由
$$|f(x) - a^i| = |x^i - a^i| \leqslant \|x - a\|,$$
知
$$\lim_{x \to a} f(x) = a^i.$$

**例 9.5** $P(x)$ 为 $\mathbb{R}^m$ 上的多项式函数,试求当 $x \to a$ 时的极限.

**解** 多项式函数可以表示为多个上例中的投影函数的四则运算,故容易知道,$\lim\limits_{x \to a} P(x) = P(a)$.

**例 9.6** $P(x), Q(x)$ 为 $\mathbb{R}^m$ 上的多项式函数,$Q(a) \neq 0$,试求当 $x \to a$ 时 $\dfrac{P(x)}{Q(x)}$ 的极限.

**解** 由上例可知,$\lim\limits_{x \to a} \dfrac{P(x)}{Q(x)} = \dfrac{P(a)}{Q(a)}$.

需要注意,在 $\mathbb{R}^2$ 上,即使沿各个不同方向收敛于同一个值也推不出收敛. 例如,如图 9.2 所示 (以等值线表示),
$$f(x, y) = \begin{cases} \dfrac{x^2}{y}, & y \neq 0, \\ 0, & y = 0 \end{cases}$$

并不收敛到 0, 虽然沿每个直线方向均收敛于 0.

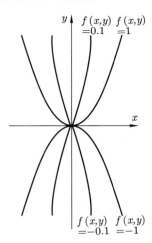

**图 9.2** 不同方向都收敛于 0, 但函数 $f(x)$ 在原点不收敛

**例 9.7** 试求当 $(x,y) \to (0,0)$ 时 $f(x,y) = \dfrac{x^2 y^2}{x^2 + y^2}$ 的极限.

**解** 由于
$$|f(x,y)| \leqslant x^2,$$
故上述函数收敛于 0.

在多维空间中定义的函数极限也称为重极限, 它要求无论如何选取点列 (或者沿着任何一个子集) 都收敛, 且极限一致. 另外有一种多维空间中的函数极限也常常用到, 称为累次极限. 例如, 在 $\mathbb{R}^2$ 上定义
$$\lim_{x \to a} \lim_{y \to b} f(x,y) = \lim_{x \to a} [\lim_{y \to b} f(x,y)].$$
对于任何不等于 $a$ 的 $x$, 我们先算出
$$\lim_{y \to b} f(x,y) \equiv g(x),$$
然后再求出 $\lim_{x \to a} g(x)$. 如果重极限存在, 则上述两种累次极限都存在且等于重极限. 但重极限不存在的时候, 一般而言, 不同顺序的累次极限未必相等, 即通常有
$$\lim_{x \to a} \lim_{y \to b} f(x,y) \neq \lim_{y \to b} \lim_{x \to a} f(x,y).$$

例如, 考察图 9.3 所示的函数
$$f(x,y) = \begin{cases} 1, & |y| > x^2, \text{或 } y = 0, \\ 0, & \text{其他}, \end{cases}$$

我们有
$$\lim_{x \to 0} \lim_{y \to 0} f(x,y) = 0 \neq 1 = \lim_{y \to 0} \lim_{x \to 0} f(x,y).$$

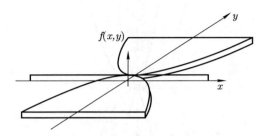

图 9.3 累次极限不相等的函数

### 9.2.3 函数连续

**定义 9.14 (序列式定义)** $a \in D \subset \mathbb{R}^m$, 函数 $f$ 在 $U(a,\eta) \cap D$ 上有定义, 若对 $U(a,\eta) \cap D$ 中收敛于 $a$ 的任意序列 $\{x_n\}$, 都有 $\{f(x_n)\}$ 收敛到 $f(a)$, 则称 $f$ 在 $a$ 点沿集合 $D$ 连续.

**定义 9.15 ($\varepsilon$-$\delta$ 定义)** $a \in D \subset \mathbb{R}^m$, 函数 $f$ 在 $U(a,\eta) \cap D$ 上有定义, 若 $\forall \varepsilon > 0, \exists \delta > 0, \forall x \in D, \|x-a\| < \delta$, 有
$$|f(x) - f(a)| < \varepsilon,$$
则称 $f$ 在 $a$ 点沿集合 $D$ 连续.

与极限定义不同, 这里不要求 $a$ 是聚点. 根据定义, 孤立点处函数总是连续的.

**定义 9.16** $D \subset \mathbb{R}^m$, 函数 $f$ 在 $D$ 上有定义, 若 $\forall a \in D$, 函数 $f$ 在 $a$ 点沿集合 $D$ 连续, 则称 $f$ 在集合 $D$ 上连续.

**例 9.8**
$$f(x,y) = \begin{cases} \dfrac{x^2 y^2}{x^2 + y^2}, & (x,y) \neq (0,0), \\ 0, & (x,y) = (0,0) \end{cases}$$
在 $(0,0)$ 点连续.

**例 9.9**
$$f(x,y) = \begin{cases} \dfrac{xy}{x^2 + y^2}, & (x,y) \neq (0,0), \\ 0, & (x,y) = (0,0) \end{cases}$$
在 $(0,0)$ 点不连续.

由于 $\mathbb{R}^m$ 中收敛等价于按坐标收敛, 一维的结论都可以推广到 $\mathbb{R}^m$.

**定理 9.8** $a \in D \subset \mathbb{R}^m$, 函数 $f(x)$ 和 $g(x)$ 在 $U(a,\eta) \cap D$ 上有定义, 且 $\lambda \in \mathbb{R}$, 如果 $f(x)$ 和 $g(x)$ 在 $a$ 点沿 $D$ 连续, 则 $f+g, \lambda f, fg$ 沿 $D$ 在 $a$ 点连续, 另外如还有 $g(a) \neq 0$, 则 $\dfrac{f(x)}{g(x)}$ 也沿 $D$ 在 $a$ 点连续.

**定理 9.9** $a \in D \subset \mathbb{R}^m$, 函数 $f(x)$ 在 $U(a,\eta) \cap D$ 上有定义, 在 $a$ 点沿 $D$ 连续, 且 $g(x)$ 在 $b = f(a)$ 点连续, 则 $g(f(x))$ 沿 $D$ 在 $a$ 点连续.

**例 9.10** $f(x,y) = \sin xy$ 连续.

**例 9.11** $g(x,y) = \dfrac{e^{xy}}{x^2 + y^2}$ 在 $\mathbb{R}^2 \setminus \{(0,0)\}$ 上连续.

### 9.2.4 向量值函数

对于 $\Omega \subset \mathbb{R}^n$, 映射 $f: \Omega \to \mathbb{R}^p$ 称为一个向量值函数. 例如, 我们一个同学可以用学院 $s$, 年级 $g$, 和学号 $k$ 来标记, 该同学微积分期末成绩可以表示为 $c(s,g,k)$, 这是一个 $\Omega \subset \mathbb{R}^3 \to \mathbb{R}$ 的函数. 其线性代数成绩定义了另一个函数 $a(s,g,k)$. 那么我们可以有一个年级数学成绩的向量值函数①

$$M: \Omega \subset \mathbb{R}^3 \to \mathbb{R}^2$$
$$(s,g,k) \mapsto \begin{pmatrix} c(s,g,k) \\ a(s,g,k) \end{pmatrix}$$

**定理 9.10** $\Omega \subset \mathbb{R}^n, a$ 是 $\Omega$ 的一个聚点, $f(x)$ 在 $\breve{U}(a,\eta) \cap \Omega$ 上有意义, $A = (A^1, \cdots, A^p)$, 则

$$\lim_{x \underset{\Omega}{\to} a} f(x) = A$$

当且仅当

$$\lim_{x \underset{\Omega}{\to} a} f^i(x) = A^i \quad (i = 1, \cdots, p).$$

**定理 9.11** $\Omega \subset \mathbb{R}^m, a \in \Omega, f$ 在 $\Omega$ 上有意义, $f$ 在 $a$ 点连续当且仅当 $f^i$ 在 $a$ 点连续 $(i = 1, \cdots, p)$.

连续函数未必把开集映为开集, 例如图 9.4 所示函数

$$V(x) = \min\{1, |x|\}$$

把开区间 $(-2, 2)$ 映为闭区间 $[0, 1]$.

---

①通常把向量值函数以列向量来记, 其实也可以记为行向量.

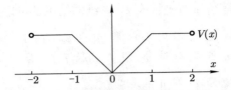

图 9.4　把开区间映为闭区间的连续函数 $V(x)$

但是，下述定理断言：对连续函数，开集的原像一定是开集；而且若任何开集的原像都是开集的话，函数一定连续。

**定理 9.12 (开映射原理)** $\Omega$ 为 $\mathbb{R}^m$ 中的开集，$f: \Omega \to \mathbb{R}^p$，则 $f \in C(\Omega)$ 当且仅当 $\forall \mathbb{R}^p$ 中的开集 $H, f^{-1}(H) = \{x \in \Omega | f(x) \in H\}$ 为 $\mathbb{R}^m$ 中的开集。

**证明**　$\Rightarrow$：如图 9.5(a) 所示，$f \in C(\Omega)$，若 $f^{-1}(H) = \varnothing$ 为开集；若 $f^{-1}(H) \neq \varnothing$，则 $\forall a \in f^{-1}(H)$，由定义 $f(a) \in H$。

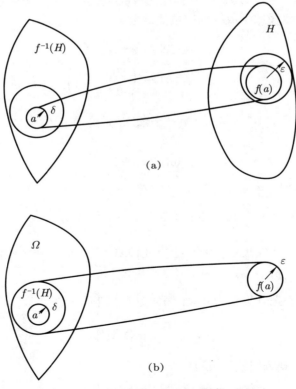

图 9.5　开映射原理. (a) "$\Rightarrow$"; (b) "$\Leftarrow$"

因 $H$ 为开集, 故 $\exists \varepsilon > 0, U(f(a), \varepsilon) \subset H$.

又 $f$ 在 $a \in \Omega$ 连续, $\exists \delta > 0, f(U(a, \delta)) \subset U(f(a), \varepsilon) \subset H$, 因此, $U(a, \delta) \subset f^{-1}(H)$, 即 $f^{-1}(H)$ 为开集.

$\Leftarrow$: 设 $\forall$ 开集 $H, f^{-1}(H)$ 为开集.

如图 9.5(b) 所示, $\forall a \in \Omega, \forall \varepsilon > 0$, 令 $H = U(f(a), \varepsilon) \subset \mathbb{R}^p$ 为开集, 则 $f^{-1}(H) \subset \mathbb{R}^m$ 为开集, 且 $a \in f^{-1}(H)$. 于是 $\exists \delta > 0, U(a, \delta) \subset f^{-1}(H)$.

这就是说, $f(U(a, \delta)) \subset H = U(f(a), \varepsilon)$, 因此 $f$ 在 $a$ 点连续.

## 9.3　$\mathbb{R}^m$ 中有界闭集上连续函数的性质

对于一元函数, 有界闭区间上的连续函数必然有界, 还有最值定理, 以及具备一致连续性和介值性质等性质. 可以说, 有界闭区间允许我们 (通过波–魏定理等) 把无穷集合的问题用有限集合来处理. 在多维空间中, 有界闭区间的适当的推广是有界闭集.

**定理 9.13 (波尔查诺–魏尔斯特拉斯定理)**　$\mathbb{R}^m$ 中的有界点列 $\{x_n\}$ 必有收敛子序列.

**证明**　用 "复选法". 对序列 $\{x_1^1, x_2^1, \cdots, x_n^1, \cdots,\}$ 用一元的波–魏定理选出收敛子序列

$$\{x_{n_1}^1, x_{n_2}^1, \cdots, x_{n_k}^1, \cdots\}, \quad \lim_{k \to \infty} x_{n_k}^1 = a^1.$$

对 $\{x_{n_1}^2, x_{n_2}^2, \cdots, x_{n_k}^2, \cdots\}$, 再用一元的波–魏定理选出收敛子序列

$$\{x_{n_{k_1}}^2, x_{n_{k_2}}^2, \cdots, x_{n_{k_l}}^2 \cdots\}, \quad \lim_{l \to \infty} x_{n_{k_l}}^2 = a^2.$$

这时当然有

$$\lim_{l \to \infty} x_{n_{k_l}}^1 = a^1.$$

如此续行, 直至做到第 $m$ 个分量的收敛子序列, 不妨记为 $\{x_{n_{k_l \cdots p}}\}$, 由构造过程知

$$\lim_{p \to \infty} x_{n_{k_l \cdots p}}^1 = a^1, \cdots, \lim_{p \to \infty} x_{n_{k_l \cdots p}}^m = a^m.$$

因此

$$\lim_{p \to \infty} x_{n_{k_l \cdots p}} = a.$$

如前所述, 若集合 $E$ 中任何收敛的点列 $\{x_n\}$ 的极限 $\lim\limits_{n \to \infty} x_n$ 仍属于 $E$, 则称 $E$ 为闭集. 而 $E$ 为有界集是指 $\exists L \in \mathbb{R}, \forall x \in E$, 有 $\|x\| \leqslant L$.

**定理 9.14**　$\mathbb{R}^m$ 中有界闭集 $E$ 上的连续函数有界.

**证明** 设若不然，$\forall n \in E, \exists x_n \in E$，满足 $|f(x_n)| > n$. 由于 $E$ 有界，$\{x_n\}$ 必有界. 由波-魏定理 $\{x_n\}$ 有收敛子序列 $\{x_{n_k}\}$，记极限为 $a$. 而 $E$ 是闭集，故 $a \in E$. 由 $f$ 在 $a$ 点连续，$\lim_{k \to \infty} f(x_{n_k}) = f(a)$. 收敛列 $\{f(x_{n_k})\}$ 有界，与 $|f(x_{n_k})| > n_k$ 无界矛盾.

**定理 9.15** $\mathbb{R}^m$ 中有界闭集 $E$ 上的连续函数 $f(x)$ 在 $E$ 上取到最大值

$$M = \sup_{x \in E} f(x)$$

及最小值

$$m = \inf_{x \in E} f(x).$$

**证明** 以最大值为例.

由上确界定义，$\forall n \in \mathbb{N}, \exists x_n \in E$，满足

$$M - \frac{1}{n} < f(x_n) \leqslant M.$$

又 $E$ 有界，故 $\{x_n\}$ 有界. 由波-魏定理知有子列 $x_{n_k}$，$\lim_{k \to \infty} x_{n_k} = x_0$.

因为 $E$ 是闭集，故 $x_0 \in E$；因 $f$ 连续，故

$$\lim_{n \to \infty} f(x_n) = M = f(x_0).$$

与一维的情况一样，对于 $E \subset \mathbb{R}^m$，若 $\forall \varepsilon > 0, \exists \delta > 0, \forall x, x' \in E, \|x - x'\| < \delta$，都有 $|f(x) - f(x')| < \varepsilon$，则称 $f$ 在 $E$ 上一致连续.

**定理 9.16** $\mathbb{R}^m$ 中有界闭集 $E$ 上的连续函数一致连续.

**证明** 设若不然，$\exists \varepsilon_0 > 0, \forall n$，对 $\delta = \frac{1}{n} > 0, \exists x_n, x'_n \in E$，满足 $\|x_n - x'_n\| < \frac{1}{n}$，而 $|f(x_n) - f(x'_n)| \geqslant \varepsilon_0$.

由于 $E$ 为有界闭集，故 $\{x_n\}$ 有子列满足 $\lim_{k \to \infty} x_{n_k} = x^* \in E$，并且

$$\|x'_{n_k} - x^*\| \leqslant \|x'_{n_k} - x_{n_k}\| + \|x_{n_k} - x^*\|$$
$$< \frac{1}{n_k} + \|x_{n_k} - x^*\|$$
$$\to 0 \quad (k \to \infty).$$

于是，$\lim_{k \to \infty} x'_{n_k} = x^*$.

由 $f$ 在 $E$ 上连续，

$$\lim_{k \to \infty} f(x_{n_k}) = \lim_{k \to \infty} f(x'_{n_k}) = f(x^*),$$

与 $|f(x_{n_k}) - f(x'_{n_k})| \geqslant \varepsilon_0$ 矛盾.

我们看到，以上三个定理的证明与一元情况几乎完全一致.

## 9.4 紧 致 性

$\mathbb{R}^m$ 是一个具备了很好结构的空间. 在 9.3 节中我们看到, $\mathbb{R}^m$ 中有界闭集有很好的性质, 但 $\mathbb{R}^m$ 中什么基本性质或者结构保证了这些性质呢? 这就需要采用抽丝剥茧的方式, 在距离空间上研究. 这种提炼概念、问题的方式, 是数学研究常用的, 对于科学训练十分重要.

以任意一个点集 $X$ 为例, 采用平庸距离

$$d(x,y) = \begin{cases} 0, & x = y, \\ 1, & x \neq y. \end{cases}$$

对于任意一点 $a$, 显然 $U(a, 0.5) = \{a\}, U(a, 1.5) = X$, 因此, $X$ 的任何子集都是有界闭集, 也是有界开集.

另一方面, 由于同样的原因, 取 $\varepsilon = 0.5$ 就知道, $X$ 中的收敛列必定为有限项之后为固定点的序列. 波–魏定理中有界列必有收敛子列这个性质, 如果 $X$ 不是有限集, 在 $(X, d)$ 中就不成立.

我们引入紧和列紧这两个概念.

**定义 9.17** 称集合 $E \subset X$ 为列紧集, 若 $K$ 中任何点列 $\{x_n\}$ 必有子列收敛于 $E$ 中某点.

如果 $E \subset X$, 且有一族 $X$ 的子集 $\mho = \{V_\alpha\}_{\alpha \in I}$ (即 $V_\alpha \subset X$, 其中 $I$ 为指标集), 满足 $\forall x \in E, \exists \alpha$, 有 $x \in V_\alpha$, 则称 $\mho$ 是 $E$ 的一个覆盖; 而若覆盖的每个子集 $V_\alpha$ 都是开集, 则称 $\mho$ 是 $E$ 的一个开覆盖.

例如, 考虑开区间 $E = (0,1) \subset \mathbb{R}$, $\{[-0.5, 0.5], [0.3, 0.8], [0.5, 1.5]\}$ 就构成了 $E$ 的一个覆盖, $\{(-0.5, 0.5), (0.3, 0.8), (0.5, 1.5)\}$ 是 $E$ 的一个开覆盖. $V_n = \left[\dfrac{1}{n+2}, \dfrac{1}{n}\right]$ $(n \in \mathbb{N})$ 以及 $V_0 = \left[\dfrac{1}{2}, 2\right]$ 所组成的集合也是 $E$ 的一个覆盖, 而 $W_n = \left(\dfrac{1}{n+2}, \dfrac{1}{n}\right)$ $(n \in \mathbb{N})$ 以及 $W_0 = \left(\dfrac{1}{2}, 2\right)$ 所组成的集合则是 $E$ 的一个开覆盖.

**定义 9.18** 集合 $K \subset X$, 若其任何开覆盖必有有限子覆盖, 则 $K$ 称为紧致集.

上述开区间 $(0, 1)$ 的开覆盖 $\mho = \{W_0, W_n | n \in \mathbb{N}\}$ 就不能找到有限子覆盖.

**定理 9.17** 距离空间 $X$ 的子集 $K$ 紧致, 则列紧; 列紧, 则为有界闭集.

**证明** 紧致 $\Rightarrow$ 列紧:

设 $K$ 紧致而非列紧，则 $\exists \{x_n\}$ 是 $K$ 中一点列，$\forall b \in K, \exists \eta_b > 0$，在 $U(b, \eta_b)$ 上仅有 $\{x_n\}$ 的有限项 (注意到 $\forall \eta > 0$，在 $U(b, \eta)$ 上含有 $\{x_n\}$ 无限项，则可取出收敛子列，收敛于 $b \in K$). 而且，$\{x_n\}$ 中必定含有 $K$ 中无穷个不同的点 (若仅含有有限个点，则其中必有无穷次重复的点，这就给出一个常点子序列，必然收敛).

取 $K$ 的开覆盖 $\mho = \{U(b, \eta_b) : b \in K\}$，由紧性知道有有限子覆盖，即 $\bigcup\limits_{j=1}^{J} U(b_j, \eta_{b_j}) \supset K$. 这 $J$ 个子集中，各有 $\{x_n\}$ 中的有限项，故 $\bigcup\limits_{j=1}^{J} U(b_j, \eta_{b_j})$ 也仅有 $\{x_n\}$ 中的有限项. 但 $K$ 中包含 $\{x_n\}$ 的所有点，为无穷个不同的点，矛盾.

列紧 $\Rightarrow$ 有界闭集:

(1) 若 $K$ 无界，在 $K$ 中任取一点 $O$，$\forall n \in \mathbb{N}, \exists x_n, d(x_n, O) > n, \{x_n\}$ 有收敛子列
$$\lim_{k \to \infty} x_{n_k} = c \in K.$$
取 $\varepsilon = 1 > 0$，则 $\exists k^* \in \mathbb{N}, \forall k > k^*$，有
$$d(x_{n_k}, c) < 1.$$
由三角形不等式，
$$d(x_{n_k}, O) \leqslant d(x_{n_k}, c) + d(c, O) \leqslant 1 + d(c, O),$$
与 $d(x_{n_k}, O) > n_k$ 矛盾.

(2) 若 $K$ 非闭，即存在点列 $\{y_n\} \subset K$，
$$\lim_{n \to \infty} y_n = b \notin K,$$
但 $y_n$ 的任何子列均收敛于 $b \notin K$，故不能列紧，矛盾.

可以证明，距离空间中列紧集一定是紧致的，即二者等价.

**定理 9.18** $(X, d)$ 是距离空间，$K$ 是 $X$ 中紧集，$f : K \to \mathbb{R}$ 连续，则
(1) $f$ 在 $K$ 上有界；
(2) $f$ 在 $K$ 上取到最大最小值；
(3) $f$ 在 $K$ 上一致连续.

**证明** (1) $\forall a \in K, \lim\limits_{\substack{x \to a \\ K}} f(x) = f(a)$，于是 $\exists U(a)$，使得当 $x \in U(a) \cap K$ 时，有
$$|f(x)| < |f(a)| + 1.$$

显然
$$K \subset \bigcup_{a \in K} U(a),$$

由紧性知道 $\exists a_1, \cdots, a_p \in K$,
$$K \subset \bigcup_{j=1}^{p} U(a_j),$$

因此, $\forall x \in K$,
$$|f(x)| \leqslant \max_{j=1,\cdots,p}(|f(a_j)|+1).$$

(2) 以最大值为例. 记 $M = \sup\limits_{x \in K} f(x)$.
由上确界定义, $\forall n \in N, \exists x_n \in K$, 满足
$$M - \frac{1}{n} < f(x_n) \leqslant M.$$

由 $K$ 紧, 知其列紧, 故 $\{x_n\}$ 有子列 $x_{n_k}, \lim\limits_{k \to \infty} x_{n_k} = x_0 \in E$. 因 $f$ 连续, 故
$$\lim_{n \to \infty} f(x_n) = M = f(x_0).$$

(3) $\forall \varepsilon > 0, \forall b \in K, \exists U(b, \eta(b))$, 对 $x \in U(b, \eta(b)) \cap K$, 有
$$|f(x) - f(b)| < \frac{\varepsilon}{2},$$

于是 $\forall y, y' \in U(b, \eta(b)) \cap K$, 有
$$|f(y) - f(y')| < \varepsilon.$$

考虑 $K$ 的开覆盖 $\left\{ U\left(b, \dfrac{\eta(b)}{2}\right) \middle| b \in K \right\}$, 必有有限子覆盖, 即
$$K \subset U\left(b_1, \frac{\eta_1}{2}\right) \bigcup \cdots \bigcup U\left(b_q, \frac{\eta_q}{2}\right).$$

令 $\delta = \min\left\{\dfrac{\eta_1}{2}, \cdots, \dfrac{\eta_q}{2}\right\}$, 则 $\forall x, x' \in K, d(x, x') < \delta, \exists i \in \{1, \cdots, q\}, x \in U\left(bi, \dfrac{\eta_i}{2}\right)$.
另一方面, $x' \in K, d(x, x') < \delta < \dfrac{\eta_i}{2}$, 故
$$d(x', b_i) < d(x, x') + d(x, b_i) < \eta_i,$$

于是 $x' \in U(b_i, \eta_i)$. 由前面的取法知
$$|f(x) - f(x')| < \varepsilon.$$

从上面的证明我们看到, 紧致性抓住了 $\mathbb{R}^m$ 中使得连续函数有界、取到最大最小值、一致连续等成立的核心基础. 大致说来, 紧致集虽然一般是无穷集, 但基本上可以作为有限的集合一样对待, 于是可以找到界、最大最小值等.

事实上, 在 $\mathbb{R}^m$ 中, 有界闭集必定是紧致的. 为此, 我们先给出闭方块套原理.

**定义 9.19** $\mathbb{R}^m$ 中闭方块是指 $I = \{(x_1, \cdots, x_m) | x_i \in [a_i, b_i]\} \equiv [a_1, b_1] \times \cdots \times [a_m, b_m]$.

闭方块的线度定义为其最长的边长 $l(I) = \max\limits_{1 \leqslant i \leqslant m} |a_i - b_i|$.

闭方块套是指一个闭方块的序列, $\{I_n\}$, 满足 $I_1 \supset I_2 \supset \cdots I_n \supset I_{n+1} \supset \cdots$, 且 $\lim\limits_{n \to \infty} l(I_n) = 0$.

**定理 9.19 (闭方块套原理)** $\{I_n\}$ 是 $\mathbb{R}^m$ 中的闭方块套, 则存在唯一的 $c \in \mathbb{R}^m$, 满足 $c \in I_n (\forall n \in \mathbb{N})$, 即 $\{c\} = \bigcap\limits_{n=1}^{\infty} I_n$.

**证明** 设 $I_n = I_n^1 \times I_n^2 \times \cdots \times I_n^m$, $n \in \mathbb{N}$.

由 $I_1 \supset I_2 \supset \cdots I_n \supset I_{n+1} \supset \cdots$, 知 $I_1^i \supset I_2^i \supset \cdots I_n^i \supset I_{n+1}^i \supset \cdots$, $\forall i = 1, \cdots, m$, 即 $\{I_n^i\}$ 是 $\mathbb{R}$ 中闭区间套.

由闭区间套原理, 存在唯一 $c^i \in I_n^i, \forall n \in \mathbb{N}$. 再由按坐标收敛的定理知 $c = (c^1, c^2, \cdots, c^m)$ 是 $\mathbb{R}^m$ 中唯一满足 $c \in I_n (\forall n \in \mathbb{N})$ 的点.

**定理 9.20** $\mathbb{R}^m$ 中的有界闭集必为紧致集.

**证明** 否则设 $K$ 有界而不紧致, 即 $\exists \mathfrak{U}$ 为 $K$ 的一个开覆盖, 且其任何有限子集不能覆盖 $K$.

由 $K$ 有界, 则有闭方块 $I_0 \supset K$, 于是 $\mathfrak{U}$ 的任何有限子集不能覆盖 $I_0 \cap K$.

现将 $I_0$ 在每个方向上对半分开, 得到 $2^m$ 个小闭方块, 其中至少有一个小闭方块 $I_1$, $\mathfrak{U}$ 的任何有限子集不能覆盖 $I_1 \cap K$, 而

$$l(I_1) = \frac{1}{2} l(I_0).$$

如此续行, 得到

$$I_0 \supset I_1 \supset I_2 \supset \cdots I_n \supset I_{n+1} \supset \cdots,$$

且

$$l(I_{n+1}) = \frac{1}{2} l(I_n) \to 0,$$

以及 $I_n \cap K$ 不被 $\mathfrak{U}$ 的任何有限子集覆盖.

由闭方块套原理, 存在唯一 $c \in I_n, \forall n \in \mathbb{N}$.

由 $I_n \cap K \neq \varnothing$ (否则, $I_n \cap K$ 被 $\mho$ 中任一子集覆盖, 与构造矛盾), 可以在其中任找一点 $x_n \in I_n \cap K$. 于是得到序列 $\{x_n\}$, 易证

$$\lim_{n \to \infty} x_n = c.$$

$K$ 为闭集, 于是 $c \in K$.

$\mho$ 覆盖 $K$, 故必有 $V_1 \in \mho$ 为开集, 而 $c \in V_1$. 于是 $\exists \eta > 0, U(c, \eta) \subset V_1$.

由 $l(I_n) \to 0$, 当 $n$ 充分大时, $\forall x \in I_n$, 有

$$\|x - c\| \leqslant ml(I_n) \leqslant \frac{\eta}{2}, \quad \forall x \in V_1.$$

这与 $I_n$ 的选取 (不能被 $\mho$ 的有限子集覆盖) 矛盾.

综上, 在 $\mathbb{R}^m$ 中紧致、列紧和有界闭是等价的.

## 9.5 连通性

一元连续函数的重要性质之一是介值定理, 即闭区间上连续函数取到两个端点值之间的所有值. 对于开区间, 则可以取到区间内任意两点函数值之间的所有值, 即具有介值性质. 换言之, 区间上连续函数的像集也构成一个区间.

开区间和闭区间有一个共同的特点, 就是区间任两点间的连线都包含于这个区间, 我们称之为连通的. 开区间 $(a,b)$、闭区间 $[a,b]$ 以及半开半闭区间、端点到无穷的区间都是连通的, 而开集 $(0,1) \cup (2,3)$ 是非连通的. 在多维空间, 我们采用道路连通来刻画相应的性质.

**定义 9.20** 对于 $E \subset \mathbb{R}^m$ 中的两点 $x, y$, 若存在连续映射 $\gamma : [0,1] \to E$ 且 $\gamma(0) = x, \gamma(1) = y$, 则称 $\gamma$ 为 $E$ 中联结 $x, y$ 的一条路径.

这里连续映射指 $\forall \varepsilon > 0, \exists \delta > 0, \forall t_1, t_2 \in [0,1], |t_1 - t_2| < \delta$, 则有

$$\|\gamma(t_1) - \gamma(t_2)\| < \varepsilon.$$

$\gamma(t) = (\gamma_1(t), \gamma_2(t), \cdots, \gamma_m(t))$ 是由 $m$ 个一元函数形成的向量值函数, 它连续等价于所有 $\gamma_i$ 都连续.

**定义 9.21** 若对于 $E \subset \mathbb{R}^m$ 中任意两点 $x, y$, 都有 $E$ 中的路径连接, 则称 $E$ 为道路连通的, 简称连通.

**定理 9.21** $E \subset \mathbb{R}^m$ 连通, $f$ 在 $E$ 上连续, 则有介值性质.

**证明** 如图 9.6 所示 $\forall x, y \in E$, 若 $A = f(x), B = f(y)$, 不妨设 $x, y$ 之间的一条路径为 $\gamma : [0,1] \to E, \gamma(0) = x, \gamma(1) = y$.

由复合函数的连续性定理知道 $f(\gamma(\cdot)) : [0,1] \to \mathbb{R}$ 连续, 且
$$f(\gamma(0)) = A, f(\gamma(1)) = B,$$
于是, 由一元函数的介值定理知 $\forall C \in [A,B] \cup [B,A], \exists t \in [0,1]$, 使得 $f(\gamma(t)) = C$, 而 $\gamma(t) \in E$ 即为所求取到 $C$ 的点.

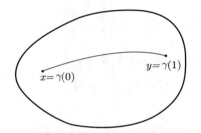

**图 9.6** 集合 $E$ 中联结 $x, y$ 的一条路径

**定义 9.22** $D \subset \mathbb{R}^m$ 连通, 且 $D$ 为开集, 则称 $D$ 为开区域, 称 $\overline{D}$ 为闭区域.

值得注意的是, 闭区域并非定义成连通的闭集. 事实上, 闭区域必为闭集, 但连通的闭集并不一定是连通开集的闭包. 例如 $\mathbb{R}^2$ 上的直线段 $\{(x,0) | x \in [0,1]\}$ 是闭集, 且连通, 但它不是任何开区域的闭包.

**定理 9.22** 开区域或闭区域上的连续函数有介值性质.

**证明** 开区域是连通的, 上面已证介值性质成立.

现在考虑闭区域 $E = \overline{D}$, 其中 $D$ 为开区域.

$\forall x, y \in \overline{D}$, 若 $x \in D, y \in D$, 则介值性质显然成立.

而若 $x \in \partial D, y \in \partial D$, 记 $A = f(x), B = f(y)$, 不妨设 $A < B$ ($A > B$ 类似可证, 而 $A = B$ 显然有介值性质). $\forall C \in (A,B)$, 令 $\varepsilon_1 = \dfrac{C-A}{2} > 0$, 由 $x$ 点函数的连续性知 $\exists \delta_1 > 0, \forall z \in U(x, \delta_1) \cap D$, 有
$$|f(z) - f(x)| < \varepsilon_1,$$
即
$$f(z) < A + \varepsilon_1 = \dfrac{A+C}{2} < C.$$

因为 $x \in \partial D$, 故 $U(x, \delta_1) \cap D \neq \varnothing$. 选取这样一点: $x' \in U(x, \delta_1) \cap D$, 记 $\widetilde{A} = f(x') < C$.

同理选取一点 $y' \in U(y, \delta_2) \cap D$, 记 $\widetilde{B} = f(y') > C$.
由开区域 $D$ 上连续函数 $f$ 有介值性质, 知 $\exists w \in D, f(w) = C$.
若 $x \in \partial D, y \in D$ 或者 $x \in D, y \in \partial D$, 同理可证.

## 习　　题

1. 求下列点集的内部、边界和闭包:
   (1) $A = [0, 1) \cup (3, 4] \cup \{2, 5\}$;
   (2) $B = \{\sqrt{2}m + n | m, n \in \mathbb{Z}\}$;
   (3) $C = \left\{2 + \dfrac{1}{n} \Big| n \in \mathbb{N}\right\}$.

2. 下列函数 $d(x, y)$ 是否可以作为 $\mathbb{R}^2$ 上的距离? 如果可以, 请证明, 并画出该距离定义下单位圆 $\{x | d(x, 0) = 1\}$ 的图像. 如果不可以, 请简要说明原因 (可通过举反例):
   (1) $d(x, y) = (x_1 - y_1)^2 + |x_2 - y_2|$;
   (2) $d(x, y) = \sqrt{(x_1 - y_1)^2 + 4(x_2 - y_2)^2}$;
   (3) $d(x, y) = \sin(x_1 - y_1)$;
   (4) $d(x, y) = |x_1 - y_1| + \min\{|x_2 - 2y_2|, |2x_2 - y_2|\}$.

3. $\{x_n = (x_n^{(1)}, x_n^{(2)})\}$ 是 $\mathbb{R}^2$ 中的柯西列, 试证明它必定收敛.

4. 若 $a$ 是集合 $A \subseteq \mathbb{R}^3$ 中的一个聚点, 试证明存在 $A$ 中点列 $\{x_n\}$ 收敛到 $a$.

5. 证明: 闭集之补为开集, 开集之补为闭集.

6. 求下列 (重) 极限:
   (1) $\displaystyle\lim_{(x,y) \to (0,0)} \dfrac{x^2 + y^2}{\sqrt{x^2 + y^2 - 2}}$;
   (2) $\displaystyle\lim_{(x,y,z) \to (0,0,\pi)} \dfrac{\sin^3 z}{x^2 + y^2 + (z - \pi)^2}$;
   (3) $\displaystyle\lim_{(x,y) \to (1,1)} \dfrac{\ln(x + 2y)}{x + y^2}$;
   (4) $\displaystyle\lim_{(x,y) \to (+\infty, +\infty)} \dfrac{x^2 + y^4}{\mathrm{e}^{x+y}}$.

7. 考察下列函数的重极限 $\displaystyle\lim_{(x,y) \to (0,0)}$ 与累次极限 $\displaystyle\lim_{x \to 0} \lim_{y \to 0}$ 和 $\displaystyle\lim_{y \to 0} \lim_{x \to 0}$:
   (1) $f(x, y) = \dfrac{x^3 y^2}{x^6 + y^4}$;
   (2) $f(x, y) = (x + y) \sin \dfrac{1}{x} \sin \dfrac{1}{y}$.

8. 按照定义证明 $f(x,y) = \sin(x^2 + y)$ 是在全空间 $\mathbb{R}$ 上的连续函数.
9. 若定义在 $\mathbb{R}^2$ 上的函数 $f(x,y)$ 关于 $x, y$ 都利普希茨连续, 即 $\exists L > 0, \forall (x,y), (x', y')$,
$$|f(x,y) - f(x', y')| \leqslant L(|x - x'| + |y - y'|),$$
则 $f(x,y)$ 连续.
10. 函数
$$f(x,y) = \begin{cases} \dfrac{x^3 y}{x^6 + y^2}, & (x,y) \neq (0,0), \\ 0, & (x,y) = (0,0). \end{cases}$$
试证明在 $y = \alpha x^3, \alpha \in \mathbb{R}$ 上 $f(x,y)$ 连续, 但函数在 $(0,0)$ 点不连续.
11. (闭图像原理) $f(x)$ 是定义在 $[a,b]$ 上的有界函数, 则 $f(x) \in C[a,b]$ 当且仅当 $G = \{(x, f(x)) | x \in [a,b]\}$ 是 $\mathbb{R}^2$ 上的闭集.

# 第十章 多元微分

多元函数的自变量从一个变为 $n$ 个, 随之刻画函数变化的复杂度也就加大了, 于是需要结合线性代数的知识来表示、演算和证明. 一方面, 按照分量形式的表示方法, 往往对形成直观的理解有帮助, 这时候, 可以先考虑 $n=2$ 的情况, 二元的明白了, 一般而言多元的也就好理解了; 另一方面, 线性代数的表述方式, 对于更为深入系统的理解和研究是必需的.

## 10.1 偏导数和全微分

在一元微积分里, 为了研究 $f(x)$ 在一点 $x_0$ 附近的性态, 我们采用 "以直代曲" 的方式, 具体包括导数和微分两个方案.

若极限
$$f'(x_0) = \lim_{h \to 0} \frac{f(x_0+h) - f(x_0)}{h} = \lim_{x \to x_0} \frac{f(x) - f(x_0)}{x - x_0}$$
存在, 则称函数在 $x_0$ 可导, 且极限为该点的导数. 这是一个切线斜率, 或者说变化率的观点.

或者, 若
$$f(x_0+h) = f(x_0) + f'(x_0)h + o(h)$$
成立, 称函数在 $x_0$ 可微, 微分为
$$\mathrm{d}f = f'(x_0)\mathrm{d}x.$$
这是一个直线近似的观点. 这里 $\varphi(h) = o(h)$ 指
$$\lim_{h \to 0} \frac{\varphi(h)}{h} = 0.$$
于是可微的定义就是
$$\lim_{h \to 0} \frac{f(x_0+h) - [f(x_0) + f'(x_0)h]}{h} = 0.$$
由定义不难证明: 可导与可微等价, 导数与微商相等.

我们先考虑二元函数 $f(x,y)$, 它可以想象成三维空间里的一个曲面. 为了分析 $f(x,y)$ 在 $(x_0, y_0)$ 附近的行为, 同样有两种方式, 一是把问题局限在一条曲线上 (变成一元问题), 另一种是局部用平面去近似.

### 10.1.1 方向导数

在第一种方式下, 我们限制在 $(x,y)$ 平面的参数曲线

$$\begin{cases} x = x(t), \\ y = y(t), \end{cases}$$

上来考虑, 这时仅 $t$ 变化, $f(x(t), y(t))$ 就对应于曲面 $z = f(x,y)$ 与由参数曲线确定的柱面 $\{(x,y,z)|x = x(t), y = y(t)\}$ 交出来的空间参数曲线 $\{(x,y,z)|x = x(t), y = y(t), z = f(x(t), y(t))\}$. 这是一个关于 $t$ 的一元函数, 于是可以直接套用一元微分的结论, 定义导数.

特别地, 如图 10.1 所示, 我们沿斜率为 $k = \tan\alpha$ 的直线

$$(y - y_0) = k(x - x_0),$$

即

$$(x,y) = (x_0, y_0) + t(\cos\alpha, \sin\alpha),$$

记单位向量

$$\boldsymbol{e} = (\cos\alpha, \sin\alpha),$$

则

$$\begin{aligned}\widetilde{f}(t) &\equiv f(x_0 + t\cos\alpha, y_0 + t\sin\alpha) \\ &= \widetilde{f}(0) + \frac{\mathrm{d}\widetilde{f}(0)}{\mathrm{d}t} \cdot t + o(t) \\ &= f(x_0, y_0) + \frac{\mathrm{d}\widetilde{f}(0)}{\mathrm{d}t} \cdot t + o(t).\end{aligned}$$

这里,

$$\begin{aligned}\frac{\mathrm{d}\widetilde{f}(0)}{\mathrm{d}t} &= \lim_{t\to 0}\frac{\widetilde{f}(t) - \widetilde{f}(0)}{t} \\ &= \lim_{t\to 0}\frac{f(x_0 + t\cos\alpha, y_0 + t\sin\alpha) - f(x_0, y_0)}{t} \\ &\equiv \frac{\partial f}{\partial \boldsymbol{e}}(x_0, y_0)\end{aligned}$$

称为 $f$ 在 $(x_0, y_0)$ 沿 $\boldsymbol{e}$ 的方向导数[①].

特别地, 若取 $\boldsymbol{e} = (1,0), \alpha = 0$, 上式即

$$\frac{\partial f}{\partial x}(x_0, y_0) \equiv \lim_{h\to 0}\frac{f(x_0 + h, y_0) - f(x_0, y_0)}{h},$$

---
[①]这里 $\partial$ 是字母 d 的花写, 读作 "偏".

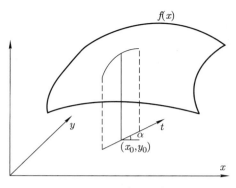

图 10.1 方向导数

称为 $f$ 在 $(x_0, y_0)$ 对 $x$ 的偏导数 (partial derivative). 其实就是把 $y$ 看作参数, "视而不见", 对 $x$ 求导.

类似地, 取 $e = (0,1), \alpha = \dfrac{\pi}{2}$, 上式即

$$\frac{\partial f}{\partial y}(x_0, y_0) \equiv \lim_{h \to 0} \frac{f(x_0, y_0 + h) - f(x_0, y_0)}{h},$$

为 $f$ 在 $(x_0, y_0)$ 对 $y$ 的偏导数.

上述关于 $x$ 的偏导数有时记作 $\partial_x f(x_0, y_0), f_x(x_0, y_0)$ 或 $f_{,x}(x_0, y_0)$ 等. 关于 $y$ 的类似.

与一元情况一样, 当自变量 $(x_0, y_0)$ 改变时, 我们就得到偏导函数 $\dfrac{\partial f}{\partial x}(x, y)$, $\dfrac{\partial f}{\partial y}(x, y)$. 但实际应用中, 由于偏导数就是只把一个未知量看作未知量, 把其他未知量看作参数 "视而不见", 因此, 偏导函数的运算跟一元时导函数运算是一样的, 我们将通过偏导函数在定点处的值来求偏导数. 而且, 以后将把偏导函数也称为偏导数.

把偏导数这两个特殊的方向导数拼成一个向量, 称之为梯度 (英文为 gradient), 它是个向量值函数①:

$$\nabla f(x, y) = \left( \frac{\partial f}{\partial x}(x, y), \frac{\partial f}{\partial y}(x, y) \right).$$

有时候也记作 $\mathrm{grad} f(x, y)$, 或者为了强调自变量记作 $\nabla_{(x,y)} f(x, y)$②.

一般而言, 偏导数存在只是确定了函数在两个坐标轴方向上是可导的, 可以想象成在 $(x_0, y_0)$ 处支了两根支架, 确定了斜率. 但是函数沿着其他方向的行为通常

---

①注意本书中统一把它记为行向量.
②$\nabla$ 读作 "nabla".

可以与此毫无关系,甚至可以不连续,而是否可导,以及这些方向导数是否与两个偏导数相关更是没有定论. 例如,我们用这两根支架挂上一条丝巾,丝巾下垂得到的表面给出的函数,一般在这两个支架方向以外的方向上都是不可导的,如图 10.2 所示. 但是,如果我们铺上一个硬度比较大的材料,例如铁片,这两个支架的倾斜程度就完全确定了局部的曲面形状.

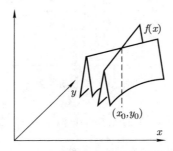

**图 10.2** 偏导数不能确定导数的情况

**例 10.1** 按照定义求函数 $f(x,y) = x^2 y$ 的偏导数和方向导数.

**解**
$$\frac{\partial f}{\partial x} = \lim_{h \to 0} \frac{(x+h)^2 y - x^2 y}{h} = 2xy,$$
$$\frac{\partial f}{\partial y} = \lim_{h \to 0} \frac{x^2(y+h) - x^2 y}{h} = x^2,$$

$$\begin{aligned}
\frac{\partial f}{\partial e} &= \lim_{t \to 0} \frac{(x + t\cos\alpha)^2 (y + t\sin\alpha) - x^2 y}{t} \\
&= \lim_{t \to 0} \frac{[x^2 y + t(2x\cos\alpha \cdot y + x^2 t\sin\alpha) + t^2 \cos^2\alpha \cdot y + t^3 \cos^2\alpha \sin\alpha] - x^2 y}{t} \\
&= 2xy\cos\alpha + x^2 \sin\alpha \\
&= \frac{\partial f}{\partial x}\cos\alpha + \frac{\partial f}{\partial y}\sin\alpha \\
&= \left(\frac{\partial f}{\partial x}, \frac{\partial f}{\partial y}\right) \cdot (\cos\alpha, \sin\alpha) \\
&= \nabla f \cdot e.
\end{aligned}$$

**例 10.2** 求 $f(x,y) = e^{x^2} \sin y$ 的偏导数和方向导数.

**解**
$$\frac{\partial f}{\partial x} = \sin y \, e^{x^2} 2x,$$
$$\frac{\partial f}{\partial y} = e^{x^2} \cos y,$$

$$\frac{\partial f}{\partial \boldsymbol{e}} = e^{x^2}(2x\sin y\cos\alpha + \cos y\sin\alpha) = \nabla f \cdot \boldsymbol{e}.$$

$\dfrac{\partial f}{\partial \boldsymbol{e}} = \nabla f \cdot \boldsymbol{e}$ 这个结论是否有一般性呢？我们下面从微分的角度进行分析.

### 10.1.2 全微分

与方向导数的讨论中把函数降到一维去考虑不同，微分直接在二维加以研究. 如果函数在定点附近可以用平面来近似，也就是说，如果在 $(x_0, y_0)$ 的小邻域内有

$$f(x_0+h, y_0+k) = Ah + Bk + C + o(h,k),$$

则我们定义

$$\mathrm{d}f = A\mathrm{d}x + B\mathrm{d}y$$

为 $f(x,y)$ 在 $(x_0, y_0)$ 的全微分. 上式中需要定义的其实是 $o(h,k)$. 与前面 $\mathbb{R}^n$ 中收敛定义类似，

$$o(h,k) = o(\|(h,k)\|) = o(\sqrt{h^2+k^2}).$$

**引理 10.1** $\varphi(h,k) = o(h,k)$ 当且仅当

$$\varphi(h,k) = \varepsilon(h,k)\sqrt{h^2+k^2},$$

或

$$\varphi(h,k) = \alpha(h,k)h + \beta(h,k)k,$$

其中 $\lim\limits_{(h,k)\to(0,0)}\varepsilon(h,k) = 0,\ \lim\limits_{(h,k)\to 0}\alpha(h,k) = \lim\limits_{(h,k)\to 0}\beta(h,k) = 0.$

**证明** (1) 设 $\varphi(h,k) = o(h,k) = o(\sqrt{h^2+k^2})$, 则由定义

$$\lim_{(h,k)\to(0,0)} \frac{\varphi(h,k)}{\sqrt{h^2+k^2}} = 0.$$

此即

$$\lim_{(h,k)\to(0,0)} \varepsilon(h,k) = 0.$$

(2) 若

$$\varphi(h,k) = \varepsilon(h,k)\sqrt{h^2+k^2},$$

且 $\lim\limits_{(h,k)\to(0,0)}\varepsilon(h,k) = 0$, 取 $\alpha(h,k) = \dfrac{\varepsilon(h,k)\cdot h}{\sqrt{h^2+k^2}}$, 及 $\beta(h,k) = \dfrac{\varepsilon(h,k)\cdot k}{\sqrt{h^2+k^2}}$, 则

$$\lim_{(h,k)\to(0,0)}\alpha(h,k) = \lim_{(h,k)\to(0,0)}\beta(h,k) = 0,$$

且
$$\varepsilon(h,k)\sqrt{h^2+k^2} = \alpha(h,k)\cdot h + \beta(h,k)\cdot k.$$

(3) 若 $\varphi(h,k) = \alpha(h,k)h + \beta(h,k)k$, 且
$$\lim_{(h,k)\to(0,0)} \alpha(h,k) = \lim_{(h,k)\to(0,0)} \beta(h,k) = 0,$$

则
$$\lim_{(h,k)\to(0,0)} \frac{\varphi(h,k)}{\sqrt{h^2+k^2}} = \lim_{(h,k)\to(0,0)} \left(\alpha(h,k)\frac{h}{\sqrt{h^2+k^2}} + \beta(h,k)\frac{k}{\sqrt{h^2+k^2}}\right) = 0.$$

在可微的情况下, 我们定义 $f(x,y)$ 在点 $(x_0,y_0,f(x_0,y_0))$ 处的切平面为
$$z - f(x_0,y_0) = A(x-x_0) + B(y-y_0).$$

这里, $(A,B,-1)$ 为该切平面的法向. 容易知道 $A = \dfrac{\partial f(x_0,y_0)}{\partial x}, B = \dfrac{\partial f(x_0,y_0)}{\partial x}$. 因此, $\nabla f(x_0,y_0) = (A,B)$.

### 10.1.3 可微、可导和连续的关系

在一元微分中, 可微与可导是等价的, 并可推出连续. 多元函数情况要复杂一些. 我们仍以二元函数为例来加以说明, 结论对于多元函数都是成立的.

(1) 可微可以推出连续.

**证明** 由可微知道, $f(x_0+h, y_0+k) = f(x_0,y_0) + Ah + Bk + o(h,k)$. 于是
$$\lim_{(h,k)\to(0,0)} [f(x_0+h,y_0+k) - f(x_0,y_0)] = \lim_{(h,k)\to(0,0)} [Ah + Bk + o(h,k)] = 0.$$

(2) 可微可以推出方向可导, 特别地, 可偏导.

**证明** 由可微知道, $f(x_0+h, y_0+k) = f(x_0,y_0) + Ah + Bk + o(h,k)$. 考虑 $(h,k) = te = (t\cos\alpha, t\sin\alpha)$, 有
$$\lim_{t\to 0} \frac{f(x_0+h, y_0+k) - f(x_0,y_0)}{t}$$
$$= \lim_{t\to 0} \left[A\cos\alpha + B\sin\alpha + o\left(\frac{h}{t},\frac{k}{t}\right)\right]$$
$$= A\cos\alpha + B\sin\alpha.$$

此即
$$\frac{\partial f}{\partial e}(x_0,y_0) = A\cos\alpha + B\sin\alpha.$$

特别地,
$$\frac{\partial f}{\partial x}(x_0, y_0) = A, \quad \frac{\partial f}{\partial y}(x_0, y_0) = B.$$

于是
$$\nabla f = (A, B),$$

以及
$$\frac{\partial f}{\partial \boldsymbol{e}}(x_0, y_0) = \nabla f \cdot \boldsymbol{e}.$$

在函数可微时, 偏导数可以完全确定所有的方向导数, 而且在前面例子里看到的关系式成立.

(3) 所有方向都可导包含了可偏导, 但是反过来不一定成立. 这是因为偏导数是特殊方向的方向导数.

(4) 各方向可导的函数不一定连续.

**例 10.3** 如图 10.3 所示, 函数
$$f(x, y) = \begin{cases} 1, & 0 < |y| < x^2, \\ 0, & \text{其他} \end{cases}$$

在 $(0,0)$ 点各方向导数均为 $0$, 但是不连续.

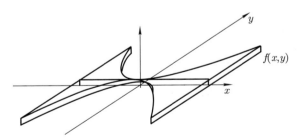

图 10.3 各方向均可导, 但不连续的函数

(5) 由于可微一定连续, 因此各方向可导的函数不一定可微.

可微是这几个性质中最强的性质, 它不能由其他几个性质推出来. 偏导数是比较好判断的, 我们可以用一元函数的求导公式来处理. 以下定理给出了用偏导数来判断可微的充分条件.

**定理 10.1** 若 $\partial_x f(x, y), \partial_y f(x, y)$ 存在, 且作为二元函数在 $(x_0, y_0)$ 连续, 则 $f(x, y)$ 在 $(x_0, y_0)$ 可微.

**证明** 从偏导数定义知道，当 $(h,k) \to (0,0)$ 时，

$$f(x_0+h, y_0+k) - f(x_0, y_0)$$
$$= (f(x_0+h, y_0+k) - f(x_0+h, y_0)) + (f(x_0+h, y_0) - f(x_0, y_0))$$
$$= \partial_y f(x_0+h, y_0)k + o(k) + \partial_x f(x_0, y_0)h + o(h).$$

由上式与偏导数 $\partial_y f(x,y)$ 的连续性，知

$$f(x_0+h, y_0+k) - f(x_0, y_0) = (\partial_y f(x_0, y_0) + O(h))k + o(k) + \partial_x f(x_0, y_0)h + o(h)$$
$$= \partial_x f(x_0, y_0)h + \partial_y f(x_0, y_0)k + o(\sqrt{h^2+k^2}).$$

因此，$f(x,y)$ 在 $(x_0, y_0)$ 点可微[①]。

**定义 10.1** $\Omega \subset \mathbb{R}^2$ 是区域，若 $f(x,y)$ 的各偏导数在 $\Omega$ 存在且连续，则称 $f$ 在 $\Omega$ 连续可微. 记 $\Omega$ 上的连续函数集为 $C^0(\Omega) = \{f|f \text{在} \Omega \text{上连续}\}$，连续可微函数集为 $C^1(\Omega) = \{f|f \text{在} \Omega \text{上连续可微}\}$.

我们简单叙述一下 $\mathbb{R}^m$ 中的导数和微分. 记自变量为 $x = (x^1, \cdots, x^m)$，那么，在 $x_0 = (x_0^1, \cdots, x_0^m)$ 处，沿方向 (单位向量) $\boldsymbol{e} = (e^1, \cdots, e^m)$ 的方向导数为

$$\frac{\partial f}{\partial \boldsymbol{e}}(x_0) = \lim_{t \to 0} \frac{f(x_0 + t\boldsymbol{e}) - f(x_0)}{t},$$

偏导数为

$$\frac{\partial f}{\partial x^i}(x_0) = \lim_{\Delta x^i \to 0} \frac{f(x_0^1, \cdots, x_0^i + \Delta x^i, \cdots, x_0^m) - f(x_0)}{\Delta x^i}.$$

可微是指 $\exists A = (A^1, \cdots, A^m)$，

$$f(x_0 + \Delta x) = f(x_0) + A \cdot \Delta x + o(\Delta x),$$

这时微分定义为

$$\mathrm{d}f = A \cdot \mathrm{d}x = \sum_{i=1}^{m} A^i \mathrm{d}x^i,$$

并且有

$$A = \nabla f(x_0) = \left(\frac{\partial}{\partial x^1} f(x_0), \cdots, \frac{\partial}{\partial x^m} f(x_0)\right).$$

在 $(x, z) \in \mathbb{R}^{m+1}$ 空间中的切平面为

$$z = f(x_0) + A \cdot (x - x_0),$$

---

[①] 上述证明中其实只用到一个偏导数连续.

法向量为 $(A,-1)$.

连续可微 (即各偏导数连续), 则必可微[1]; 可微则必连续, 且各方向导数 (包括偏导数) 存在, 但是各方向导数存在不必然推出连续, 从而不必然可微.

## 10.2 复合函数的偏导数与全微分

对于一元函数, 我们之前学过了加减乘除、复合函数、反函数、隐函数、参数表示的函数的求导法则. 其中, 最重要的是复合函数求导的链式法则.

函数 $y = f(x)$ 中, 自变量变换 $x = \varphi(t)$, 则 $y = f(\varphi(t))$, 且有

$$\frac{\mathrm{d}y}{\mathrm{d}t} = \frac{\mathrm{d}y}{\mathrm{d}x} \cdot \frac{\mathrm{d}x}{\mathrm{d}t} = \frac{\mathrm{d}f}{\mathrm{d}x} \cdot \frac{\mathrm{d}\varphi}{\mathrm{d}t},$$

或者

$$\mathrm{d}y = f'(x)\mathrm{d}x = f'(\varphi(t))\mathrm{d}\varphi(t) = f'(\varphi(t))\varphi'(t)\mathrm{d}t.$$

于是, $\mathrm{d}y$ 不论作为 $x$ 的函数, 还是作为 $t$ 的函数, 都是一样的, 也就是说, $\mathrm{d}y$ 是一个良定义的量, 此即微分表示的不变性.

多元情况下, 我们从两个角度去考虑复合函数.

首先, 我们直接从求偏导数的角度来考虑.

**例 10.4** 求复合函数关于 $(s,t)$ 的偏导数:

$$f(x,y,z) = \sqrt{x^2+y^2+z^2},\ x(s,t) = s+t,\ y(s,t) = \sin s - \sin t,\ z(s,t) = \frac{1}{s^2+t^2}.$$

**解** 我们直接写出显式表达式

$$g(s,t) = f(x(s,t),y(s,t),z(s,t)) = \sqrt{(s+t)^2 + (\sin s - \sin t)^2 + \frac{1}{(s^2+t^2)^2}}.$$

求 $g_s(s,t)$ 时, 我们认为 $t$ 为参量不变, 因此相当于关于一元函数求关于 $s$ 的导数. 运用一元复合函数求导的链式法则, 有

$$g_s(s,t) = \frac{1}{2\sqrt{(s+t)^2 + (\sin s - \sin t)^2 + \frac{1}{(s^2+t^2)^2}}} \cdot \left[2(s+t) \times 1\right.$$

$$\left. + 2(\sin s - \sin t)\cdot \cos s + \frac{-2}{(s^2+t^2)^3}\cdot 2s\right]$$

$$= \left[\frac{1}{2\sqrt{x^2+y^2+z^2}} \cdot 2x\right] \times 1$$

---

[1] 思考一下: 条件可放松为仅需一个偏导数连续, 还是 $m-1$ 个偏导数连续?

$$+ \left[\frac{1}{2\sqrt{x^2+y^2+z^2}} \cdot 2y\right] \cdot \cos s$$

$$+ \left[\frac{1}{2\sqrt{x^2+y^2+z^2}} \cdot 2z\right] \cdot \frac{-2s}{(s^2+t^2)^2}.$$

$g_t(s,t)$ 的求导过程与此类似.

上面的求导过程用偏微分写出来就是

$$\frac{\partial g}{\partial s} = \frac{\partial g}{\partial x}\frac{\partial x}{\partial s} + \frac{\partial g}{\partial y}\frac{\partial y}{\partial s} + \frac{\partial g}{\partial z}\frac{\partial z}{\partial s}.$$

这就是多元函数的复合函数求导法则, 也称为链式法则.

我们再从微分的角度来考虑. 从上面这个例子看出, 求偏导数的时候只有相应的一个自变量 ($s$) 是有关的, 其他的 ($t$) 都看作不变的参量. 更严格地考虑最简单的情况, $f(x,y,z)$ 可微, $x=x(s), y=y(s), z=z(s)$ 可微, $x,y,z,s \in \mathbb{R}$, 记 $g(s) = f(x(s), y(s), z(s))$, 我们求 $\dfrac{\mathrm{d}g}{\mathrm{d}s}$.

直接计算, 并运用微分和导数定义, 有

$$\begin{aligned}
&g(s+\Delta s) - g(s) \\
&= f(x(s+\Delta s), y(s+\Delta s), z(s+\Delta s)) - f(x(s), y(s), z(s)) \\
&= \frac{\partial f}{\partial x}(x(s), y(s), z(s)) \cdot (x(s+\Delta s) - x(s)) \\
&\quad + \frac{\partial f}{\partial y}(x(s), y(s), z(s)) \cdot (y(s+\Delta s) - y(s)) \\
&\quad + \frac{\partial f}{\partial z}(x(s), y(s), z(s)) \cdot (z(s+\Delta s) - z(s)) \\
&\quad + o(\sqrt{(\Delta x)^2 + (\Delta y)^2 + (\Delta z)^2}) \\
&= \frac{\partial f}{\partial x}(x'(s)\Delta s + o(\Delta s)) + \frac{\partial f}{\partial y}(y'(s)\Delta s + o(\Delta s)) \\
&\quad + \frac{\partial f}{\partial z}(z'(s)\Delta s + o(\Delta s)) + o(\Delta s) \\
&= \left(\frac{\partial f}{\partial x} \cdot \frac{\mathrm{d}x}{\mathrm{d}s} + \frac{\partial f}{\partial y} \cdot \frac{\mathrm{d}y}{\mathrm{d}s} + \frac{\partial f}{\partial z} \cdot \frac{\mathrm{d}z}{\mathrm{d}s}\right)\Delta s + o(\Delta s).
\end{aligned}$$

因此, 由定义有

$$\frac{\mathrm{d}g}{\mathrm{d}s} = \frac{\partial f}{\partial x} \cdot \frac{\mathrm{d}x}{\mathrm{d}s} + \frac{\partial f}{\partial y} \cdot \frac{\mathrm{d}y}{\mathrm{d}s} + \frac{\partial f}{\partial z} \cdot \frac{\mathrm{d}z}{\mathrm{d}s}.$$

这就是说, $s$ 的变化通过 $x,y,z$ 分别影响函数的变化, 而且这种影响以简单叠加的方式发生, 这就是链式法则.

## 10.2 复合函数的偏导数与全微分

类似于一元情形, 我们也可以给出一个近似的 "证明". 若

$$f(x,y,z) = a(x-x_0) + b(y-y_0) + c(z-z_0) + f(x_0,y_0,z_0),$$

$$x(s) = x_0 + \alpha(s-s_0), \quad y(s) = y_0 + \beta(s-s_0), \quad z(s) = z_0 + \gamma(s-s_0),$$

代入可知

$$f(x,y,z) = (a\alpha + b\beta + c\gamma)(s-s_0) + f(x_0,y_0,z_0),$$

于是

$$\frac{\mathrm{d}g}{\mathrm{d}s} = a\alpha + b\beta + c\gamma,$$

其中

$$a = \frac{\partial f}{\partial x},\ b = \frac{\partial f}{\partial y},\ c = \frac{\partial f}{\partial z}, \quad \alpha = \frac{\mathrm{d}x}{\mathrm{d}s},\ \beta = \frac{\mathrm{d}y}{\mathrm{d}s},\ \gamma = \frac{\mathrm{d}z}{\mathrm{d}s}.$$

再者, 用微分的方式运算, 该证明就是

$$\mathrm{d}g = \mathrm{d}f = f_x \mathrm{d}x + f_y \mathrm{d}y + f_z \mathrm{d}z,$$

以及

$$\mathrm{d}x = x_s \mathrm{d}s,\ \mathrm{d}y = y_s \mathrm{d}s,\ \mathrm{d}z = z_s \mathrm{d}s,$$

故

$$\mathrm{d}g = (f_x x_s + f_y y_s + f_z z_s)\mathrm{d}s.$$

上述结论不难推广到更一般的情形. 可以用线性化的办法, 采用线性代数的语言推导, 其中忽略掉的是小 $o$ 余项, 而严格的推导就是证明小 $o$ 余项正确. 我们把证明留给读者.

考虑 $m$ 元函数 $f(x^1,\cdots,x^m)$, 其中 $x^i = x^i(t^1,\cdots,t^p)$, 这些函数都可微, 我们简记 $x = (x^1,\cdots,x^m) \in \mathbb{R}^m, t = (t^1,\cdots,t^p) \in \mathbb{R}^p$.

只考虑线性部分, 分别有

$$\Delta f \approx A \cdot \Delta x = A(\Delta x)^{\mathrm{T}}, \quad A = \nabla_x f(x),$$

$$\Delta x^1 \approx \nabla_t x^1(t) \cdot \Delta t = \left(\frac{\partial x^1}{\partial t^1},\cdots,\frac{\partial x^1}{\partial t^p}\right)\Delta t^{\mathrm{T}},$$

$$\cdots\cdots$$

$$\Delta x^m \approx \nabla_t x^m(t) \cdot \Delta t = \left(\frac{\partial x^m}{\partial t^1},\cdots,\frac{\partial x^m}{\partial t^p}\right)\Delta t^{\mathrm{T}}.$$

我们可以把坐标变换的这部分用向量和矩阵写成

$$\Delta x^{\mathrm{T}} = J \Delta t^{\mathrm{T}},$$

其中雅可比 (Jacobi) 矩阵[①]

$$J \equiv \frac{\partial(x^1,\cdots,x^m)}{\partial(t^1,\cdots,t^p)} = \begin{pmatrix} \frac{\partial x^1}{\partial t^1} & \cdots & \frac{\partial x^1}{\partial t^p} \\ \vdots & \ddots & \vdots \\ \frac{\partial x^n}{\partial t^1} & \cdots & \frac{\partial x^m}{\partial t^p} \end{pmatrix}_{m\times p},$$

于是得到

$$\Delta f \approx AJ\Delta t^{\mathrm{T}} = \nabla_x f(x)\frac{\partial(x^1,\cdots,x^m)}{\partial(t^1,\cdots,t^p)}\Delta t^{\mathrm{T}}.$$

我们读出梯度

$$\nabla_t f = \nabla_x f(x)\frac{\partial(x^1,\cdots,x^m)}{\partial(t^1,\cdots,t^p)},$$

按照分量就是

$$\frac{\partial f}{\partial t^j} = \sum_{i=1}^m \frac{\partial f}{\partial x^i}\frac{\partial x^i}{\partial t^j}.$$

复合函数的链式法则给出了多元函数微分表示的不变性. 事实上, 在以 $x$ 为自变量时, 有

$$\mathrm{d}f(x) = \sum_{i=1}^m \frac{\partial f}{\partial x^i}\mathrm{d}x^i,$$

在以 $t$ 为自变量时, 则有

$$\begin{aligned}\mathrm{d}f(t) &= \sum_{j=1}^p \frac{\partial f}{\partial t^j}\mathrm{d}t^j \\ &= \sum_{j=1}^p\sum_{i=1}^m \frac{\partial f}{\partial x^i(t)}\frac{\partial x^i}{\partial t^j}\mathrm{d}t^j \\ &= \sum_{i=1}^m \frac{\partial f}{\partial x^i(t)}\sum_{j=1}^p \frac{\partial x^i}{\partial t^j}\mathrm{d}t^j \\ &= \sum_{i=1}^m \frac{\partial f}{\partial x^i(t)}\mathrm{d}x^i(t).\end{aligned}$$

无论 $x$ 是自变量或依赖于其他自变量的可微函数, 微分表示不变.

---

[①] 不少书中用 $\frac{\partial(x^1,\cdots,x^m)}{\partial(t^1,\cdots,t^p)}$ 记雅可比行列式, 即 $\det(J)$, 本书将把雅可比行列式记为 $\det(J) \equiv \det\left(\frac{\partial(x^1,\cdots,x^m)}{\partial(t^1,\cdots,t^p)}\right)$. 此外, 注意这里分子 (因变量) 作为列、分母 (自变量) 作为行.

于是我们可以对微分进行代数运算. 一个直接应用是四则运算的法则. 若 $u, v$ 可微, $\lambda \in \mathbb{R}$, 则

$$d(u \pm v) = du \pm dv;$$
$$d(\lambda u) = \lambda du;$$
$$d(uv) = udv + vdu;$$
$$d\left(\frac{u}{v}\right) = \frac{vdu - udv}{v^2} \ (v \neq 0).$$

以加法为例, 对 $F(u, v) = u + v$, 用 $F_u = F_v = 1$ 即可得到上式, 其他式子类似. 而由此可以得到偏导数的四则运算法则:

$$\frac{\partial(u(x) + v(x))}{\partial x^i} = \frac{\partial u(x)}{\partial x^i} + \frac{\partial v(x)}{\partial x^i};$$

$$\frac{\partial \lambda u(x)}{\partial x^i} = \lambda \frac{\partial u(x)}{\partial x^i};$$

$$\frac{\partial(u(x)v(x))}{\partial x^i} = u(x)\frac{\partial v(x)}{\partial x^i} + v(x)\frac{\partial u(x)}{\partial x^i};$$

$$\frac{\partial(u(x)/v(x))}{\partial x^i} = \frac{v(x)\frac{\partial u(x)}{\partial x^i} - u(x)\frac{\partial v(x)}{\partial x^i}}{(v(x))^2}.$$

参数表示的函数按链式法则求导. 因为关于向量值函数的每一个分量函数链式法则成立, 故链式法则可直接推广到向量值函数 (以列向量来表示): 对于 $F(x) = (f_1(x), \cdots, f_l(x))^{\mathrm{T}}, x^i = x^i(t)$,

$$\nabla_t F = \nabla_x F(x) \frac{\partial(x^1, \cdots, x^n)}{\partial(t^1, \cdots, t^p)}.$$

事实上, 类似于雅可比矩阵的记号, 梯度也可以写成①

$$\nabla_x f(x) = \frac{\partial f}{\partial x},$$
$$\nabla_x F(x) = \frac{\partial(f_1, \cdots, f_l)}{\partial(x^1, \cdots, x^m)}.$$

**例 10.5** 考虑极坐标变换下函数 $u(x, y)$ 的偏导数之间的关系, 即 $(x, y) \to (r, \theta), r = \sqrt{x^2 + y^2}, \theta = \arctan\frac{y}{x}$, 或 $x = r\cos\theta, y = r\sin\theta$.

**解** 由链式法则, 有

$$\frac{\partial u}{\partial r} = \frac{\partial u}{\partial x}\frac{\partial x}{\partial r} + \frac{\partial u}{\partial y}\frac{\partial y}{\partial r} = \cos\theta u_x + \sin\theta u_y,$$

---

①需要注意的是矩阵/向量的行数和列数, 这与前面雅可比矩阵的写法是一致的.

$$\frac{\partial u}{\partial \theta} = \frac{\partial u}{\partial x}\frac{\partial x}{\partial \theta} + \frac{\partial u}{\partial y}\frac{\partial y}{\partial \theta} = -r\sin\theta u_x + r\cos\theta u_y.$$

也可以用微分运算:

$$\begin{aligned}\mathrm{d}u &= u_x \mathrm{d}x + u_y \mathrm{d}y \\ &= u_x \mathrm{d}(r\cos\theta) + u_y \mathrm{d}(r\sin\theta) \\ &= (u_x\cos\theta + u_y\sin\theta)\mathrm{d}r + (-u_x r\sin\theta + u_y r\cos\theta)\mathrm{d}\theta.\end{aligned}$$

用雅可比矩阵描述为

$$[u_r, u_\theta] = [u_x, u_y]\begin{bmatrix}\cos\theta & -r\sin\theta \\ \sin\theta & r\cos\theta\end{bmatrix},$$

即①

$$\nabla_{(r,\theta)}u = \nabla_{(x,y)}u \cdot \frac{\partial(x,y)}{\partial(r,\theta)}.$$

在链式法则的运用中需要注意, 在一组自变量确定了的情况下才可以计算偏导数, 当部分自变量进行了变换后, 对于未变化的自变量的偏导数是会变化的. 例如: 对于函数 $\sin(x-y)$, 如果取 $(x,y)$ 为一组自变量, 则有

$$\frac{\partial}{\partial x}\sin(x-y) = \cos(x-y),$$

如果另取 $(x,z)$ 为自变量, 其中 $z = x - y$, 则函数为 $\sin z$, 于是

$$\frac{\partial}{\partial x}\sin z = 0.$$

在这个例子里, 用微分计算仍然是对的:

$$\mathrm{d}(\sin(x-y)) = \cos(x-y)\mathrm{d}x - \cos(x-y)\mathrm{d}y,$$

由于 $\mathrm{d}z = \mathrm{d}x - \mathrm{d}y$, 于是

$$\mathrm{d}(\sin(x-y)) = \cos(x-y)\mathrm{d}z.$$

这里, $\frac{\partial}{\partial x}$ 的含义是在上面的表达式中 $\mathrm{d}x$ 前面的系数, 因此在两个表达式中分别有不同的偏导数值. 尽管 $x$ 仍然是自变量, 坐标变换带来右端表达式的变化, 偏导数自然就不同了.

---

①下式中 $\nabla$ 表示对下标列出的自变量求梯度.

## 10.3 高阶偏导数

若偏导 (函) 数 $\dfrac{\partial f}{\partial x}, \dfrac{\partial f}{\partial y}$ 又可求偏导数, 则定义

$$f_{xx} \equiv \frac{\partial}{\partial x}\left(\frac{\partial f}{\partial x}\right),$$

$$f_{xy} \equiv \frac{\partial}{\partial y}\left(\frac{\partial f}{\partial x}\right),$$

$$f_{yx} \equiv \frac{\partial}{\partial x}\left(\frac{\partial f}{\partial y}\right),$$

$$f_{yy} \equiv \frac{\partial}{\partial y}\left(\frac{\partial f}{\partial y}\right).$$

称其中的 $f_{xy}$ 和 $f_{yx}$ 为混合偏导数. 在一定的条件下, 它们是相等的, 于是可以不区分求偏导的顺序.

**定理 10.2** 若 $f_{xy}(x,y)$ 与 $f_{yx}(x,y)$ 在 $(x_0, y_0)$ 附近存在且在点 $(x_0, y_0)$ 连续, 则

$$f_{xy}(x_0, y_0) = f_{yx}(x_0, y_0).$$

**证明** $\forall h, k \in \mathbb{R}$, 考察

$$f(x_0+h, y_0+k) + f(x_0, y_0) - f(x_0+h, y_0) - f(x_0, y_0+k).$$

如果令

$$\varphi(x) = f(x, y_0+k) - f(x, y_0),$$

则上式可表示为 (参见图 10.4)

$$\varphi(x_0+h) - \varphi(x_0).$$

由拉格朗日中值定理, $\exists \theta_1 \in (0,1)$, 使得

$$\varphi(x_0+h) - \varphi(x_0) = \varphi'(x_0+\theta_1 h)$$
$$= h[f_x(x_0+\theta_1 h, y_0+k) - f_x(x_0+\theta_1 h, y_0)],$$

再关于 $y$ 运用拉格朗日中值定理得, $\exists \theta_2 \in (0,1)$, 使得

$$\text{上式右边} = hk f_{xy}(x_0+\theta_1 h, y_0+\theta_2 k).$$

类似地, 换一下顺序, $\exists \widetilde{\theta}_1, \widetilde{\theta}_2 \in (0,1)$, 使得

$$f(x_0+h, y_0+k) + f(x_0, y_0) - f(x_0+h, y_0) - f(x_0, y_0+k) = hk f_{yx}(x_0+\widetilde{\theta}_1 h, y_0+\widetilde{\theta}_2 k).$$

于是
$$f_{xy}(x_0+\theta_1 h, y_0+\theta_2 k) = f_{yx}(x_0+\widetilde{\theta}_1 h, y_0+\widetilde{\theta}_2 k).$$
令 $h, k \to 0$, 由 $f_{xy}, f_{yx}$ 的连续性知
$$f_{yx}(x_0, y_0) = f_{xy}(x_0, y_0).$$

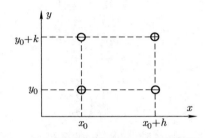

图 10.4  混合偏导数连续则相等

先看一个满足定理条件的例子.

**例 10.6**  求 $f(x,y) = e^{x^2 \sin y}$ 的二阶混合偏导数.

**解**  由 $f_x = e^{x^2 \sin y} \cdot 2x \sin y$ 和 $f_y = e^{x^2 \sin y} \cdot x^2 \cos y$, 分别得到
$$f_{xy} = e^{x^2 \sin y}(2x \cos y + 2x \sin y \cdot x^2 \cos y)$$
$$= e^{x^2 \sin y} 2x \cos y (1 + x^2 \sin y),$$
$$f_{yx} = \cos y \cdot e^{x^2 \sin y}(x^2 \cdot 2x \sin y + 2x)$$
$$= 2x \cos y\, e^{x^2 \sin y}(1 + x^2 \sin y).$$

二者相等.

再看一个不满足定理条件的例子.

**例 10.7**  求下述函数在 $(0,0)$ 点的二阶混合偏导数:
$$f(x,y) = \begin{cases} xy \dfrac{x^2 - y^2}{x^2 + y^2}, & \text{当 } x^2 + y^2 \neq 0, \\ 0, & \text{当 } x^2 + y^2 = 0. \end{cases}$$

**解**  在 $y \neq 0$ 时,
$$f_x(0, y) = \lim_{h \to 0} \frac{f(h, y) - f(0, y)}{h}$$
$$= \lim_{h \to 0} \frac{1}{h}\left[hy \frac{h^2 - y^2}{h^2 + y^2} - 0\right]$$
$$= -y,$$

而 $y=0$ 处,
$$f_x(0,0) = \lim_{h\to 0}\frac{f(h,0)-f(0,0)}{h} = 0,$$

于是
$$f_{xy}(0,0) = -1.$$

类似地,
$$f_y(x,0) = x, \ f_y(0,0) = 0, \ f_{yx} = 1.$$

这个例子中二者不等, 可解释如下: 上述函数在原点的去心邻域上的导数 $((x,y)\neq (0,0))$
$$f_{xy} = f_{yx} = \frac{x^6+9x^4y^2-9x^2y^4-y^6}{(x^2+y^2)^3}$$

在原点处不连续. 此外, 我们沿 $x=0$ 看,
$$f(x,y) \approx -xy;$$

而沿 $y=0$ 看,
$$f(x,y) \approx xy.$$

更高阶的混合偏导数, 只要连续, 则跟求导顺序无关. 例如对于连续的 $f_{xxy}$, $f_{xyx}, f_{yxx}$, 我们令 $g=f_x$, 就有 $g_{xy}$ 和 $g_{yx}$ 连续, 因此 $g_{xy}=g_{yx}$, 即 $f_{xxy}=f_{xyx}$. 其他类似可得. 于是, 我们可不加区分地将这几个混合偏导数记为 $\frac{\partial^3 f}{\partial x^2 \partial y}$.

类似地, 对 $\mathbb{R}^m$ 中的函数 $f(x)$, 可定义①
$$\frac{\partial^{p+1} f}{\partial x_{i_{p+1}}\cdots \partial x_{i_1}} \equiv \frac{\partial}{\partial x_{i_{p+1}}}\left(\frac{\partial^p f}{\partial x_{i_p}\cdots \partial x_{i_1}}\right).$$

当混合偏导数与求导顺序无关时, 引入多重指标
$$\alpha = (\alpha_1,\cdots \alpha_m), \ \alpha_i \in \overline{\mathbb{Z}^-},$$

并记
$$|\alpha| = \alpha_1 + \cdots + \alpha_m,$$

定义
$$\partial^\alpha = \frac{\partial^{|\alpha|}}{(\partial x_1)^{\alpha_1}\cdots (\partial x_n)^{\alpha_m}},$$

---

①因为高阶导数要用上标表示求导次数, 我们把自变量 $x$ 的分量指标改写为下标, 即 $x=(x_1,\cdots,x_n)$.

且定义
$$\alpha! = \alpha_1! \cdots \alpha_m!,$$
以及对于向量 $h = (h_1, \cdots, h_m)$,
$$h^\alpha = (h_1)^{\alpha_1} \cdots (h_m)^{\alpha_m}.$$

**定义 10.2** 开集 $\Omega \subset \mathbb{R}^m$, 若 $f$ 与它直到 $r$ 阶的所有偏导数在 $\Omega$ 上连续, 则称 $f$ 在 $\Omega$ 上 $r$ 阶连续可微, 记 $C^r(\Omega) = \{f | f \text{ 在 } \Omega \text{ 上 } r \text{ 阶连续可微}\}$.

**定理 10.3** 开集 $\Omega \subset \mathbb{R}^m, f \in C^r(\Omega)$, 则 $f$ 的 $k$ 阶 $(2 \leqslant k \leqslant r)$ 混合偏导数与求导顺序无关.

**例 10.8** $u = \dfrac{1}{r}, r = \sqrt{x^2 + y^2 + z^2}$, 求 $\Delta u \equiv u_{xx} + u_{yy} + u_{zz}$[①].

**解** 在原点处函数 $u$ 不连续, 因此上述求导无定义. 除原点外,
$$u_x = -\frac{x}{\sqrt{(x^2+y^2+z^2)^3}},$$
$$u_{xx} = -\frac{\sqrt{(x^2+y^2+z^2)^3} - \dfrac{3}{2} x \cdot 2x \sqrt{(x^2+y^2+z^2)^3}}{(x^2+y^2+z^2)^3}$$
$$= \frac{y^2 + z^2 - 2x^2}{(x^2+y^2+z^2)^{\frac{5}{2}}},$$
同理
$$u_{yy} = \frac{z^2 + x^2 - 2y^2}{(x^2+y^2+z^2)^{\frac{5}{2}}},$$
$$u_{zz} = \frac{x^2 + y^2 - 2z^2}{(x^2+y^2+z^2)^{\frac{5}{2}}},$$
因此 $\Delta u = 0$.

之前我们对于梯度的定义可形式地记为
$$\nabla u = (\partial_x, \partial_y, \partial_z) u,$$
那么, 如果 $\boldsymbol{v} = (f(x,y,z), g(x,y,z), h(x,y,z))$ 为向量值函数, 就可以定义
$$\nabla \cdot \boldsymbol{v} = (\partial_x, \partial_y, \partial_z) \cdot (f(x,y,z), g(x,y,z), h(x,y,z)) = f_x + g_y + h_z,$$

---

[①] $\Delta = \nabla \cdot \nabla$ 称为拉普拉斯算子, 读作 "拉普拉斯". 方程 $\Delta u = 0$ 称为拉普拉斯 (Laplace) 方程, 是数学物理中最重要的方程之一, 有着广泛而重要的应用.

称为 $\boldsymbol{v}$ 的散度 (divergence, 记为 div). 特别地, 若取 $\boldsymbol{v} = \nabla u$, 就有

$$\nabla \cdot \nabla u = (\partial_x, \partial_y, \partial_z) \cdot (u_x, u_y, u_z) = u_{xx} + u_{yy} + u_{zz},$$

这就是拉普拉斯算子. 这些量的物理含义将在场论中讲解.

**例 10.9** 对于函数 $\varphi(t) = f(x+th, y+tk)$, 求 $\dfrac{\mathrm{d}^n \varphi}{\mathrm{d} t^n}$.

**解** 一阶导数

$$\frac{\mathrm{d}\varphi}{\mathrm{d}t} = \frac{\partial f}{\partial x}h + \frac{\partial f}{\partial y}k = \left(h\frac{\partial}{\partial x} + k\frac{\partial}{\partial y}\right)f,$$

二阶导数

$$\begin{aligned}
\frac{\mathrm{d}^2\varphi}{\mathrm{d}t^2} &= h\frac{\partial}{\partial x}\frac{\mathrm{d}\varphi}{\mathrm{d}t} + k\frac{\partial}{\partial y}\frac{\mathrm{d}\varphi}{\mathrm{d}t} \\
&= h\frac{\partial}{\partial x}\left(h\frac{\partial}{\partial x}\right)f + h\frac{\partial}{\partial x}\left(k\frac{\partial}{\partial y}\right)f \\
&\quad + k\frac{\partial}{\partial y}\left(h\frac{\partial}{\partial x}\right)f + k\frac{\partial}{\partial y}\left(k\frac{\partial}{\partial y}\right)f \\
&= h^2\frac{\partial^2 f}{\partial x^2} + 2hk\frac{\partial^2 f}{\partial x \partial y} + k^2\frac{\partial^2 f}{\partial y^2} \\
&= \left(h\frac{\partial f}{\partial x} + k\frac{\partial f}{\partial y}\right)^2 f.
\end{aligned}$$

归纳可知

$$\begin{aligned}
\frac{\mathrm{d}^{k+1}\varphi}{\mathrm{d}t^{k+1}} &= \frac{\partial}{\partial x}\left(\frac{\mathrm{d}^k \varphi}{\mathrm{d}t^k}\right)h + \frac{\partial}{\partial y}\left(\frac{\mathrm{d}^k \varphi}{\mathrm{d}t^k}\right)k \\
&= \frac{\partial}{\partial x}\left[\left(h\frac{\partial f}{\partial x} + k\frac{\partial f}{\partial y}\right)^k f\right]h + \frac{\partial}{\partial y}\left[\left(h\frac{\partial f}{\partial x} + k\frac{\partial f}{\partial y}\right)^k f\right]k \\
&= \left(h\frac{\partial f}{\partial x} + k\frac{\partial f}{\partial y}\right)^{k+1} f.
\end{aligned}$$

所以

$$\begin{aligned}
\frac{\mathrm{d}^n \varphi}{\mathrm{d}t^n} &= \left(h\frac{\partial f}{\partial x} + k\frac{\partial f}{\partial y}\right)^n f \\
&= \sum_{p=0}^{n} C_n^p \frac{\partial^n f}{\partial x^p \partial y^{n-p}} \cdot h^p k^{n-p}.
\end{aligned}$$

上述推导中, 我们看到微分算子 $\dfrac{\partial}{\partial x}$ 等是可以直接进行代数运算的, 而上述结果也可推广到 $m$ 元情形.

**例 10.10** 若 $x, h \in \mathbb{R}^m, f \in C^\infty$，求函数 $\varphi(t) = f(x + th)$ 的各阶导数.

**解** 注意到
$$\frac{\mathrm{d}\varphi}{\mathrm{d}t} = h \cdot \nabla_x f(x + th),$$
因此
$$\begin{aligned}
\frac{\mathrm{d}^n \varphi}{\mathrm{d}t^n} &= (h \cdot \nabla_x) f \\
&= \left( h_1 \frac{\partial}{\partial x_1} + \cdots + h_m \frac{\partial}{\partial x_m} \right)^n f \\
&= \sum_{\alpha_1 + \cdots + \alpha_m = n} \frac{n!}{\alpha_1! \cdots \alpha_m!} (h_1)^{\alpha_1} \cdots (h_m)^{\alpha_m} \frac{\partial^n f}{(\partial x_1)^{\alpha_1} \cdots (\partial x_m)^{\alpha_m}} \\
&= \sum_{|\alpha| = n} \frac{n!}{\alpha!} h^\alpha \partial^\alpha f.
\end{aligned}$$

**例 10.11** 若 $u(x, y), x(\xi, \eta), y(\xi, \eta)$ 均二阶连续可微，求 $u = u(x(\xi, \eta), y(\xi, \eta))$ 关于 $(\xi, \eta)$ 的二阶偏导数.

**解** 根据链式法则，一阶偏导数为
$$\begin{aligned}
\frac{\partial u}{\partial \xi} &= \frac{\partial u}{\partial x} \frac{\partial x}{\partial \xi} + \frac{\partial u}{\partial y} \frac{\partial y}{\partial \xi} = \left( \frac{\partial u}{\partial x}, \frac{\partial u}{\partial y} \right) \cdot \left( \frac{\partial x}{\partial \xi}, \frac{\partial y}{\partial \xi} \right), \\
\frac{\partial u}{\partial \eta} &= \frac{\partial u}{\partial x} \frac{\partial x}{\partial \eta} + \frac{\partial u}{\partial y} \frac{\partial y}{\partial \eta} = \left( \frac{\partial u}{\partial x}, \frac{\partial u}{\partial y} \right) \cdot \left( \frac{\partial x}{\partial \eta}, \frac{\partial y}{\partial \eta} \right).
\end{aligned}$$

对第一个式子再求关于 $\xi$ 的导数（注意 $u_x(x,y), u_y(x,y)$ 是以 $(x,y)$ 为自变量的复合函数，因此需用链式法则分别乘以 $x_\xi(\xi, \eta), y_\xi(\xi, \eta)$），得到
$$\begin{aligned}
u_{\xi\xi} &= (u_x)_\xi x_\xi + u_x x_{\xi\xi} + (u_y)_\xi y_\xi + u_y y_{\xi\xi} \\
&= (x_\xi u_{xx} + y_\xi u_{xy}) x_\xi + (y_\xi u_{yx} + y_\xi u_{yy}) y_\xi + u_x x_{\xi\xi} + u_y y_{\xi\xi} \\
&= u_{xx} x_\xi^2 + 2 u_{xy} x_\xi y_\xi + u_{yy} y_\xi^2 + u_x x_{\xi\xi} + u_y y_{\xi\xi}.
\end{aligned}$$

容易看出二次型
$$u_{xx} x_\xi^2 + 2 u_{xy} x_\xi y_\xi + u_{yy} y_\xi^2 = [x_\xi, y_\xi] \begin{bmatrix} u_{xx} & u_{xy} \\ u_{xy} & u_{yy} \end{bmatrix} \begin{bmatrix} x_\xi \\ y_\xi \end{bmatrix}.$$

上式可以推广到更高维的情况. 若 $u = u(x(\xi)), x = (x_1, \cdots, x_m), \xi = (\xi_1, \cdots, \xi_l)$，且 $x_i = x_i(\xi)$，那么由链式法则有
$$\frac{\partial u}{\partial \xi_p} = \sum_{i=1}^m \frac{\partial u}{\partial x_i} \cdot \frac{\partial x_i}{\partial \xi_p},$$

再求导一次得到
$$\frac{\partial^2 u}{\partial \xi_p \partial \xi_q} = \sum_{i=1}^m \frac{\partial u}{\partial x_i} \cdot \frac{\partial^2 x_i}{\partial \xi_p \partial \xi_q} + \sum_{i=1}^m \sum_{j=1}^m \frac{\partial^2 u}{\partial x_i \partial x_j} \cdot \frac{\partial x_i}{\partial \xi_p} \frac{\partial x_j}{\partial \xi_q}.$$

我们用算子和线性代数的方式重新演算一遍.

先将一阶导数改写为
$$\begin{pmatrix} \dfrac{\partial u}{\partial \xi} \\ \dfrac{\partial u}{\partial \eta} \end{pmatrix} = \begin{pmatrix} x_\xi & y_\xi \\ x_\eta & y_\eta \end{pmatrix} \begin{pmatrix} \dfrac{\partial u}{\partial x} \\ \dfrac{\partial u}{\partial y} \end{pmatrix}.$$

用算子记为
$$\begin{pmatrix} \partial_\xi \\ \partial_\eta \end{pmatrix} = \begin{pmatrix} x_\xi & y_\xi \\ x_\eta & y_\eta \end{pmatrix} \begin{pmatrix} \partial_x \\ \partial_y \end{pmatrix},$$

第一行即
$$\partial_\xi = \begin{pmatrix} x_\xi & y_\xi \end{pmatrix} \begin{pmatrix} \partial_x \\ \partial_y \end{pmatrix}.$$

因为是标量,也可以写成
$$\partial_\xi u = \begin{pmatrix} \partial_x & \partial_y \end{pmatrix} u \begin{pmatrix} x_\xi \\ y_\xi \end{pmatrix}.$$

这里我们把 $u$ 写上,以避免混淆求偏导的算子是否也作用在 $x_\xi, y_\xi$ 上. 于是,由乘法的求导公式,有

$$\begin{aligned}
\partial_{\xi\xi} u &= \partial_\xi \begin{pmatrix} x_\xi & y_\xi \end{pmatrix} \begin{pmatrix} \partial_x \\ \partial_y \end{pmatrix} u + \begin{pmatrix} x_\xi & y_\xi \end{pmatrix} \partial_\xi \begin{pmatrix} \partial_x \\ \partial_y \end{pmatrix} u \\
&= \begin{pmatrix} x_{\xi\xi} & y_{\xi\xi} \end{pmatrix} \begin{pmatrix} \partial_x \\ \partial_y \end{pmatrix} u + \begin{pmatrix} x_\xi & y_\xi \end{pmatrix} \begin{pmatrix} \partial_x \\ \partial_y \end{pmatrix} \partial_\xi u \\
&= \begin{pmatrix} x_{\xi\xi} & y_{\xi\xi} \end{pmatrix} \begin{pmatrix} \partial_x \\ \partial_y \end{pmatrix} u + \begin{pmatrix} x_\xi & y_\xi \end{pmatrix} \begin{pmatrix} \partial_x \\ \partial_y \end{pmatrix} \begin{pmatrix} \partial_x & \partial_y \end{pmatrix} u \begin{pmatrix} x_\xi \\ y_\xi \end{pmatrix} \\
&= \begin{pmatrix} x_{\xi\xi} & y_{\xi\xi} \end{pmatrix} \begin{pmatrix} \partial_x \\ \partial_y \end{pmatrix} u + \begin{pmatrix} x_\xi & y_\xi \end{pmatrix} \begin{pmatrix} \partial_{xx} & \partial_{xy} \\ \partial_{yx} & \partial_{yy} \end{pmatrix} u \begin{pmatrix} x_\xi \\ y_\xi \end{pmatrix}.
\end{aligned}$$

这与之前直接计算的结果是一致的.

类似地,
$$u_{\eta\eta} = u_{xx} x_\eta^2 + 2 u_{xy} x_\eta y_\eta + u_{yy} y_\eta^2 + u_x x_{\eta\eta} + u_y y_{\eta\eta}.$$

算子表示为

$$\partial_{\eta\eta} u = \begin{pmatrix} x_{\eta\eta} & y_{\eta\eta} \end{pmatrix} \begin{pmatrix} \partial_x \\ \partial_y \end{pmatrix} u + \begin{pmatrix} x_\eta & y_\eta \end{pmatrix} \begin{pmatrix} \partial_{xx} & \partial_{xy} \\ \partial_{yx} & \partial_{yy} \end{pmatrix} u \begin{pmatrix} x_\eta \\ y_\eta \end{pmatrix}.$$

以及

$$u_{\xi\eta} = u_{xx} x_\xi x_\eta + u_{xy}(x_\xi y_\eta + x_\eta y_\xi) + u_{yy} y_\xi y_\eta + u_x x_{\xi\eta} + u_y y_{\xi\eta}.$$

算子表示为

$$\partial_{\xi\eta} u = \begin{pmatrix} x_{\xi\eta} & y_{\xi\eta} \end{pmatrix} \begin{pmatrix} \partial_x \\ \partial_y \end{pmatrix} u + \begin{pmatrix} x_\xi & y_\xi \end{pmatrix} \begin{pmatrix} \partial_{xx} & \partial_{xy} \\ \partial_{yx} & \partial_{yy} \end{pmatrix} u \begin{pmatrix} x_\eta \\ y_\eta \end{pmatrix}.$$

## 10.4 有限增量公式与泰勒公式

一元函数 $\varphi(x)$ 在点 $a$ 处的泰勒公式为 (不妨考虑 $h = x - a > 0$)

$$\varphi(a+h) = T_n + R_{n+1},$$

其中

$$T_n = \sum_{p=0}^{n} \frac{h^p}{p!} \varphi^{(p)}(a),$$

而余项 $R_{n+1}$ 有四种表述:

(1) 小 $o$ 余项: 若 $\varphi(x)$ 在 $U(a,\eta)$ 上有意义, 且在 $a$ 有 $n$ 阶导数, 则

$$R_{n+1} = o(h^n);$$

(2) 拉格朗日余项: 若 $\varphi(x) \in C^n([a,a+h])$, 且在 $(a,a+h)$ 上 $n+1$ 阶可导, 则

$$R_{n+1} = \frac{h^{n+1}}{(n+1)!} \varphi^{(n+1)}(a+\theta h), \quad \theta \in (0,1);$$

(3) 积分余项: 若 $\varphi(x) \in C^{n+1}([a,a+h])$, 则

$$R_{n+1} = \frac{1}{n!} \int_0^1 (1-t)^n h^{n+1} \varphi^{(n+1)}(a+th) \mathrm{d}t;$$

(4) 柯西余项: 若 $\varphi(x) \in C^{n+1}([a,a+h])$, 则

$$R_{n+1} = \frac{(1-\theta)^n}{n!} \varphi^{(n+1)}(a+\theta h) h^{n+1}, \quad \theta \in (0,1).$$

拉格朗日中值定理就是 $n=0$ 时用相应拉格朗日余项的泰勒公式.

对多元函数 $f(x)$, 考虑 $D \subset \mathbb{R}^m$ 为开区域, 若 $a, x \in D$, 记 $h = x - a$, 称

$$(a, a+h) = \{a + th | t \in (0,1)\}$$

为开线段,
$$[a, a+h] = \{a+th | t \in [0,1]\}$$
为闭线段.

在多元情况下,泰勒公式本质上仍然是一维的. 对函数 $f(x)$ 引入
$$\varphi(t) = f(a+th),$$
则前面我们已经计算得到
$$\frac{\mathrm{d}^n \varphi(0)}{\mathrm{d}t^n} = n! \sum_{|\alpha|=n} \frac{h^\alpha}{\alpha!} \partial^\alpha f(a).$$

计算可知,在 $x = a+h$,即 $t=1$ 处,
$$T_n = \sum_{p=0}^n \frac{1}{p!} \left( h_1 \frac{\partial}{\partial x_1} + \cdots h_m \frac{\partial}{\partial x_m} \right)^p f(a)$$
$$= \sum_{p=0}^n \sum_{|\alpha|=p} \frac{h^\alpha}{\alpha!} \partial^\alpha f(a)$$
$$= \sum_{|\alpha| \leqslant n} \frac{h^\alpha}{\alpha!} \partial^\alpha f(a).$$

**定理 10.4 (泰勒公式)** 若开集 $D \subset \mathbb{R}^m, f \in C^{n+1}(D), [a, a+h] \subset D$,则
$$f(a+h) = T_n + R_{n+1},$$
其中
$$T_n = \sum_{|\alpha| \leqslant n} \frac{h^\alpha}{\alpha!} \partial^\alpha f(a),$$
$$R_{n+1} = o(\| h \|^n),$$
或
$$R_{n+1} = \sum_{|\alpha|=n+1} \frac{h^\alpha}{\alpha!} \partial^\alpha f(a+\theta h) \; (\theta \in (0,1)),$$
$$R_{n+1} = \sum_{|\alpha|=n+1} \frac{n+1}{\alpha!} \int_0^1 (1-t)^n \partial^\alpha f(a+th) \mathrm{d}t \cdot h^\alpha,$$
$$R_{n+1} = \sum_{|\alpha|=n+1} \frac{n+1}{\alpha!} (1-\theta)^n \partial^\alpha f(a+\theta h) \cdot h^\alpha \; (\theta \in (0,1)).$$

特别地，令 $n = 0$，可得到以下多元函数的中值定理．

**定理 10.5 (有限增量公式)**　(1) 若 $[a, a+h] \subset D \subset \mathbb{R}^m, f(x)$ 在 $\overline{D}$ 上连续，在 $D$ 上可微，则

$$f(a+h) = f(a) + \sum_{i=1}^{m} \frac{\partial f}{\partial x_i}(a + \theta h)h_i, \theta \in (0,1).$$

(2) 若 $[a, a+h] \subset D \subset \mathbb{R}^m, f(x) \in C^1(D)$，则

$$f(a+h) = f(a) + \sum_{i=1}^{m} \int_0^1 \frac{\partial}{\partial x_i} f(a+th) \mathrm{d}t \cdot h_i.$$

**定理 10.6**　若 $f(x)$ 在开区域 $D \subset \mathbb{R}^m$ 上可微，且

$$\frac{\partial f}{\partial x_i} = 0, i = 1, \cdots m,$$

则 $f(x)$ 在 $D$ 上为常数．

**证明**　若 $D = U(a, \eta)$ 为开球，用上述有限增量公式可以得到

$$f(a+th) = f(a), \|h\| < \eta.$$

若 $D$ 为一般开区域，则 $\forall a, b \in D$，设 $\gamma$ 是连通 $a, b$ 的路径，并设

$$\sigma = \sup\{t | t \in [0,1], f(\gamma(\tau)) = f(a), \forall 0 < \tau < t\},$$

若 $\sigma < 1$，则 $f(\gamma(\sigma)) = f(a)$，且 $\gamma(\sigma) \in D$．

由于 $D$ 为开集，$\exists \eta > 0$，满足 $U(\gamma(\sigma), \eta) \subset D$．在这个开球上，同上可得 $f(x) = f(a)$．

由 $\gamma$ 的连续性，$\exists \sigma' > \sigma$，使得 $\gamma(\sigma') \in U(\gamma(\sigma), \eta) \subset D$[①]，从而

$$f(\gamma(\sigma')) = f(a),$$

与 $\sigma$ 的取法矛盾．

由此可以进一步证明，若 $D$ 为开区域，$f(x)$ 在 $\overline{D}$ 上连续，在 $D$ 上可微，且

$$\frac{\partial f}{\partial x_i} = 0, i = 1, \cdots m,$$

则 $f(x)$ 在 $\overline{D}$ 上为常数．

---

[①]严格证明请读者补充，参见图 10.5．

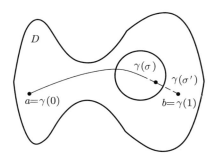

**图 10.5** 开区域上偏导数恒为 0 的函数为常值函数

## 10.5 隐函数定理

一般而言,如果方程 $F(x_1, \cdots, x_m) = 0$ 成立,则可以将一个自变量表示为其他 $(m-1)$ 个自变量的函数. 当然,这是有一定条件的,而且通常是局部的.

以二次方程为例, $x^2 + y^2 = C$. 若 $C < 0$, 满足这个方程的集合是空集; 若 $C = 0$, 则只有唯一的点 $(0,0)$; 而 $C > 0$ 时, $y$ 作为 $x$ 的函数 (或者反过来) 有两支,即 $y = \pm\sqrt{C - x^2}$, 见图 10.6. 这里, 我们关心的隐函数是指最后一种情形.

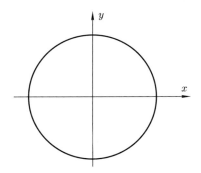

**图 10.6** 隐函数: 圆周 $x^2 + y^2 = 1$

**定义 10.3** $D, E \subset \mathbb{R}, F(x,y)$ 的定义域包含 $D \times E$, 若 $\forall x \in D$, 存在唯一 $y \in E$, 满足 $F(x,y) = 0$, 则称 $F(x,y) = 0$ 确定了从 $D$ 到 $E$ 的一个隐函数, 即 $\exists f: D \to E$, 满足 $F(x, f(x)) = 0$, 且这样的 $y = f(x)$ 唯一.

以单位圆 $\Gamma : x^2 + y^2 = 1$ 为例. 一般没有全局的解 $y = f(x)$, 因为 $y = \pm\sqrt{C - x^2}$ 是个多值函数 (除在 $(-1,0), (1,0)$ 两点), 因此, 一般只能考虑局部的问题: 即若已知 $(x_0, y_0) \in \Gamma$, 在 $x_0$ 附近找到 $y = f(x)$, 满足 $(x, f(x)) \in \Gamma$. 对于单位圆而言, 若 $y_0 \neq 0$, 则可以找到这样的隐函数. 从这个角度看, $(-1, 0), (1, 0)$ 反而是

最不好的两点.

依据 $F(x,y) = 0$ 可微在 $(x_0, y_0)$ 的邻域做局部线性化:

$$F(x_0, y_0) + F_x(x_0, y_0)(x - x_0) + F_y(x_0, y_0)(y - y_0) + o(\| (x,y) - (x_0, y_0) \|) = 0,$$

从而得到

$$y \approx \frac{-F_x(x_0, y_0)}{F_y(x_0, y_0)}(x - x_0) + y_0.$$

隐函数定理严格叙述如下.

**定理 10.7 (隐函数定理)** $F(x,y)$ 在包含 $(x_0, y_0)$ 的一个开集 $\Omega$ 上连续可微, 且 $F(x_0, y_0) = 0, \frac{\partial F}{\partial y}(x_0, y_0) \neq 0$, 则存在 $\delta, \eta > 0$, 记 $D = (x_0 - \delta, x_0 + \delta), E = (y_0 - \eta, y_0 + \eta)$, 在开方块 $D \times E \subset \Omega$ 上有:

(1) $\forall x \in D$, 存在唯一 $y \in E$, 满足 $F(x,y) = 0$, 记为 $y = f(x)$;

(2) $y = f(x)$ 在 $D$ 上连续可微, 且 $\frac{\mathrm{d}y}{\mathrm{d}x} = -\frac{F_x(x,y)}{F_y(x,y)}$.

我们给出隐函数存在的简略证明.

由 $\frac{\partial F}{\partial y}(x_0, y_0) \neq 0$, 不妨设 $\frac{\partial F}{\partial y}(x_0, y_0) > 0$, 由 $F$ 连续可微知 $\exists \delta_0, \eta > 0, \forall |x - x_0| \leqslant \delta_0, |y - y_0| \leqslant \eta, F_y(x,y) > 0$.

考察线段 $x = x_0, |y - y_0| \leqslant \eta$, 由 $F_y(x_0, y_0) > 0$ 知

$$F(x_0, y_0 - \eta) < 0, \ F(x_0, y_0 + \eta) > 0,$$

再由 $F$ 关于 $x$ 连续知 $\exists \delta_1 \in (0, \delta_0), \forall |x - x_0| \leqslant \delta_1, F(x, y_0 - \eta) < 0$, 以及 $\exists \delta_2 \in (0, \delta_0), \forall |x - x_0| \leqslant \delta_2, F(x, y_0 + \eta) > 0$.

取 $\delta = \min\{\delta_1, \delta_2\} > 0, \forall |x - x_0| < \delta, F(x, y_0 - \eta) < 0, F(x, y_0 + \eta) > 0$. 考察 $x$ 为定值的线段上, 由关于 $y$ 连续带来的介值性质, 以及 $F_y(x,y) > 0$, 知存在唯一 $y = f(x) \in (y_0 - \eta, y_0 + \eta)$, 满足 $F(x,y) = 0$. 参见图 10.7.

隐函数导数的表达式这里不做严格证明, 而是直接利用微分表示的不变性做演算.

由

$$\mathrm{d}F = F_x(x,y)\mathrm{d}x + F_y(x,y)\mathrm{d}y$$

以及在 $y = f(x)$ 上

$$F(x, f(x)) = 0,$$

有

$$\mathrm{d}F(x, f(x)) = F_x(x, f(x))\mathrm{d}x + F_y(x, f(x))\mathrm{d}y = 0.$$

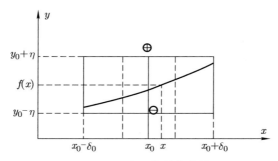

**图 10.7** 隐函数的存在性

于是

$$\frac{\mathrm{d}f}{\mathrm{d}x} = \frac{\mathrm{d}y}{\mathrm{d}x} = -\frac{F_x(x, f(x))}{F_y(x, f(x))}.$$

进一步地, 若 $F \in C^r(\Omega)$, 则由 $F(x,y)$ 确定的函数 $y = f(x) \in C^r$. 事实上,

$$\frac{\mathrm{d}y}{\mathrm{d}x} = -\frac{F_x(x,y)}{F_y(x,y)}.$$

由 $F_x(x,y), F_y(x,y) \in C^{r-1}$, 且 $f(x) \in C$, 故 $f \in C^r$.

上述结论可以推广到多元情形. 我们以下述例子加以说明.

**例 10.12** 范德瓦尔斯 (van der Waals) 流体的状态方程为

$$\left(p + \frac{a}{V^2}\right)(V - b) = nRT,$$

其中 $x, b, R \in \mathbb{R}$, $n, p, V, T$ 分别为摩尔数、压强、体积和温度, 若 $p, T$ 为自变量, 求偏导数 $V_p$.

**解** 视 $V$ 为 $p, T$ 的函数, 方程两边求偏导数, 得

$$\left(1 - \frac{2a}{V^3}V_p\right)(V - b) + \left(p + \frac{a}{V^2}\right)V_p = 0,$$

因此,

$$V_p = \frac{V - b}{\dfrac{2a}{V^3}(V - b) - \left(p + \dfrac{a}{V^2}\right)}.$$

这个例子也可以直接运用微分求解. 事实上, 方程两边求微分, 得

$$\left(\mathrm{d}p - \frac{2a}{V^3}\mathrm{d}V\right)(V - a) + \left(p + \frac{a}{V^2}\right)\mathrm{d}V = nR\mathrm{d}T,$$

从中找到 $\mathrm{d}V, \mathrm{d}p$ 的系数, 就可得到与上面一样的结果.

再考虑方程组的情形. 若关于 $x \in \mathbb{R}^n, y \in \mathbb{R}^p$ 的向量方程

$$F(x,y) = 0,$$

包含 $p$ 个方程, 即 $F_i(x,y) = 0$, $(i = 1, \cdots, p)$, 求全微分得到[①]

$$\nabla_x F(x,y) \mathrm{d}x + \nabla_y F(x,y) \mathrm{d}y = 0,$$

即有 $p$ 个方程如下:

$$\begin{cases} \nabla_x F_1(x,y) \mathrm{d}x + \nabla_y F_1(x,y) \mathrm{d}y = 0, \\ \qquad\qquad\vdots \\ \nabla_x F_p(x,y) \mathrm{d}x + \nabla_y F_p(x,y) \mathrm{d}y = 0. \end{cases}$$

当雅可比行列式

$$\det J \equiv \det\left[\frac{\partial(F_1, \cdots, F_p)}{\partial(y_1, \cdots, y_p)}\right] = \begin{vmatrix} \frac{\partial F_1}{\partial y_1} & \cdots & \frac{\partial F_1}{\partial y_p} \\ \vdots & \ddots & \vdots \\ \frac{\partial F_p}{\partial y_1} & \cdots & \frac{\partial F_p}{\partial y_p} \end{vmatrix} \neq 0$$

时, 可局部解出 $y = f(x)$, 满足

$$\mathrm{d}y = -\left(\nabla_y F(x,y)\right)^{-1} \nabla_x F(x,y) \mathrm{d}x,$$

即

$$\nabla_x y = -\left(\nabla_y F(x,y)\right)^{-1} \nabla_x F(x,y).$$

**例 10.13** 以 $(x,y,z)$ 为自变量的函数 $u, v$ 满足方程组

$$\begin{cases} x + y + z + u + v = 1, \\ x^2 + y^2 + z^2 + u^2 + v^2 = 2, \end{cases}$$

求 $\dfrac{\partial u}{\partial x}, \dfrac{\partial v}{\partial x}, \dfrac{\partial^2 u}{\partial x^2}, \dfrac{\partial^2 v}{\partial x^2}$.

**解** 记

$$F(x,y,z,u,v) = x + y + z + u + v - 1 \equiv 0,$$
$$G(x,y,z,u,v) = x^2 + y^2 + z^2 + u^2 + v^2 - 2 \equiv 0,$$

---

[①] $\mathrm{d}x, \mathrm{d}y$ 按照列向量理解.

则
$$\begin{vmatrix} \dfrac{\partial F}{\partial u} & \dfrac{\partial F}{\partial v} \\ \dfrac{\partial G}{\partial u} & \dfrac{\partial G}{\partial v} \end{vmatrix} = \begin{vmatrix} 1 & 1 \\ 2u & 2v \end{vmatrix} = 2(v - u),$$

所以只需要 $v \neq u$ 即可使用隐函数定理. 关于 $x$ 求偏导, 得

$$\begin{cases} 1 + u_x + v_x = 0, \\ 2x + 2uu_x + 2vv_x = 0. \end{cases}$$

解得

$$\begin{cases} u_x = \dfrac{x - v}{v - u}, \\ v_x = \dfrac{u - x}{v - u}. \end{cases}$$

再关于 $x$ 求一次导, 得

$$\begin{cases} u_{xx} + v_{xx} = 0, \\ 2 + 2u_x^2 + 2uu_{xx} + 2vv_{xx} + 2v_x^2 = 0, \end{cases}$$

因此

$$\begin{cases} u_{xx} = \dfrac{1 + u_x^2 + v_x^2}{v - u}, \\ v_{xx} = -\dfrac{1 + u_x^2 + v_x^2}{v - u}. \end{cases}$$

代入前面的一阶偏导数, 即可得二阶偏导数.

对于这样的问题, 另一个常用的做法是求微分. 由微分不变性, 在做一阶微分的时候, 可以不用讨论哪个变量是自变量, 哪个变量是因变量. 对于上面这个例子, 有

$$\begin{cases} \mathrm{d}x + \mathrm{d}y + \mathrm{d}z + \mathrm{d}u + \mathrm{d}v = 0, \\ 2x\mathrm{d}x + 2y\mathrm{d}y + 2z\mathrm{d}z + 2u\mathrm{d}u + 2v\mathrm{d}v = 0. \end{cases}$$

求解线性方程组可得

$$\begin{cases} \mathrm{d}u = -\dfrac{(x - v)\mathrm{d}x + (y - v)\mathrm{d}y + (z - v)\mathrm{d}z}{u - v}, \\ \mathrm{d}v = -\dfrac{(x - u)\mathrm{d}x + (y - u)\mathrm{d}y + (z - u)\mathrm{d}z}{v - u}. \end{cases}$$

由微分和偏导数的关系, 可以读出所有一阶偏导数如下:

$$\begin{aligned} u_x &= -\dfrac{x - v}{u - v}, \ u_y = -\dfrac{y - v}{u - v}, \ u_z = -\dfrac{z - v}{u - v}, \\ v_x &= -\dfrac{x - u}{v - u}, \ v_y = -\dfrac{y - u}{v - u}, \ v_z = -\dfrac{z - u}{v - u}. \end{aligned}$$

求二阶偏导数时,既可以从上式求偏导数,也可以继续计算二阶微分. 计算二阶微分时,自变量的选取就很重要了. 注意到对于 $f(x,y,z) = x$, 其二阶导数和更高阶的导数均为 0, 因此我们应该有 $\mathrm{d}^2 f = \mathrm{d}^2 x = 0$, 其他自变量的二阶微分也同样为 0.

微分得到

$$\begin{cases} \mathrm{d}^2 u + \mathrm{d}^2 v = 0, \\ (\mathrm{d}x)^2 + (\mathrm{d}y)^2 + (\mathrm{d}z)^2 + (\mathrm{d}u)^2 + (\mathrm{d}v)^2 + u\mathrm{d}^2 u + v\mathrm{d}^2 v = 0. \end{cases}$$

求解这个方程组,得到

$$\begin{aligned} \mathrm{d}^2 u &= -\mathrm{d}^2 v \\ &= -\frac{(\mathrm{d}x)^2 + (\mathrm{d}y)^2 + (\mathrm{d}z)^2 + (\mathrm{d}u)^2 + (\mathrm{d}v)^2}{u - v} \\ &= -\frac{(u-v)^2[(\mathrm{d}x)^2 + (\mathrm{d}y)^2 + (\mathrm{d}z)^2] + [(x-v)\mathrm{d}x + (y-v)\mathrm{d}y + (z-v)\mathrm{d}z]^2}{(u-v)^3}, \end{aligned}$$

其中 $(\mathrm{d}x)^2$ 的系数给出

$$u_{xx} = -\frac{(u-v)^2 + (x-v)^2}{(u-v)^3}.$$

其他偏导数类似可以得到.

## 10.6 矩阵值函数与向量值函数的微分

线性映射 $\boldsymbol{A}$ 指从一个线性空间 $X$ 到另一个线性空间 $Y$ 的映射, 且保持线性性. 即 $\forall \boldsymbol{x}_1, \boldsymbol{x}_1 \in X, \lambda, \mu \in \mathbb{R}$[①],

$$\boldsymbol{A}(\lambda \boldsymbol{x}_1 + \mu \boldsymbol{x}_2) = \lambda \boldsymbol{A} \boldsymbol{x}_1 + \mu \boldsymbol{A} \boldsymbol{x}_2.$$

如果这两个线性空间都是有限维, 且选定相应的基向量后,

$$\boldsymbol{x} = (\boldsymbol{e}_1, \cdots, \boldsymbol{e}_m)(x^1, \cdots, x^m)^{\mathrm{T}} = \sum_{i=1}^{m} x^i \boldsymbol{e}_i,$$

$$\boldsymbol{y} = (\boldsymbol{q}_1, \cdots, \boldsymbol{q}_p)(y^1, \cdots, y^p)^{\mathrm{T}} = \sum_{i=1}^{p} y^i \boldsymbol{q}_i.$$

我们可以把 $X$ 等同为 $\mathbb{R}^m$, 把 $\boldsymbol{x}$ 等同为 $\mathbb{R}^m$ 中的向量

$$x = (x^1, \cdots, x^m)^{\mathrm{T}},$$

---

[①] 这里 $\mathbb{R}$ 可以用其他数域替代.

把 $Y$ 等同为 $\mathbb{R}^p$, 把 $y$ 等同为
$$y = (y^1, \cdots, y^p)^{\mathrm{T}}.$$
于是, 线性映射 $A$ 也可表示为矩阵
$$A: \mathbb{R}^m \to \mathbb{R}^p$$
$$x \mapsto y = Ax$$
它有性质:
$$A(\lambda x_1 + \mu x_2) = \lambda A x_1 + \mu A x_2, \forall \lambda, \mu \in \mathbb{R}, x_1, x_2 \in \mathbb{R}^m.$$
这就意味着, $A$ 矩阵满足
$$y_{p\times 1} = Ax = (a_{ij})_{p\times m}(x^1, \cdots x^m)^{\mathrm{T}}_{m\times 1},$$
其中
$$(a_{ij}, \cdots, a_{pj})^{\mathrm{T}} = A(\delta_{1j}, \cdots, \delta_{mj})^{\mathrm{T}},$$
即第 $j$ 个基向量的像, 这里
$$\delta_{ij} = \begin{cases} 1, & i = j, \\ 0, & i \neq j \end{cases}$$
叫作克罗内克 (Kronecker) 记号.

所有 $\mathbb{R}^m$ 到 $\mathbb{R}^p$ 的线性映射 (即 $p \times m$ 的矩阵) 构成一个空间
$$L(\mathbb{R}^m, \mathbb{R}^p) = \{A | A: \mathbb{R}^m \to \mathbb{R}^p\}.$$
在这个空间上定义加法和数乘:
$$A + B = (a_{ij} + b_{ij}), A, B \in L(\mathbb{R}^m, \mathbb{R}^p),$$
$$\alpha A = (\alpha a_{ij}), \alpha \in \mathbb{R}, A \in L(\mathbb{R}^m, \mathbb{R}^p).$$
这样, $L(\mathbb{R}^m, \mathbb{R}^p)$ 也构成了一个线性空间. 不仅如此, 在 $L(\mathbb{R}^m, \mathbb{R}^p)$ 上还可以定义几何结构. 例如, 定义
$$\|A\| = \sqrt{\sum_{i,j} a_{ij}^2},$$
可以验证它是一个范数.

$L(\mathbb{R}^m, \mathbb{R}^p)$ 构成一个赋范线性空间, 于是可以定义极限、连续等.

**定义 10.4** 称序列 $\{A_n\} \subset L(\mathbb{R}^m, \mathbb{R}^p)$ 收敛到 $A^*$, 若 $\|A_n - A^*\| \to 0$, 即 $\forall \varepsilon > 0, \exists N \in \mathbb{N}, \forall n > N$, 有 $\|A_n - A^*\| < \varepsilon$. 记为

$$\lim_{n \to \infty} A_n = A^*.$$

**定义 10.5** 称矩阵值函数 $A(t) \subset L(\mathbb{R}^m, \mathbb{R}^p)$ 当 $t \to t_0$ 时 (这里 $t \in \mathbb{R}^l$) 收敛于 $A^*$, 若 $\forall \varepsilon > 0, \exists \delta > 0, \forall 0 < \|t - t_0\| < \delta$, 有

$$\|A(t) - A^*\| < \varepsilon.$$

记为 $\lim\limits_{t \to t_0} A(t) = A^*$.

由于 $A \in L(\mathbb{R}^m, \mathbb{R}^p)$ 的代数结构完全等同于将它表示成一个 $mp$ 个分量的行向量 (或列向量), 而作为有限维空间, 所有范数都等价, 因此向量值函数的收敛定理对矩阵值函数同样成立.

**定理 10.8** $\lim\limits_{t \to t_0} A(t) = A^*$ 当且仅当 $\lim\limits_{t \to t_0} a_{ij}(t) = a_{ij}^*$, 即矩阵值函数收敛当且仅当按分量收敛. 类似地, 矩阵值函数连续当且仅当按分量连续.

我们指出, 上述线性空间 $L(\mathbb{R}^m, \mathbb{R}^p)$ 的范数也可以用另一种方式定义:

$$\|\|A\|\| = \sup_{\|x\|=1} \|Ax\|.$$

可以证明这个范数就是 $A$ 的奇异值的最大值. 而奇异值, 是指对称阵 $B = A^{\mathrm{T}} A$ 的特征值的平方根. 由于 $B$ 对称, 且易证正定, 它正交相似于由其特征值 (非负) $\{\lambda_1, \cdots, \lambda_p\}$ 组成的对角阵. 因此,

$$\sup_{\|x\|=1} \|Ax\| = \sup_{\|x\|=1} \sqrt{x^{\mathrm{T}} A^{\mathrm{T}} A x} = \sqrt{\max \lambda_i}.$$

由定义知道, $\forall x$, 有

$$\|Ax\| \leqslant \|\|A\|\| \|x\|.$$

这样定义的范数也称为向量范数 $\|\cdot\|$ 诱导出来的矩阵范数.

对于一个多元的向量值函数, 每一个分量的微分都可以写成其各个偏微分构成的梯度向量与自变量微分向量的乘积形式. 如果我们把这些梯度向量排列起来, 就构成了一个矩阵. 这个矩阵刻画了在局部线性近似下, 自变量微分向量的微小变化导致的向量值函数的微小变化. 对于

$$f(x) = \begin{pmatrix} f_1(x) \\ \vdots \\ f_p(x) \end{pmatrix}, x \in \mathbb{R}^m,$$

若 $\exists A \in L(\mathbb{R}^m, \mathbb{R}^p)$, 使得
$$f(x_0 + h) = f(x_0) + Ah + o(\|h\|),$$
则称 $f$ 在 $x_0$ 可微, 微分
$$df = A dx, \quad dx = \begin{pmatrix} dx^1 \\ \vdots \\ dx^m \end{pmatrix}.$$

从标量函数微分与导数的关系知道,
$$a_{ij} = \frac{\partial f_i}{\partial x_j},$$
我们同样也称导数
$$Df = A.$$

**例 10.14** 求变换
$$\begin{cases} u = u(x, y), \\ v = v(x, y), \end{cases}$$
的雅可比矩阵.

**解** 对于向量值函数
$$f = \begin{pmatrix} u \\ v \end{pmatrix},$$
有
$$Df = \begin{pmatrix} \frac{\partial u}{\partial x} & \frac{\partial u}{\partial y} \\ \frac{\partial v}{\partial x} & \frac{\partial v}{\partial y} \end{pmatrix}.$$

向量值函数就是一组多元函数组成的向量. 因此, 由多元函数的性质容易得到向量值函数以下一些性质.

(1) $f : \Omega \to \mathbb{R}^p$ 在 $x_0$ 可微, 则 $\exists M \in \mathbb{R}$ 和邻域 $U(x_0), \forall x \in U(x_0)$,
$$\|f(x) - f(x_0)\| < M\|x - x_0\|.$$

(2) $f, g : \Omega \to \mathbb{R}^p$ 可微, 则 $f \pm g, \lambda f$ 可微, 且
$$D(f \pm g) = Df \pm Dg, \quad D(\lambda f) = \lambda Df.$$

(3) $G \xrightarrow{f} H \xrightarrow{g} \mathbb{R}^q$, 其中 $G \overset{\text{开}}{\subset} \mathbb{R}^m, H \overset{\text{开}}{\subset} \mathbb{R}^p$, 若 $f$ 在 $x_0$ 可微, $g$ 在 $y_0 = f(x_0)$ 可微, 则 $f \circ g : G \to \mathbb{R}^q$ 在 $x_0$ 可微, 且

$$D(g(f(x_0))) = Dg(f(x_0)) \cdot Df(x_0).$$

(4) 向量值函数 $f(x) = (f_1(x), f_2(x))^T$ 在 $x_0$ 可微, 当且仅当按分量可微, 且

$$[Df(x_0)]_{ij} = \frac{\partial f_i}{\partial x_j}(x_0).$$

(5) 有限增量估计 $f: G \to \mathbb{R}^p$ 可微, 其中 $G \subset \mathbb{R}^m, \forall a, b \in G, [a, b] \subset G$, 则 $\exists c \in (a, b)$, 使得

$$\|f(b) - f(a)\| \leqslant \|\|Df(c)\|\| \cdot \|b - a\|.$$

(6) 偏微分: 若 $G \subset \mathbb{R}^{m+p}, x \in \mathbb{R}^m, y \in \mathbb{R}^p$, 函数

$$\begin{aligned} f: \quad & G \to \mathbb{R}^p \\ & (x, y) \mapsto f(x, y) \end{aligned}$$

固定 $y = y_0$ 后, 若 $f$ 作为 $x$ 的函数在 $x_0$ 可微, 则 $f(x, y)$ 关于 $x$ 在 $(x_0, y_0)$ 可偏微, 相应的偏导数记为 $D_x f$. 反之, 若 $f$ 在 $(x_0, y_0)$ 可微, 则 $f$ 关于 $x$ 在 $(x_0, y_0)$ 可偏微, 且 $D_x f$ 就是 $Df$ 的前 $m$ 列组成的子矩阵.

我们仅证明其中的有限增量公式.

**证明** 定义多元 (标量) 函数

$$g(x) = \sum_i (f_i(b) - f_i(a)) f_i(x) = (f(b) - f(a))_{1 \times p}^T f(x)_{p \times 1}.$$

由拉格朗日中值定理, 存在 $c \in (a, b)$, 满足

$$g(b) - g(a) = \nabla g(c)_{1 \times m} (b - a)_{m \times 1}^T.$$

而

$$\nabla g(c) = (f(b) - f(a))_{1 \times p}^T Df(c)_{p \times m},$$

从而

$$\begin{aligned} g(b) - g(a) &= \|f(b) - f(a)\|^2 \\ &= \nabla g(c)_{1 \times m} (b - a)_{m \times 1}^T \\ &= (f(b) - f(a))_{1 \times p} Df(c)_{p \times m} (b - a)_{m \times 1}^T \\ &\leqslant \|f(b) - f(a)\| \|\|Df(c)\|\| \|b - a\|. \end{aligned}$$

因此,
$$\|f(b) - f(a)\| \leqslant \|\|Df(c)\|\|\|b - a\|.$$

这里, 不可能期望有与标量函数类似的拉格朗日中值定理:
$$f(b) - f(a) = Df(c)_{p \times m}(b-a)^{\mathrm{T}}_{m \times 1} = \begin{pmatrix} \vdots \\ \nabla_x f_i(c)(b-a)^{\mathrm{T}} \\ \vdots \end{pmatrix},$$

因为不同标量函数 $f_i$ 在不同的 $c_i \in (a,b)$ 上取到等号.

其他一些性质不复赘述, 如: 向量值函数可微则可导; 向量值函数可微则连续; 各偏导数连续则向量值函数可微; 等等.

## 10.7 多元函数的极值

一元函数微分的主要应用之一就是函数极值, 多元函数同样如此.

### 10.7.1 普通极值 (无约束初值)

如果函数充分光滑, 一元函数极值通常可由泰勒展式来判定. 简单地说, 如果在一点 $x_0$ 的泰勒展开到某一偶次项系数非 0, 而之前所有奇次项系数均为 0, 那么该点为极值点; 否则, 若到某个奇次项系数非 0, 而之前的偶次项系数均为 0 (常数项除外), 那么该点一定不是极值点. 上述判定的基础是连续函数的保号性, 函数 $f(x)$ 在该点附近的性态本质上由泰勒展开第一个非零系数项决定, 即下述二者之一 (经过横纵坐标的平移后)
$$f(x) = \begin{cases} x^{2n+1} + o(x^{2n+1}); \\ x^{2n} + o(x^{2n}). \end{cases}$$

**定义 10.6** $f(x)$ 在 $x_0 = (x_0^1, \cdots x_0^m)$ 的邻域上有定义, 若 $\exists \eta > 0, \forall x \in U(x, \eta)$, 有 $f(x) \geqslant f(x_0)$ (或 $f(x) \leqslant f(x_0)$), 则称 $f(x)$ 在 $x_0$ 取极小值 (或极大值); 若在 $x \neq x_0$ 时不等号严格成立, 则称 $f(x)$ 在 $x_0$ 点取严格极小值 (或严格极大值).

方便起见, 以下我们一般仅在 $\mathbb{R}^2$ 中讨论, $\mathbb{R}^m$ 情况类似.

**定理 10.9 (必要条件)** $f(x,y)$ 在 $(x_0, y_0)$ 邻域上有定义, 在该点可微, 若 $f(x,y)$ 在 $(x_0, y_0)$ 取到极值, 则
$$\frac{\partial f}{\partial x}(x_0, y_0) = \frac{\partial f}{\partial y}(x_0, y_0) = 0.$$

**证明** 否则, 不妨设 $f_x(x_0, y_0) \neq 0$.

由极值定义, 二元函数在 $(x_0, y_0)$ 取到极值, 必有它作为一元函数 $f(x, y_0)$ 在 $x = x_0$ 处取到极值, 以及 $f(x_0, y)$ 在 $y = y_0$ 处取到极值.

根据泰勒展开
$$f(x_0+h, y_0+k) = f(x_0, y_0) + f_x(x_0, y_0)h + f_y(x_0, y_0)k + o(\sqrt{h^2+k^2}),$$
于是
$$f(x_0+h, y_0) = f(x_0, y_0) + f_x(x_0, y_0)h + o(h),$$
根据一元函数极值的费马定理, 这样就不是极值了, 矛盾.

我们称满足 $Df(x_0) = 0$ 的点 $x_0$ 为 $f$ 的临界点. 与一元函数的情况类似, 定理中的条件不构成极值的充分条件, 例如 $f(x, y) = x \cdot y$, 计算可知 $f_x(0, 0) = 0, f_y(0, 0) = 0$, 但 $(0, 0)$ 不是极值点.

**定理 10.10 (充分条件)** $f(x, y)$ 在 $(x_0, y_0)$ 邻域内有定义, 在该点二阶连续可微, 若
$$f_x(x_0, y_0) = f_y(x_0, y_0) = 0,$$
且
$$\begin{pmatrix} f_{xx} & f_{xy} \\ f_{yx} & f_{yy} \end{pmatrix}$$
正 (负) 定[①], 则 $f(x, y)$ 在 $(x_0, y_0)$ 取到严格的极小 (大) 值.

**证明** 泰勒展开给出
$$\begin{aligned}
&f(x_0+h, y_0+k) \\
&= f(x_0, y_0) + \frac{1}{2}(f_{xx}h^2 + 2hk f_{xy} + f_{yy}k^2) + o(h^2+k^2) \\
&= f(x_0, y_0) + \frac{1}{2}(h, k)\begin{pmatrix} f_{xx} & f_{xy} \\ f_{yx} & f_{yy} \end{pmatrix}\begin{pmatrix} h \\ k \end{pmatrix} + o(h^2+k^2).
\end{aligned}$$

由其中方阵正 (负) 定, 则存在邻域 $U(x_0, y_0)$, $f(x_0+h, y_0+k) - f(x_0, y_0)$ 定号, 因此 $f(x, y)$ 在 $(x_0, y_0)$ 取到严格的极小 (大) 值.

---

[①]二阶方阵 $Q$ 正 (负) 定是指 $\forall \xi \in \mathbb{R}^2 \setminus \{0\}$, 有
$$\xi Q \xi^T > 0 \ (\xi Q \xi^T < 0),$$
记为 $Q > 0 (Q < 0)$.

上述条件不是必要条件, 如考虑 $f(x,y) = x^4 + y^4$, 其一阶、二阶偏导数在 $(0,0)$ 点都是 0, 但原点为极小值点.

上述二阶导数组成的方阵称为黑塞 (Hessian) 方阵, 在 $m$ 元时为 $\left(\dfrac{\partial^2 f}{\partial x_i \partial x_j}\right)$, 若函数二阶连续可导, 则黑塞方阵为对称方阵.

在线性代数里, 我们知道对称方阵正定可以由下述定理来判定.

**定理 10.11 (正定矩阵判定定理)** $Q_{m \times m}$ 对称, 以下命题等价:

(1) $Q > 0$;
(2) $\exists C > 0, \forall \xi \in \mathbb{R}^m$, 有 $\xi Q \xi^{\mathrm{T}} \geqslant C\|\xi\|^2$;
(3) $Q$ 的特征值皆正;
(4) $Q$ 的各阶顺序主子式大于零.

我们以二阶方阵为例解读上述定理. 考虑

$$Q = \begin{pmatrix} a & b \\ b & c \end{pmatrix},$$

$Q > 0$ 按定义指 $\forall (x, y) \neq (0, 0)$,

$$(x, y) \begin{pmatrix} a & b \\ b & c \end{pmatrix} \begin{pmatrix} x \\ y \end{pmatrix} = ax^2 + 2bxy + cy^2 > 0.$$

容易看出来, 其充要条件为 $a > 0$ 且 $\Delta = b^2 - ac < 0$.

由于这是二次多项式, 令 $x = r\cos\theta, y = r\sin\theta$, 可得

$$ax^2 + 2bxy + cy^2 = r^2(a\cos^2\theta + 2b\cos\theta\sin\theta + c\sin^2\theta).$$

记

$$C = \min_{0 \leqslant \theta \leqslant \pi}(a\cos^2\theta + 2b\cos\theta\sin\theta + c\sin^2\theta),$$

显然

$$Q > 0 \Leftrightarrow C > 0 \Leftrightarrow \xi Q \xi^{\mathrm{T}} \geqslant C\|\xi\|^2, C > 0.$$

再看特征方程

$$\det\begin{pmatrix} \lambda - a & b \\ b & \lambda - c \end{pmatrix} = \lambda^2 - (a+c)\lambda + ac - b^2,$$

它的判别式 $(a+c)^2 - 4(ac-b^2) \geqslant 0$ 一定有两个实特征值, 而且两个特征值都是正的当且仅当

$$a + c > 0, ac - b^2 > 0.$$

$ac - b^2 > 0$ 说明 $a, c$ 同号，再结合 $a + c > 0$，知这就是说 $a > 0$.

最后，顺序主子式分别是 $a, ac - b^2$，它们为正与之前的充要条件一致.

应用中常常要研究最值问题. 与一维情况一样，$f(x, y)$ 在有界闭区域 $D \in \mathbb{R}^2$ 中的最值若在内部取得，必为极值. 若在闭区域边界取得，这时候退化为边界上的一元问题 (边界上选一个变量作参数). 与此相应，开区域可能取不到最值.

**例 10.15** 求周长为 $2p$ 的三角形的最大面积.

**解** 考虑三角形两边长为 $x, y$，根据海伦公式，应在开区域 $D = \{(x, y) | x > 0, y > 0, x < p, y < p, x + y > p\}$ 上求下述函数的最大值:
$$f(x, y) = p(p - x)(p - y)(p - (2p - x - y))$$
$$= p(p - x)(p - y)(x + y - p).$$

求导可知
$$f_x = p(p - y)[p - (x + y) + p - x] = p(p - y)(2p - y - 2x).$$

同理，
$$f_y = p(p - x)(2p - x - 2y).$$

由极值的必要条件知
$$2p - y - 2x = 2p - x - 2y = 0.$$

解得
$$x_0 = y_0 = \frac{2}{3}p.$$

此时为等边三角形，由几何意义可知面积最大，为
$$S_{\max} = \sqrt{f(x_0, y_0)} = \frac{\sqrt{3}}{9}p^2.$$

**例 10.16 (最小二乘法)** 给定一组数据 $(x_1, y_1), \cdots, (x_n, y_n)$，试找出 $a, b$ 使得线性关系 $y = ax + b$ 最好地刻画 $x_i$ 与 $y_i$ 之间的关系，即使
$$F(a, b) = \sum_{i=1}^{n}(y(x_i) - y_i)^2 = \sum_{i=1}^{n}(ax_i + b - y_i)^2$$
最小.

**解** 求导可知:
$$F_a = 2\sum_{i=1}^{n} x_i(ax_i + b - y_i),$$
$$F_b = 2\sum_{i=1}^{n}(ax_i + b - y_i).$$

求解线性方程组

$$a\sum_{i=1}^n x_i^2 + b\sum_{i=1}^n x_i - \sum_{i=1}^n x_i y_i = 0,$$

$$a\sum_{i=1}^n x_i + nb - \sum_{i=1}^n y_i = 0,$$

即

$$\begin{pmatrix} \sum_{i=1}^n x_i^2 & \sum_{i=1}^n x_i \\ \sum_{i=1}^n x_i & n \end{pmatrix} \begin{pmatrix} a \\ b \end{pmatrix} = \begin{pmatrix} \sum_{i=1}^n x_i y_i \\ \sum_{i=1}^n y_i \end{pmatrix},$$

解为

$$\begin{pmatrix} a \\ b \end{pmatrix} = \frac{1}{n\sum_{i=1}^n x_i^2 - \left(\sum_{i=1}^n x_i\right)^2} \begin{pmatrix} n\sum_{i=1}^n x_i y_i - \sum_{i=1}^n x_i \sum_{i=1}^n y_i \\ -\sum_{i=1}^n x_i \sum_{i=1}^n x_i y_i + \sum_{i=1}^n x_i^2 \sum_{i=1}^n y_i \end{pmatrix}.$$

**例 10.17** 求函数 $u = \sin x + \sin y - \sin(x+y)$ 在 $D = \{x \geqslant 0, y \geqslant 0, x+y \leqslant 2\pi\}$ 上的最大值.

**解** 求导可得

$$u_x = \cos x - \cos(x+y) = 2\sin\frac{2x+y}{2}\sin\frac{y}{2},$$

$$u_y = \cos y - \cos(x+y) = 2\sin\frac{2y+x}{2}\sin\frac{x}{2}.$$

该方程组的根满足 (非边界)

$$\frac{2x+y}{2} = \pi, \quad \frac{2y+x}{2} = \pi,$$

即 $x = y = \dfrac{2\pi}{3}$.

边界上取不到比 $u\left(\dfrac{2\pi}{3}, \dfrac{2\pi}{3}\right)$ 更大的值, 故最大值为

$$u_{\max} = u\left(\frac{2\pi}{3}, \frac{2\pi}{3}\right) = \frac{3\sqrt{3}}{2}.$$

在一元函数极 (最) 值问题中, 我们要求对边界、极值类型等做细致分析和严格叙述, 多元情况下我们放松要求, 即可以通过几何、物理意义等做简要判断和说明即可.

### 10.7.2 条件极值

在上一节, 我们讨论过周长为 $2p$ 的三角形的最大面积. 利用海伦公式, 在假设了两边边长为 $x,y$ 的情况下, 把面积的平方以 $(x,y)$ 的二元函数表示出来, 进一步求极值点. 这里, 第三边是用 $2p-x-y$ 表示出来的, 所得函数表达式就失去了对称性. 我们改为考虑一个对称的三元函数

$$f(x,y,z) = p(p-x)(p-y)(p-z),$$

研究在 $x,y,z \in (0,p), g(x,y,z) = x+y+z-2p = 0$ 的限定条件下的极值 (最值).

当然, 如果由 $x+y+z = 2p$ 算出 $z = 2p-(x+y)$, 再代入 $f$ 得到

$$\varphi(x,y) = f(x,y,2p-(x+y)),$$

即为上一节的方法. 这种思路除了失去对称性, 也不具备一般性, 对一般的 $g(x,y,z) = 0$ 通常无法显式地以 $(x,y)$ 来表示 $z$.

我们转而考虑一个更多元的函数

$$F(x,y,z,\lambda) = p(p-x)(p-y)(p-z) + \lambda(2p-(x+y+z)).$$

如果形式地要求它的梯度 (即关于各个自变量的偏导数) 为 0, 就有

$$\begin{cases} \dfrac{\partial F}{\partial x} = -p(p-y)(p-z) + \lambda = 0, \\ \dfrac{\partial F}{\partial y} = -p(p-x)(p-z) + \lambda = 0, \\ \dfrac{\partial F}{\partial x} = -p(p-x)(p-y) + \lambda = 0, \\ \dfrac{\partial F}{\partial \lambda} = x+y+z-2p = 0. \end{cases}$$

由此解得 $x = y = z = \dfrac{2p}{3}$, 即我们之前得到过的等边三角形.

也就是说, 这种形式地求扩展函数的临界点的方法, 给出了原问题的临界点. 值得指出的是, 这样得到的临界点并非扩展后的函数的极值点, 其黑塞方阵为

$$H = \begin{pmatrix} 0 & p(p-z) & p(p-y) & 1 \\ p(p-z) & 0 & p(p-x) & 1 \\ p(p-y) & p(p-x) & 0 & 1 \\ 1 & 1 & 1 & 0 \end{pmatrix}.$$

在 $x=y=z=\dfrac{2p}{3}$ 点,
$$\operatorname{trace}(H)=0, \operatorname{rank}(H)\neq 0,$$
因此 $H$ 既不正定也不负定, 于是 $F(x,y,z,\lambda)$ 的临界点不仅不一定是 $f(x,y,z)$ 的极值点, 而且一般也不是 $F(x,y,z,\lambda)$ 的极值点, 但可以证明, $f(x,y,z)$ 的极值点一定是 $F(x,y,z,\lambda)$ 的临界点.

考虑一般的情况: 如有 $p$ 个限制条件, 通常可以解出 $p$ 个变量. 因此, 考虑目标函数 $f(x_1,\cdots x_m;y_1,\cdots y_p)$ 在条件
$$\begin{cases} g_1(x_1,\cdots x_m;y_1,\cdots y_p)=0,\\ \qquad\vdots\\ g_p(x_1,\cdots x_m;y_1,\cdots y_p)=0,\end{cases}$$
下的极值.

虽然未必能显式表示, 不妨记
$$(y_1,\cdots y_p)=(\varphi_1(x_1,\cdots x_m),\cdots,\varphi_p(x_1,\cdots x_m)),$$
以及约化后的函数
$$\widetilde{f}(x_1,\cdots x_m)=f(x_1,\cdots x_m,\varphi_1(x_1,\cdots x_m),\cdots,\varphi_p(x_1,\cdots x_m)).$$
由链式法则, 临界点处必满足
$$\begin{aligned}0&=\mathrm{d}\widetilde{f}\\ &=D_x\widetilde{f}_{1\times m}\cdot \mathrm{d}x_{m\times 1}\\ &=\left(D_xf_{1\times m}+D_yf_{1\times p}\cdot\frac{\partial(\varphi_1,\cdots\varphi_p)}{\partial(x_1,\cdots x_m)}\right)\cdot \mathrm{d}x_{m\times 1}.\end{aligned}$$
此即
$$D_xf+D_yf\cdot\frac{\partial\varphi}{\partial x}=0.$$
另一方面, 从隐函数定理的角度, 对 $g(x,y)=0$ 求微分得
$$D_xg\mathrm{d}x+D_yg\mathrm{d}y=0,$$
于是
$$\frac{\partial\varphi}{\partial x}=-(D_yg)^{-1}_{p\times p}D_xg_{p\times m},$$
代入前面的式子得到
$$D_xf-D_yf_{1\times p}\cdot((D_yg)^{-1}_{p\times p})\cdot D_xg=0.$$

如果取
$$\lambda = -D_y f \cdot (D_y g)^{-1},$$
即
$$D_y f + \lambda \cdot D_y g = 0,$$
前式就成为
$$D_x(f + \lambda \cdot g) = 0.$$

总之, 若定义
$$F(x, y, \lambda) = f(x, y) + \lambda \cdot g(x, y),$$
上面各式就相当于
$$F_x = F_y = F_\lambda = 0.$$

也就是说, 在 $g(x,y) = 0$ 条件下 $f(x,y)$ 的极值点必为 $F(x,y,\lambda)$ 的临界点. 称 $\lambda \in \mathbb{R}^p$ 为拉格朗日乘子.

**定理 10.12 (拉格朗日乘子法)** 若 $f, g_k \in C^1$, 且函数 $f$ 在约束条件 $g_k = 0\ (k = 1, \cdots, p)$ 下在 $(x_0, y_0)$ 达到极值, 则 $\exists \lambda^* \in \mathbb{R}^p$, 使得 $(x_0, y_0, \lambda^*)$ 为函数
$$F(x, y, \lambda) = f(x, y) + \lambda \cdot g(x, y) = f(x, y) + \sum_{i=1}^{p} \lambda_i g_i$$
的临界点.

拉格朗日乘子法可以这样来理解: 在限制条件 $g_k = 0\ (k = 1, \cdots, p)$ 下, 无论怎么取系数向量 $\lambda$, 函数 $f(x,y)$ 的极值与 $f(x,y) + \lambda \cdot g(x,y)$ 的极值都是完全相同的, 因此, 我们可以期待适当的系数向量选取 $\lambda = \lambda^*$, 使得特定的函数 $f(x,y) + \lambda^* \cdot g(x,y)$ 刚好在 $(x_0, y_0)$ 取得极值.

还可以进一步讨论约束极值的充分条件. 事实上, 泰勒展开给出
$$\begin{aligned}
&f(x_0 + h, y_0 + k) - f(x_0, y_0) \\
&= D_x f \cdot h + D_y f \cdot k + \frac{1}{2}(h, k)\begin{pmatrix} f_{xx} & f_{xy} \\ f_{yx} & f_{yy} \end{pmatrix}\begin{pmatrix} h^{\mathrm{T}} \\ k^{\mathrm{T}} \end{pmatrix} + o(\|(h,k)\|^2), \\
&0 = g(x_0 + h, y_0 + k) - g(x_0, y_0) \\
&= D_x g \cdot h + D_y g \cdot k + \frac{1}{2}(h, k)\begin{pmatrix} g_{xx} & g_{xy} \\ g_{yx} & g_{yy} \end{pmatrix}\begin{pmatrix} h^{\mathrm{T}} \\ k^{\mathrm{T}} \end{pmatrix} + o(\|(h,k)\|^2).
\end{aligned}$$

组合之后由
$$D_x f + \lambda^* D_x g = D_y f + \lambda^* D_y g = 0$$

可知

$$F(x_0+h, y_0+k, \lambda^*) - F(x_0, y_0, \lambda^*)$$
$$= \frac{1}{2}(h,k)\begin{pmatrix} F_{xx} & F_{xy} \\ F_{yx} & F_{yy} \end{pmatrix}\begin{pmatrix} h^T \\ k^T \end{pmatrix} + o(\|(h,k)\|^2).$$

**定理 10.13** 若 $f,g \in C^2, F = f + \lambda g$ 在其临界点 $(x_0, y_0, \lambda^*)$ 满足

$$\begin{pmatrix} F_{xx} & F_{xy} \\ F_{yx} & F_{yy} \end{pmatrix}$$

正(负)定,则 $f(x,y)$ 在 $(x_0,y_0)$ 取到约束条件 $g=0$ 下的极小(大)值.

**例 10.18** $4\mathrm{m}^3$ 的无盖长方体小桶,怎样设计用料最省?

**解** 无盖小桶的表面积和体积分别为

$$S(x,y,z) = xy + 2yz + 2xz, \quad V = xyz = 4.$$

令

$$F(x,y,z,\lambda) = S + \lambda V = xy + 2yz + 2xz + \lambda(xyz - 4),$$

则有

$$\begin{cases} F_x = y + 2z + \lambda yz = 0, \\ F_y = x + 2z + \lambda xz = 0, \\ F_z = 2x + 2y + \lambda xy = 0, \\ F_\lambda = xyz - 4 = 0. \end{cases}$$

解得 $x = y = 2, z = 1, \lambda = 12$.

由几何直观知此为最省设计.

**例 10.19** $A = (a_{ij})_{n \times n}$ 为对称矩阵,讨论二次型 $xAx^T$ 在 $\|x\| = 1$ 上的最大值和最小值.

**解** 令 $f(x,\lambda) = xAx^T - \lambda(\|x\|^2 - 1)$,则有

$$\begin{cases} \nabla_x F = 2Ax_0^T - 2\lambda x_0^T = 0, \\ \dfrac{\partial F}{\partial \lambda} = -x_0 x_0^T + 1 = 0. \end{cases}$$

因此,

$$\begin{cases} Ax_0^T = \lambda x_0^T, \\ x_0 x_0^T = 1. \end{cases}$$

故
$$f(x_0) = x_0 A x_0^{\mathrm{T}} = \lambda x_0 x_0^{\mathrm{T}} = \lambda \|x_0\|^2 = \lambda.$$

这里 $\lambda$ 是特征值, $x_0$ 是特征向量, 因此 $xAx^{\mathrm{T}}$ 在 $\|x\|=1$ 上的最值就是最大 (小) 特征值.

## 10.8 微分学的几何应用

本节讨论用微分学来刻画、研究三维空间中的曲线与曲面, 属于通常所说的古典微分几何部分.

在 $\mathbb{R}^3$ 中我们把点 $(x,y,z)$ 与向量 $\boldsymbol{r} = x\boldsymbol{i} + y\boldsymbol{j} + z\boldsymbol{k}$ 等同. 对于两个这样的向量
$$\boldsymbol{r}_1 = x_1 \boldsymbol{i} + y_1 \boldsymbol{j} + z_1 \boldsymbol{k}$$
和
$$\boldsymbol{r}_2 = x_2 \boldsymbol{i} + y_2 \boldsymbol{j} + z_2 \boldsymbol{k},$$
我们定义内积 (或称为数量积、点积)
$$\boldsymbol{r}_1 \cdot \boldsymbol{r}_2 = (\boldsymbol{r}_1, \boldsymbol{r}_2) = x_1 x_2 + y_1 y_2 + z_1 z_2,$$
和外积 (或称为向量积、叉积)
$$\boldsymbol{r}_1 \times \boldsymbol{r}_2 = [\boldsymbol{r}_1, \boldsymbol{r}_2] = \begin{vmatrix} \boldsymbol{i} & \boldsymbol{j} & \boldsymbol{k} \\ x_1 & y_1 & z_1 \\ x_2 & y_2 & z_2 \end{vmatrix}.$$

### 10.8.1 曲线的切线与曲面的切平面

平面曲线 $y = f(x)$ 在可微点 $(x_0, y_0)$ 处切线为
$$y - y_0 = f'(x_0)(x - x_0).$$
对于参数曲线 $x = x(t), y = y(t)$, 相应的切线为
$$\frac{y - y(t_0)}{y'(t_0)} = \frac{x - x(t_0)}{x'(t_0)}.$$

在 $\mathbb{R}^3$ 中, 曲线的表示方式有两种: 单参数的表达式 $\boldsymbol{r} = \boldsymbol{r}(t)$, 以及作为两个曲面交线的表达式 $F(\boldsymbol{r}) = G(\boldsymbol{r}) = 0$. 同样, 切线作为直线也有两种表达式, 即单参的表达式
$$\boldsymbol{r} = \boldsymbol{r}_0 + \boldsymbol{A}(t - t_0),$$

以及平面交线的表达式

$$\begin{cases} a_1 x + b_1 y + c_1 z = d_1, \\ a_2 x + b_2 y + c_2 z = d_2. \end{cases}$$

先从曲线的单参表达式出发. 若向量值函数 $\boldsymbol{r}(t)$ 在 $t_0$ 处可微, 我们有微分表达式

$$\mathrm{d}\boldsymbol{r} = \boldsymbol{r}'(t_0)\mathrm{d}t,$$

根据定义它是指

$$\boldsymbol{r}(t) - \boldsymbol{r}(t_0) = \boldsymbol{r}'(t_0)(t - t_0) + o(t - t_0).$$

因此, $\boldsymbol{r}_0 = \boldsymbol{r}(t_0)$ 处曲线最好的线性近似为

$$\boldsymbol{r} = \boldsymbol{r}(t_0) + \boldsymbol{r}'(t_0)(t - t_0),$$

此即切线方程. 它也可写为

$$\frac{x - x(t_0)}{x'(t_0)} = \frac{y - y(t_0)}{y'(t_0)} = \frac{z - z(t_0)}{z'(t_0)}.$$

另一方面, 如果曲线表示为两个曲面的交线

$$F(\boldsymbol{r}) = G(\boldsymbol{r}) = 0,$$

且

$$F(\boldsymbol{r}_0) = G(\boldsymbol{r}_0) = 0,$$

若函数 $F(\boldsymbol{r}), G(\boldsymbol{r})$ 可微, 我们可以知道局部有

$$DF(\boldsymbol{r}_0) \cdot (\boldsymbol{r} - \boldsymbol{r}_0) = o(\boldsymbol{r} - \boldsymbol{r}_0),$$
$$DG(\boldsymbol{r}_0) \cdot (\boldsymbol{r} - \boldsymbol{r}_0) = o(\boldsymbol{r} - \boldsymbol{r}_0).$$

扔掉右端无穷小量, 即线性化得到

$$DF(\boldsymbol{r}_0) \cdot (\boldsymbol{r} - \boldsymbol{r}_0) = 0,$$
$$DG(\boldsymbol{r}_0) \cdot (\boldsymbol{r} - \boldsymbol{r}_0) = 0.$$

这就是说, $\boldsymbol{r} - \boldsymbol{r}_0$ 与 $DF, DG$ 正交. 若 $DF, DG$ 不平行, 那么

$$(\boldsymbol{r} - \boldsymbol{r}_0) // DF(\boldsymbol{r}_0) \times DG(\boldsymbol{r}_0) = \begin{vmatrix} \boldsymbol{i} & \boldsymbol{j} & \boldsymbol{k} \\ F_x & F_y & F_z \\ G_x & G_y & G_z \end{vmatrix}.$$

也就是说, 切线可表示为

$$r = r_0 + \begin{vmatrix} i & j & k \\ F_x & F_y & F_z \\ G_x & G_y & G_z \end{vmatrix} (t - t_0),$$

或者满足方程

$$\frac{x - x_0}{\begin{vmatrix} F_y & F_z \\ G_y & G_z \end{vmatrix}} = \frac{y - y_0}{\begin{vmatrix} F_z & F_x \\ G_z & G_x \end{vmatrix}} = \frac{z - z_0}{\begin{vmatrix} F_x & F_y \\ G_x & G_y \end{vmatrix}},$$

即

$$\frac{x - x_0}{\left. \frac{\partial(F,G)}{\partial(y,z)} \right|_{r_0}} = \frac{y - y_0}{\left. \frac{\partial(F,G)}{\partial(z,x)} \right|_{r_0}} = \frac{z - z_0}{\left. \frac{\partial(F,G)}{\partial(x,y)} \right|_{r_0}}.$$

当然, 如果式中某项分母为 0, 则相应的表达式应写成分子为 0.

我们如果解前述线性化表达式给出的方程组, 也会得到一样的结果. 另外, 上述分母非 0 以及 $F(r), G(r)$ 可微恰是隐函数定理成立的条件. 例如, 若 $\frac{\partial(F,G)}{\partial(y,z)} \neq 0$, 则

$$DF(r_0) \cdot dr = 0, DG(r_0) \cdot dr = 0$$

给出的线性方程组

$$\begin{cases} F_y dy + F_z dz = -F_x dx, \\ G_y dy + G_z dz = -G_x dx \end{cases}$$

有解

$$\begin{bmatrix} dy \\ dz \end{bmatrix} = - \begin{bmatrix} F_y & F_z \\ G_y & G_z \end{bmatrix}^{-1} \begin{bmatrix} F_x \\ G_x \end{bmatrix} dx = \begin{bmatrix} \frac{\partial(F,G)}{\partial(z,x)} \\ \frac{\partial(F,G)}{\partial(x,y)} \end{bmatrix} \frac{dx}{\left| \frac{\partial(F,G)}{\partial(y,z)} \right|}.$$

于是局部存在函数 $r = r(t)$, 满足 $r(t_0) = r_0$ 以及

$$F(r(t)) = G(r(t)) = 0.$$

而切线方程也与上面推导的一致.

我们再来研究曲面的切平面与法线.

一般而言, 曲面可表示为双参数的形式 $r = r(u, v)$, 即

$$x = x(u,v), y = y(u,v), z = z(u,v).$$

这里要求 $r_u \times r_v \neq 0$. 在点 $r_0 = r(u_0, v_0)$ 处, 从微分的定义知道切平面为

$$r = r_0 + r_u(u_0, v_0)(u - u_0) + r_v(u_0, v_0)(v - v_0),$$

于是 $r - r_0$ 在 $r_u, r_v$ 张成的平面上, 有

$$(r - r_0, r_u \times r_v) = (r - r_0, r_u, r_v) = 0.$$

此即 $r - r_0, r_u, r_v$ 所围成平行六面体体积为 0.

此外, $(r - r_0) \perp (r_u \times r_v)$, 因此该切平面的法线方向为 $r_u \times r_v$, 而法线为

$$\frac{x - x_0}{\left.\frac{\partial(y,z)}{\partial(u,v)}\right|_{r_0}} = \frac{y - y_0}{\left.\frac{\partial(z,x)}{\partial(u,v)}\right|_{r_0}} = \frac{z - z_0}{\left.\frac{\partial(x,y)}{\partial(u,v)}\right|_{r_0}}.$$

另一方面, 曲面也可表示为隐式的, 即 $F(r) = 0$.

若 $\nabla_r F(r_0) \neq 0$, 则由微分定义知道切平面为

$$\nabla_r F(r_0) \cdot (r - r_0) = 0,$$

因此法线方向为 $\nabla_r F(r_0)$.

**例 10.20** 求椭球面 $\dfrac{x^2}{a^2} + \dfrac{y^2}{b^2} + \dfrac{z^2}{c^2} = 1$ 的切平面.

**解** (1) 切平面为

$$\frac{x_0}{a^2}(x - x_0) + \frac{y_0}{b^2}(y - y_0) + \frac{z_0}{c^2}(z - z_0) = 0,$$

即

$$\frac{x_0 x}{a^2} + \frac{y_0 y}{b^2} + \frac{z_0 z}{c^2} = 1.$$

(2) 若以参数表示,

$$x = a\cos\varphi\cos\theta, y = b\sin\varphi\cos\theta, z = c\sin\theta,$$

则切平面方程为

$$0 = \begin{vmatrix} x - x_0 & y - y_0 & z - z_0 \\ -a\sin\varphi_0\cos\theta_0 & b\cos\varphi_0\cos\theta_0 & 0 \\ -a\cos\varphi_0\sin\theta_0 & -b\sin\varphi_0\sin\theta_0 & c\cos\theta_0 \end{vmatrix}.$$

容易验算, 这和前述结果是一致的.

### 10.8.2 曲线的曲率与挠率，弗雷奈公式

三维空间中的曲线，我们以曲率刻画其弯曲程度，以挠率刻画其扭曲程度。

我们知道，曲线是一个几何对象，应该既不依赖于单参数表达式中的参数选择，也不依赖于坐标系的选择. 为了验证和描述这样的几何对象，我们采用微分的工具，进行古典微分几何意义下的分析. 这也是多元微分的一个典型而重要的应用.

**引理 10.2** (1) $\dfrac{\mathrm{d}}{\mathrm{d}t}(\boldsymbol{r}_1(t) \cdot \boldsymbol{r}_2(t)) = \dfrac{\mathrm{d}}{\mathrm{d}t}\boldsymbol{r}_1(t) \cdot \boldsymbol{r}_2(t) + \boldsymbol{r}_1(t) \cdot \dfrac{\mathrm{d}}{\mathrm{d}t}\boldsymbol{r}_2(t);$

(2) 由曲线 $\boldsymbol{r}(t)$ 定义的向量当 $t$ 变化时保持定长的充要条件是 $\boldsymbol{r}(t) \cdot \boldsymbol{r}'(t) = 0$；

(3) 若 $\|\boldsymbol{r}(t)\| = 1$，则 $\|\boldsymbol{r}'(t)\|$ 表示向量 $\boldsymbol{r}(t)$ 转动的角度相对于参数 $t$ 的变化率.

**证明** (1) 略.

(2) 向量长度 $l(t) = \sqrt{\boldsymbol{r}(t) \cdot \boldsymbol{r}(t)}$ 不变，等价于
$$\frac{\mathrm{d}l^2(t)}{\mathrm{d}t} = 2\frac{\mathrm{d}\boldsymbol{r}(t)}{\mathrm{d}t} \cdot \boldsymbol{r}(t) = 0.$$

(3) 注意到当 $t$ 改变 $\Delta t$ 时，造成角度的变化量为 (参见图 10.8)
$$\Delta\theta = 2\arcsin\frac{\|\boldsymbol{r}(t+\Delta t) - \boldsymbol{r}(t)\|}{2},$$

因此，计算可得
$$\lim_{\Delta t \to 0}\left|\frac{\Delta\theta}{\Delta t}\right| = \lim_{\Delta t \to 0}\left|\frac{2\arcsin\dfrac{\|\boldsymbol{r}(t+\Delta t) - \boldsymbol{r}(t)\|}{2}}{\Delta t}\right|$$
$$= \lim_{\Delta t \to 0}\left|\frac{\|\boldsymbol{r}(t+\Delta t) - \boldsymbol{r}(t)\|}{\Delta t}\right|$$
$$= \|\boldsymbol{r}'(t)\|.$$

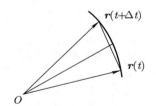

图 10.8 单位向量的旋转角度

曲线可以用不同的参数表达式，这样得到的各阶导数也就与参变量选择有关. 另一方面，曲线是一个几何对象，它的各种性质应当是几何的，不依赖于参数选择的. 如何找到一个"几何"的刻画，是一个基本的问题.

## 10.8 微分学的几何应用

为此首先分析曲线在一点处的切向量. 设曲线的一个参数表达式为 $\boldsymbol{r}=\boldsymbol{r}(t)$, 且 $\boldsymbol{r}(t_0)=\boldsymbol{r}_0$. 如前所述, 其切线为

$$\boldsymbol{r}=\boldsymbol{r}_0+\boldsymbol{r}'(t_0)(t-t_0),$$

切线方向为

$$\boldsymbol{T}=\frac{\boldsymbol{r}'(t_0)}{\|\boldsymbol{r}'(t_0)\|},$$

我们称之为单位切向量. 如果换一个参变量 $u$, 它与 $t$ 的关系为 $t=t(u)$, 那么切向量为

$$\begin{aligned}\boldsymbol{T}&=\frac{\boldsymbol{r}'(t(u_0))t'(u_0)}{\|\boldsymbol{r}'(t(u_0))t'(u_0)\|}\\&=\frac{\boldsymbol{r}'(t_0)}{\|\boldsymbol{r}'(t_0)\|}\cdot\frac{t'(u_0)}{|t'(u_0)|}\\&=\pm\frac{\boldsymbol{r}'(t_0)}{\|\boldsymbol{r}'(t_0)\|}.\end{aligned}$$

我们看到, 在相差一个符号 (即正反向) 的意义下, 单位切向量是唯一的. 换言之, 单位切向量不依赖于参数的选择.

为了进一步去除函数表示的参变量相关性, 我们采用一个几何变量为自变量, 即弧长参数.

任选一个参数表示, 取定起点 $\boldsymbol{r}(t_0)$, 则弧长为

$$s=\int_{t_0}^t\|\boldsymbol{r}'(t)\|\mathrm{d}t.$$

如果我们另选一种参变量 $u$, 并设 $t=t(u)$ 单调递增 (即曲线的方向不改变), 则参数表示为

$$\boldsymbol{r}(u)=\boldsymbol{r}(t(u)),$$

于是弧长为

$$\begin{aligned}s&=\int_{u_0}^u\|\boldsymbol{r}'(u)\|\mathrm{d}u\\&=\int_{u_0}^u\|\boldsymbol{r}'(t)t'(u)\|\mathrm{d}u\\&=\int_{u_0}^u\|\boldsymbol{r}'(t)\|t'(u)\mathrm{d}u\\&=\int_{t_0}^t\|\boldsymbol{r}'(t)\|\mathrm{d}t.\end{aligned}$$

因此, 在选定起点后, 弧长表示是唯一的, 不依赖于参数选取. 称 $s$ 为自然参数. 以下把对 $s$ 的求导用上加点表示, 如 $\dot{r} = \dfrac{dr}{ds}$.

注意到弧长参数的取法, 切向量 $\dot{r}$ 为单位向量, 通常记为 $T = \dot{r}$. 事实上,

$$\left\|\frac{dr}{ds}\right\| = \left\|\frac{dr}{dt}\frac{dt}{ds}\right\| = \left\|\frac{dr}{dt}\right\|/\left\|\frac{ds}{dt}\right\| = \left\|\frac{dr}{dt}\right\|/\left\|\frac{dr}{dt}\right\| = 1.$$

我们对单位切向量 $T$ 关于弧长求导, 得到的向量为 $\dot{T} = \ddot{r}$. 由于切向量长度不变, 由前述引理得知, $T \cdot \dot{T} = 0$, 即向量 $\dot{T}$ 与切向量垂直, 而 $\kappa = \|\dot{T}\|$ 表示单位切向量 $T$ 关于 $s$ 的转动速率, 称为曲率, 并定义曲率半径 $\rho = \dfrac{1}{\kappa}$.

$\dot{T}$ 对应的单位向量 $N = \dfrac{\dot{T}}{\kappa}$ 称为主法 (normal) 向量.

进一步定义单位向量 $B = T \times N$ 为副法 (bi-normal) 向量. 若曲线不含平直点, 即 $\kappa \neq 0$, 则在每点处都定义好了一个局部的正交坐标系, 我们称 $\{T, N, B\}$ 为曲线的弗雷奈 (Frenet) 标架. 在曲线上不同的点, 标架也是不同的. 而且, 这三个相互正交的向量两两构成一个平面, 分别称为密切平面 $(T, N)$、从切平面 $(T, B)$、法平面 $(N, B)$.

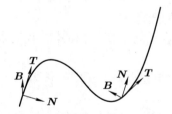

图 10.9  曲线上的弗雷奈标架

若曲线的某一段上 $\kappa(s) = 0$, 则 $\dot{T}(s) = 0$, 于是 $T(s) = l$ 为常向量, 即 $\dot{r}(s) = l$. 积分得

$$r(s) = r_0 + (s - s_0)l,$$

于是这段曲线为直线. 由此可见, 曲线局部是平直的等价于曲率 $\kappa(s) = 0$.

如上所述, 弗雷奈标架为局部正交坐标系, 它如何随着曲线上点的改变而改变, 就刻画了曲线本身的性质, 见图 10.9.

**定理 10.14 (弗雷奈公式)** 对于足够光滑的曲线, 其切向量、主法向量和副法向量满足

$$\begin{cases} \dot{T} = \kappa N, \\ \dot{N} = -\kappa T + \tau B, \\ \dot{B} = -\tau N. \end{cases}$$

**证明** 对于任何规范正交标架 $\{e_1(t), e_2(t), e_3(t)\}$，将其导数按这组基展开，即

$$\begin{cases} e_1'(t) = \omega_{11} e_1 + \omega_{12} e_2 + \omega_{13} e_3, \\ e_2'(t) = \omega_{21} e_1 + \omega_{22} e_2 + \omega_{23} e_3, \\ e_3'(t) = \omega_{31} e_1 + \omega_{32} e_2 + \omega_{33} e_3. \end{cases}$$

因为 $(e_i(t), e_j(t)) = \delta_{ij}$，故

$$(e_i'(t), e_j(t)) + (e_i(t), e_j'(t)) = \omega_{ij} + \omega_{ji} = 0.$$

因此 $(\omega_{ij})$ 为反对称阵．

对于弧长参数，由于 $\dot{T}(s) = \kappa N$，故若我们设 $\omega_{23} = \tau$，就得到弗雷奈公式．

注意到 $\dot{B} = -\tau N$，而 $B$ 为密切平面的法向量，故 $\tau$ 刻画了密切平面相对于弧长的扭动速率，即偏离平面的程度，称为挠率．

**例 10.21** 若一段曲线上无平直点 ($\kappa \neq 0$)，则此段曲线为平面曲线当且仅当 $\tau = 0$．

**证明** (1) 若曲线为平面曲线，则 $T$ 与 $N$ 均在此平面上，于是 $B$ 为此曲面的法线，为常向量，因此 $\dot{B} = 0$．于是 $\tau = 0$．

(2) 若 $\tau = 0$，则 $\dot{B} = 0$，即 $B$ 为常向量．于是

$$\mathrm{d}(B \cdot r(s))/\mathrm{d}s = B \cdot T = 0,$$

因此，$B \cdot r(s)$ 为常数，$r$ 在以 $B$ 为法线的平面上．

我们注意到对平面曲线有

$$\dot{T} = \kappa N, \dot{N} = -\kappa T.$$

对于空间曲线，下面推导其曲率和挠率的计算公式．
注意到

$$\ddot{r} = \dot{T}(s) = \kappa N,$$

因此 $\kappa = \|\ddot{r}\|$．再求导一次并利用弗雷奈公式可得

$$\dddot{r}(s) = \dot{\kappa} N + \kappa \dot{N} = \dot{\kappa} N + \kappa(-\kappa T + \tau B) = -\kappa^2 T + \dot{\kappa} N + \kappa\tau B.$$

点乘 $B$ 可得

$$\tau = \frac{\dddot{r} \cdot B}{\kappa} = \frac{\dddot{r} \cdot T \times N}{\kappa} = \frac{\dddot{r} \cdot \dot{r} \times \ddot{r}}{\kappa^2} = \frac{(\dot{r}, \ddot{r}, \dddot{r})}{\|\ddot{r}\|^2}.$$

对于一般的参数表示 $\boldsymbol{r} = \boldsymbol{r}(t)$, 不妨设 $\dfrac{\mathrm{d}s}{\mathrm{d}t} > 0$, 由链式法则推得

$$\boldsymbol{r}' = \dot{\boldsymbol{r}} \frac{\mathrm{d}s}{\mathrm{d}t},$$

$$\boldsymbol{r}'' = \ddot{\boldsymbol{r}} \left(\frac{\mathrm{d}s}{\mathrm{d}t}\right)^2 + \dot{\boldsymbol{r}} \frac{\mathrm{d}^2 s}{\mathrm{d}t^2},$$

$$\boldsymbol{r}''' = \dddot{\boldsymbol{r}} \left(\frac{\mathrm{d}s}{\mathrm{d}t}\right)^3 + 3\ddot{\boldsymbol{r}} \frac{\mathrm{d}s}{\mathrm{d}t} \frac{\mathrm{d}^2 s}{\mathrm{d}t^2} + \dot{\boldsymbol{r}} \frac{\mathrm{d}^3 s}{\mathrm{d}t^3},$$

于是, 有

$$\|\boldsymbol{r}'\| = \frac{\mathrm{d}s}{\mathrm{d}t},$$

$$\|\boldsymbol{r}' \times \boldsymbol{r}''\| = \|\dot{\boldsymbol{r}} \times \ddot{\boldsymbol{r}}\| \left(\frac{\mathrm{d}s}{\mathrm{d}t}\right)^3 = \|\kappa \boldsymbol{B}\| \left\|\frac{\mathrm{d}s}{\mathrm{d}t}\right\|^3 = \kappa \left\|\frac{\mathrm{d}s}{\mathrm{d}t}\right\|^3.$$

因此

$$\kappa = \frac{\|\boldsymbol{r}' \times \boldsymbol{r}''\|}{\|\boldsymbol{r}'\|^3}.$$

我们进一步计算 (除去线性相关项)

$$(\boldsymbol{r}', \boldsymbol{r}'', \boldsymbol{r}''') = \left(\dot{\boldsymbol{r}} \frac{\mathrm{d}s}{\mathrm{d}t}, \ddot{\boldsymbol{r}} \left(\frac{\mathrm{d}s}{\mathrm{d}t}\right)^2, \dddot{\boldsymbol{r}} \left(\frac{\mathrm{d}s}{\mathrm{d}t}\right)^6\right)$$

$$= \left(\frac{\mathrm{d}s}{\mathrm{d}t}\right)^3 (\dot{\boldsymbol{r}}, \ddot{\boldsymbol{r}}, \dddot{\boldsymbol{r}})$$

$$= \kappa^2 \tau \left(\frac{\mathrm{d}s}{\mathrm{d}t}\right)^6$$

$$= \|\boldsymbol{r}' \times \boldsymbol{r}''\|^2 \tau.$$

这样, 我们就得到

$$\tau = \frac{(\boldsymbol{r}', \boldsymbol{r}'', \boldsymbol{r}''')}{\|\boldsymbol{r}' \times \boldsymbol{r}''\|^2}.$$

下面举例加以说明. 对于平面圆 $(x, y, z) = (a\cos t, a\sin t, 0)$, 弧长参数可定义为

$$s = \int_0^t \sqrt{(-a\sin t)^2 + (a\cos t)^2} \mathrm{d}t = at.$$

在弧长参数下, 曲线可表示为

$$\boldsymbol{r}(s) = \left(a\cos\frac{s}{a}, a\sin\frac{s}{a}, 0\right).$$

单位切向量为
$$\boldsymbol{T}(s) = \dot{\boldsymbol{r}}(s) = \left(-\sin\frac{s}{a}, \cos\frac{s}{a}, 0\right).$$
进一步求导得到
$$\dot{\boldsymbol{T}}(s) = \ddot{\boldsymbol{r}}(s) = \frac{1}{a}\left(-\cos\frac{s}{a}, -\sin\frac{s}{a}, 0\right).$$
于是, 曲率为 $\kappa = \dfrac{1}{a}$, 曲率半径为 $\rho = \dfrac{1}{\kappa} = a$, 而主法向量为
$$\boldsymbol{N}(s) = \left(-\cos\frac{s}{a}, -\sin\frac{s}{a}, 0\right),$$
副法向量为
$$\boldsymbol{B} = \boldsymbol{T} \times \boldsymbol{N} = (0, 0, 1).$$
再如, 对椭圆 $(x, y, z) = (a\cos\theta, b\sin\theta, 0)$, 我们计算得到
$$\boldsymbol{r}' = (-a\sin\theta, b\cos\theta, 0),$$
$$\boldsymbol{r}'' = (-a\cos\theta, -b\sin\theta, 0),$$
于是
$$\kappa = \frac{\|(-a\sin\theta, b\cos\theta, 0) \times (-a\cos\theta, -b\sin\theta, 0)\|}{\|(-a\sin\theta, b\cos\theta, 0)\|^3}$$
$$= \frac{ab}{\left(\sqrt{a^2\sin^2\theta + b^2\cos^2\theta}\right)^3},$$
曲率半径为
$$\rho = \frac{\left(\sqrt{a^2\sin^2\theta + b^2\cos^2\theta}\right)^3}{ab}.$$
又如, 对于曲线运动 $\boldsymbol{r}(t)$, 其中 $t$ 为时间, 我们有速度
$$\boldsymbol{v} = \frac{\mathrm{d}\boldsymbol{r}}{\mathrm{d}t} = \frac{\mathrm{d}\boldsymbol{r}}{\mathrm{d}s}\frac{\mathrm{d}s}{\mathrm{d}t} = \boldsymbol{T}v,$$
其中标量 $v = \dfrac{\mathrm{d}s}{\mathrm{d}t}$ 为速率.

加速度为
$$\boldsymbol{a} = \frac{\mathrm{d}\boldsymbol{T}}{\mathrm{d}t}v + \boldsymbol{T}\frac{\mathrm{d}v}{\mathrm{d}t}$$
$$= \frac{\mathrm{d}\boldsymbol{T}}{\mathrm{d}s}\frac{\mathrm{d}s}{\mathrm{d}t}v + \boldsymbol{T}\frac{\mathrm{d}v}{\mathrm{d}t}$$
$$= \kappa v^2 \boldsymbol{N} + \boldsymbol{T}\frac{\mathrm{d}v}{\mathrm{d}t}$$
$$= \frac{v^2}{\rho}\boldsymbol{N} + \boldsymbol{T}\frac{\mathrm{d}v}{\mathrm{d}t},$$
其中第一项为相应于圆周运动的法向加速度, 第二项为切向加速度.

### 10.8.3 曲面的第一和第二基本形式

我们考虑曲面 $\boldsymbol{r} = \boldsymbol{r}(u, v)$, 其上任意一条曲线可以表示为

$$\boldsymbol{r} = \boldsymbol{r}(u(t), v(t)),$$

其微分为

$$\mathrm{d}\boldsymbol{r} = \boldsymbol{r}_u \mathrm{d}u + \boldsymbol{r}_v \mathrm{d}v.$$

该式形式上与曲线的具体表达式无关. 进一步, 计算曲线弧长

$$\begin{aligned}\mathrm{d}s^2 &= \|\mathrm{d}\boldsymbol{r}\|^2 \\ &= (\mathrm{d}\boldsymbol{r}, \mathrm{d}\boldsymbol{r}) \\ &= (\boldsymbol{r}_u \mathrm{d}u + \boldsymbol{r}_v \mathrm{d}v, \boldsymbol{r}_u \mathrm{d}u + \boldsymbol{r}_v \mathrm{d}v) \\ &= E \mathrm{d}u^2 + 2F \mathrm{d}u \mathrm{d}v + G \mathrm{d}v^2,\end{aligned}$$

其中, $E = (\boldsymbol{r}_u, \boldsymbol{r}_u), F = (\boldsymbol{r}_u, \boldsymbol{r}_v), G = (\boldsymbol{r}_v, \boldsymbol{r}_v)$.

上述基本形式完全由曲面本身决定, 刻画了曲面的度量性质. 曲面上不同的曲线, 其特殊性由 $(u, v) = (u(t), v(t))$ 的具体表达式表现出来. 而这种形式完全是曲面本身的性质. 因此, 我们称二次型

$$I(\mathrm{d}u, \mathrm{d}v) = E \mathrm{d}u^2 + 2F \mathrm{d}u \mathrm{d}v + G \mathrm{d}v^2$$

为曲面的第一基本形式.

于是, 该曲面上的曲线弧长由

$$\mathrm{d}s = \sqrt{I(\mathrm{d}u, \mathrm{d}v)}$$

给出, 即

$$s = s_0 + \int_{t_0}^{t} \sqrt{I\left(\frac{\mathrm{d}u}{\mathrm{d}t}, \frac{\mathrm{d}v}{\mathrm{d}t}\right)} \mathrm{d}t.$$

**例 10.22** 求圆柱

$$\boldsymbol{r}(\theta, z) = (a\cos\theta, a\sin\theta, z)$$

的第一基本形式.

**解** 计算可得,

$$\boldsymbol{r}_\theta = (-a\sin\theta, a\cos\theta, 0), \boldsymbol{r}_z = (0, 0, 1),$$

因此

$$E = a^2, F = 0, G = 1,$$

第一基本形式为

$$I(\mathrm{d}\theta, \mathrm{d}z) = a^2 \mathrm{d}\theta^2 + \mathrm{d}z^2.$$

作为特例, 考察螺旋线 $(\theta, z) = (t, t)$, 其长度微元为 $\mathrm{d}s = \sqrt{a^2+1}\mathrm{d}t$, 这由柱面展开成平面可以验证 (参见图 10.10).

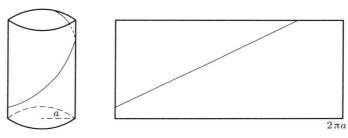

图 10.10　圆柱上的曲线, 右边为展开之后的图形

下面, 我们研究曲面上空间曲线的曲率. 注意到

$$\ddot{\boldsymbol{r}} = \kappa \boldsymbol{N} = \frac{\boldsymbol{N}}{\rho}.$$

我们以弧长参数来表示曲线 $(u, v) = (u(s), v(s))$, 则对

$$\dot{\boldsymbol{r}} = \boldsymbol{r}_u \frac{\mathrm{d}u}{\mathrm{d}s} + \boldsymbol{r}_v \frac{\mathrm{d}v}{\mathrm{d}s}$$

求导可得

$$\ddot{\boldsymbol{r}} = \boldsymbol{r}_{uu} \left(\frac{\mathrm{d}u}{\mathrm{d}s}\right)^2 + 2\boldsymbol{r}_{uv} \frac{\mathrm{d}u}{\mathrm{d}s}\frac{\mathrm{d}v}{\mathrm{d}s} + \boldsymbol{r}_{vv} \left(\frac{\mathrm{d}v}{\mathrm{d}s}\right)^2 + \boldsymbol{r}_u \frac{\mathrm{d}^2 u}{\mathrm{d}s^2} + \boldsymbol{r}_v \frac{\mathrm{d}^2 v}{\mathrm{d}s^2}.$$

曲面的单位法向量为

$$\boldsymbol{n} = \frac{\boldsymbol{r}_u \times \boldsymbol{r}_v}{\|\boldsymbol{r}_u \times \boldsymbol{r}_v\|},$$

前式点乘 $\boldsymbol{n}$ 得到

$$\boldsymbol{n} \cdot \ddot{\boldsymbol{r}} = \boldsymbol{n} \cdot \boldsymbol{r}_{uu} \left(\frac{\mathrm{d}u}{\mathrm{d}s}\right)^2 + 2\boldsymbol{n} \cdot \boldsymbol{r}_{uv} \frac{\mathrm{d}u}{\mathrm{d}s}\frac{\mathrm{d}v}{\mathrm{d}s} + \boldsymbol{n} \cdot \boldsymbol{r}_{vv} \left(\frac{\mathrm{d}v}{\mathrm{d}s}\right)^2$$
$$= \frac{L\mathrm{d}u^2 + 2M\mathrm{d}u\mathrm{d}v + N\mathrm{d}v^2}{\mathrm{d}s^2},$$

其中
$$L = \boldsymbol{n} \cdot \boldsymbol{r}_{uu} = \frac{(\boldsymbol{r}_u, \boldsymbol{r}_v, \boldsymbol{r}_{uu})}{\|\boldsymbol{r}_u \times \boldsymbol{r}_v\|},$$
$$M = \boldsymbol{n} \cdot \boldsymbol{r}_{uv} = \frac{(\boldsymbol{r}_u, \boldsymbol{r}_v, \boldsymbol{r}_{uv})}{\|\boldsymbol{r}_u \times \boldsymbol{r}_v\|},$$
$$N = \boldsymbol{n} \cdot \boldsymbol{r}_{vv} = \frac{(\boldsymbol{r}_u, \boldsymbol{r}_v, \boldsymbol{r}_{vv})}{\|\boldsymbol{r}_u \times \boldsymbol{r}_v\|}.$$

我们称
$$II(\mathrm{d}u, \mathrm{d}v) = L\mathrm{d}u^2 + 2M\mathrm{d}u\mathrm{d}v + N\mathrm{d}v^2$$
为曲面的第二基本形式. 它与曲面的第一基本形式一起,确定了曲面的弯曲程度,即
$$\boldsymbol{n} \cdot \ddot{\boldsymbol{r}} = \frac{II(\mathrm{d}u, \mathrm{d}v)}{I(\mathrm{d}u, \mathrm{d}v)}.$$

例如,对于前述柱面,我们计算可得
$$\boldsymbol{r}_\theta \times \boldsymbol{r}_z = \begin{vmatrix} \boldsymbol{i} & \boldsymbol{j} & \boldsymbol{k} \\ -a\sin\theta & a\cos\theta & 0 \\ 0 & 0 & 1 \end{vmatrix} = (a\cos\theta, a\sin\theta, 0),$$

故法方向为 $\boldsymbol{n} = (\cos\theta, \sin\theta, 0)$. 于是,由
$$\boldsymbol{r}_{\theta\theta} = (-a\cos\theta, -a\sin\theta, 0),$$
$$\boldsymbol{r}_{\theta z} = (0, 0, 0),$$
$$\boldsymbol{r}_{zz} = (0, 0, 0),$$

其第二基本形式为
$$II(\mathrm{d}\theta, \mathrm{d}z) = -a\mathrm{d}\theta^2,$$

且
$$\boldsymbol{n} \cdot \ddot{\boldsymbol{r}} = \frac{-a\mathrm{d}\theta^2}{a^2\mathrm{d}\theta^2 + \mathrm{d}z^2}.$$

我们定义曲线沿方向 $(\mathrm{d}u, \mathrm{d}v)$ 的法曲率为
$$\kappa_\mathrm{n} = \boldsymbol{n} \cdot \ddot{\boldsymbol{r}} = \|\ddot{\boldsymbol{r}}\|\cos\psi,$$

其中 $\psi$ 为 $\boldsymbol{n}$ 与 $\ddot{\boldsymbol{r}}$ 的夹角[①]. 相应地,沿方向 $(\mathrm{d}u, \mathrm{d}v)$ 法曲率半径定义为
$$\rho_n = \frac{1}{\kappa_\mathrm{n}} = \frac{\rho}{\cos\psi}.$$

---

[①]注意这里 $\boldsymbol{r}$ 是曲线的性质,而 $\boldsymbol{n}$ 是曲面的性质.

还是以螺旋线为例, 我们有

$$\boldsymbol{n} \cdot \ddot{\boldsymbol{r}} = -\frac{a}{a^2+1},$$

而

$$\ddot{\boldsymbol{r}} = \frac{\boldsymbol{r}''}{a^2+1} = \frac{(-a\cos t, -a\sin t, 0)}{a^2+1},$$

因此

$$\|\ddot{\boldsymbol{r}}\| = \frac{a}{a^2+1},$$

而夹角为 $\psi = \pi$. 事实上, 前面我们算过 $\boldsymbol{n} = (\cos t, \sin t, 0)$, 与 $\ddot{\boldsymbol{r}}$ 反向.

我们称曲面某点处 $\psi = 0, \pi$ 的平面截得的曲线为法截线. 并有以下定理.

**定理 10.15 (梅尼埃 (Meusnier) 定理)** 在曲面上, 过给定点且具有共同切方向的所有曲线中, 法截线的曲率半径最长, 其他曲线的曲率半径等于法曲率半径在该曲线的密切平面上的投影.

这个定理的一个例子就是球面上大圆为法截线, 如图 10.11 所示, 其法曲率半径等于球的半径.

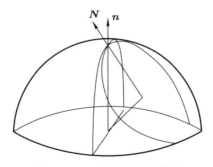

图 10.11　球面上的法截线

我们做一点讨论. $(du, dv)$ 是参数平面内的方向, 对于给定的曲面, 它确定了曲线的切线方向. 一方面,$(du, dv)$ 给定, 则 $I(du, dv), II(du, dv)$ 就确定了, 于是 $\kappa_n$ 就确定了. 另一方面, 切线方向确定了, 则曲面上的曲线也就大致确定下来, 只是允许密切平面有一定的扭转. 于是, 不同的曲线可以有共同的切线.

## 习　题

1. 求下列函数的偏导数:
   (1) $f(x,y) = x\sin(x^2+y^2)$;

(2) $f(x,y) = \dfrac{\ln(1+x^2)}{y}$;

(3) $f(x,y) = e^x \sin(ky)$;

(4) $f(x,y,z) = x^2 \ln(|z(1+y^2)|)$;

(5) $f(x,y) = \arctan \dfrac{1+xy}{x^2+y^2}$.

2. 求下列函数沿着方向 $\boldsymbol{n} = \left(\dfrac{\sqrt{3}}{2}, -\dfrac{1}{2}\right)$ 的方向导数:

(1) $f(x,y) = 1 + \cos(xy^2) - \ln(x^2+y^2)$;

(2) $g(x,y) = x^y + 2y^x$.

3. 若 $f(x,y,z) = g(e^{x^2 y}, z) + h\left(\tan\dfrac{x}{z} + y\right)$, 试用 $g, h$ 的导数表达 $f$ 的各个偏导数.

4. 写出下列函数的全微分:

(1) $u = \sin(x^2+y^2)$;

(2) $v = \arcsin \dfrac{x}{x^2+3y^2}$;

(3) $w = 2^x y^3 \cosh(2z+1)$.

5. 求三维空间中的曲面 $z = 2 + \sin x \sin y - e^{x+y}$ 在点 $(x_0, y_0) = (1,1)$ 处的法向量、切平面.

6. 求函数
$$f(x,y) = \begin{cases} (x^2+y^2)\sin\dfrac{1}{x^2+y^2}, & (x,y) \neq (0,0), \\ 0, & (x,y) = (0,0) \end{cases}$$
的偏导数 $f_x, f_y$, 证明它们在 $(0,0)$ 的任何邻域内都无界, 但 $f(x,y)$ 在 $(0,0)$ 点可微.

7. 试证明函数 $f(x,y,z) = \operatorname{sgn}(x)\operatorname{sgn}(y)\operatorname{sgn}(z)$ 在 $(0,0,0)$ 点各个偏导数都存在, 但在该点不连续.

8. 试证明: 若 $\varphi(t)$ 一阶连续可导, 则 $u(x,y) = \varphi(x-2y)$ 满足
$$2u_x(x,y) + u_y(x,y) = 0.$$

9. 求下列函数 $u$ 的偏导数:

(1) $u(x,y,z) = f(r)$, 其中 $r = \sqrt{x^2+y^2+z^2}$;

(2) $u(r,\varphi,\theta) = g(x,y,z)$, 其中 $x = r\cos\varphi\cos\theta, y = r\sin\varphi\cos\theta, z = r\sin\theta$;

(3) $u(x,y) = h(x,\theta)$, 其中 $\theta = \dfrac{x^2-y^2}{x^2+y^2}$.

10. 对一个封闭的热力学系统, 熵为 $S$, 体积为 $V$, 能量为 $U$, 以 $S,V$ 为自变量, 则温度可表示为 $T = \dfrac{\partial U}{\partial S}$, 压强可表示为 $p = -\dfrac{\partial U}{\partial V}$. 引入自由能 $A = U - TS$, 以 $T,V$ 为自变量, 试证明
$$S = -\frac{\partial A}{\partial T}, \quad p = -\frac{\partial A}{\partial V}.$$

11. 试证明若连续可微函数 $u(x,t)$ 满足方程
$$u_t + u_x = 0,$$
且 $u(x,0) = f(x)$, 则 $u(x,t) = f(x-t)$.

12. 函数 $f(x,y)$ 称为 $n$ 次齐次函数, 若 $\forall t \in \mathbb{R}$, $f(tx,ty) = t^n f(x,y)$. 对于这样的函数, 试证明
$$x\frac{\partial f}{\partial x} + y\frac{\partial f}{\partial y} = nf.$$

13. 求出极坐标系下的下列表达式 (即 $g(x,y) = f(r,\theta)$, 以 $f$ 关于 $r,\theta$ 的导数表达):
    (1) $\dfrac{\partial^2 g}{\partial x^2}, \dfrac{\partial^2 g}{\partial y^2}$, 特别地, 对 $f(r,\theta) = \ln r$, 求出 $\dfrac{\partial^2 g}{\partial x^2} + \dfrac{\partial^2 g}{\partial y^2}$;
    (2) $\dfrac{\partial^2 g}{\partial x \partial y}$.

14. 求下列函数的所有二阶偏导数:
    (1) $f = \sin(xy) + \mathrm{e}^{xy}$;
    (2) $f = \ln(x/y)$;
    (3) $f = \arctan \dfrac{y}{x}$.

15. 试证明 $u(x,t) = f(x+ct) + g(x-ct)$ (其中 $f,g \in C^2(\mathbb{R})$) 是下述波动方程的解:
$$u_{tt} - c^2 u_{xx} = 0.$$
如果给定初始条件 $u(x,0) = \varphi(x), u_t(x,0) = \psi(x)$, 试求出上述表达式中的 $f,g$. 特别地, 若 $\varphi(x) = \cos \pi x, \psi(x) = 0$, 解是怎样的? 作出 $t = 0, 0.5, 1, 2$ 时刻的草图 ($c = \pi$).

16. 球坐标系 $(r, \varphi, \theta)$ 与直角坐标系的关系为 $x = r\cos\varphi\cos\theta, y = r\sin\varphi\cos\theta, z = r\sin\theta$, 试以直角坐标系下的偏导数表示球坐标系下的偏导数 $u_r, u_\varphi, u_\theta, u_{rr}, u_{r\varphi}, u_{\theta\theta}$.

17. 试求下列函数的 $n$ 阶偏导数, 并写出小 $o$ 余项的泰勒公式:
    (1) $\mathrm{e}^{x^2+y}$ 在 $(x_0, y_0)$;
    (2) $\sin(x+2y)$ 在 $(x_0, y_0)$;

(3) $\arctan(x^2+y^2)$ 在 $(0,0)$.

18. 设可微函数 $u=f(x,y)$ 满足方程
$$xf_x+yf_y=0,$$
则 $u$ 在极坐标下只是 $\theta$ 的函数.

19. 求由下列方程确定的 $z=z(x,y)$ 的所有一阶和二阶偏导数:
    (1) $\sin(x+y-z)+\sin(x-y+z)+\sin(-x+y+z)=0$;
    (2) $\tan(x-z)+\tan(y-z)+e^z=1$;
    (3) $x^2+y^2+z^2=2\ln(x+\sqrt{x^2-1})$.

20. 求由下列方程组确定的偏导数:
    (1) $\begin{cases} u+2v+3x+4y+5z=3, \\ u+v^2+x^3+y^4+z^5=0, \end{cases}$ 以 $x,y,z$ 为自变量, 求 $\dfrac{\partial u}{\partial x}, \dfrac{\partial^2 u}{\partial x^2}, \dfrac{\partial^2 u}{\partial x\partial y}$;
    (2) $\begin{cases} u+2v+3x+4y+5z=3, \\ u+v^2+x^3+y^4+z^5=0, \end{cases}$ 以 $x,y,v$ 为自变量, 求 $\dfrac{\partial u}{\partial x}, \dfrac{\partial^2 u}{\partial x^2}, \dfrac{\partial^2 u}{\partial x\partial y}$.

21. 若 $a,b\in\mathbb{R}$, 试通过选择坐标变换 $\xi=x+\lambda u, \eta=x+\mu u$ 中的 $\lambda,\mu$, 将方程 $u_{xx}+au_{xy}+bu_{yy}=0$ 化为你认为最简单的形式.

22. 证明由欧氏距离 $\|x\|=\sqrt{\sum_{i=1}^{m}x_i^2}$ 诱导出的矩阵 $A\in L(\mathbb{R}^m,\mathbb{R}^n)$ 的范数
$$|\|A\||=\sup\frac{\|Ax\|}{\|x\|}$$
为 $A$ 的奇异值绝对值中最大者, 并求
$$A=\begin{bmatrix} 1 & 2 & 3 \\ 3 & 2 & 1 \end{bmatrix}$$
的范数.

23. 对于向量值函数 $f(x,y,z)=(\nabla e^{x+z}\sin y)^T$, 求 $Df$.
24. 用多元函数求极值的方法研究: 若三角形中某两边之和为 1, 何时其面积最大?
25. 用多元函数求极值的方法研究: 单位圆外接三角形, 何时周长最短?
26. 给定一组实验数据 $(x_i,y_i), i=1,\cdots,n$, 用抛物线 $f(x)=ax^2+bx+c$ 来拟合, 试求出抛物线的各项系数, 使得 $\sum_{i=1}^{n}(y_i-f(x_i))^2$ 最小.
27. 求以下条件极值:

(1) $f(x,y) = x^2 + y^2$ 在曲线 $xy - 1 = 0$ 上;

(2) $f(x,y,z) = x^a y^b z^c$ 在条件 $x + y + z = 1 (a, b, c > 0, x, y, z \geqslant 0)$ 下;

(3) $f(x,y,z) = |2x + y + z - 2|$ 在条件 $y^2 - xz = 1, z^2 - xy = 1$ 下.

28. 椭球 $\dfrac{x^2}{a^2} + \dfrac{y^2}{4a^2} + \dfrac{z^2}{b^2} = 1$ 的内接长方体, 其各面均与相应的坐标平面平行, 求其体积的最大值.

29. 求曲面
$$\frac{x^2}{a^2} + \frac{y^2}{b^2} - \frac{z^2}{c^2} = 1$$
的切平面方程.

30. 求曲线
$$\begin{cases} x = a\cos\theta\sec\varphi, \\ y = b\sin\theta\sec\varphi, \\ z = c\tan\varphi \end{cases}$$
的切平面方程.

31. 求曲线
$$\begin{cases} x = a\cos\theta\sec\dfrac{\theta}{2}, \\ y = b\sin\theta\sec\dfrac{\theta}{2}, \\ z = c\tan\dfrac{\theta}{2} \end{cases}$$
的切线方程, 以及 $s, \{\boldsymbol{T}, \boldsymbol{N}, \boldsymbol{B}\}$.

32. 利用关于参量 $t$ 的导数求出下面曲线的 $\boldsymbol{T}, \boldsymbol{N}, \boldsymbol{B}, \kappa, \tau$:
$$x(t) = a\cos t, \ y = a\sin t, \ z = bt.$$

33. 求椭球 $\dfrac{x^2}{a^2} + \dfrac{y^2}{b^2} + \dfrac{z^2}{c^2} = 1$ 在 $(x_0, y_0, z_0) = (a, 0, 0)$ 点沿方向 $(\mathrm{d}y, \mathrm{d}z)//(1,1)$ 的法截线, 以及法曲率和法曲率半径.

34. 给出球面 $r(\theta, \varphi) = (\cos\theta\cos\varphi, \cos\theta\sin\varphi, \sin\theta)$ 的第一和第二基本形式.

# 第十一章 多元积分

对于一元函数,我们以曲线与坐标轴之间所围面积为背景定义了定积分:

$$\int_a^b f(x)\mathrm{d}x \equiv \lim_{|P|\to 0}\sigma(f,P,\xi) = \lim_{|P|\to 0}\sum_i f(\xi_i)\Delta x_i.$$

经过分析,我们得到可积的几个充要条件:

$$f(x)\text{ 可积} \iff U(f,P)-L(f,P)<\varepsilon \iff \underline{I}=\overline{I} \iff \lim_{|p|\to 0}\Omega(f,P)=0.$$

证明中用到最重要的一个引理,给出了加细一个分点后达布上和与达布下和变化的估计. 由此得到两个最有用的结论:

(1) 闭区间上的连续函数可积;
(2) 闭区间上的单调函数可积.

在计算上则采用牛顿–莱布尼茨公式,利用不定积分来求出定积分的值.

一维的积分范围是 (闭) 区间, 高维时积分区域可以很复杂, 例如在一块海绵上关于密度求积分以得到其总质量. 克服这一困难的主要思路是: 首先把积分定义推广到闭方块上; 然后, 对于带状区域上的函数, 先扩充到闭方块上, 并研究其可积性条件; 在此基础上, 研究一般区域上可积的条件, 即定义出零测集和若尔当 (Jordan) 可测集. 函数在区域上是否可积, 本质上有两个要求, 一是函数自身要比较平滑, 二是积分区域比较完整 (边界不太奇怪).

大致来说, 一般区域上的积分将通过下述几个步骤定义:

(1) 定义一个包含积分区域的闭方块;
(2) 将函数延拓到闭方块上, 即将函数在积分区域外定义为 0;
(3) 把闭方块上延拓所得函数的积分定义为所求积分.

以下我们就循序渐进地给出重积分的定义.

## 11.1 闭方块上的积分

称

$$Q = [a_1, b_1] \times \cdots \times [a_m, b_m]$$

为 $\mathbb{R}^m$ 上的一个闭方块.

分别从两个角度来刻画其大小, 一个是体积 (二维时为面积)

$$\mathrm{vol}(Q) = \prod_{i=1}^{m}(b^i - a^i);$$

另一个是模 (线度)

$$l(Q) = \max_{1 \leqslant i \leqslant m}\{b^i - a^i\}.$$

对于闭方块的每一个维度, 和一维情形一样进行分割:

$$\begin{cases} P^1 = \{x_1^0, x_1^1, \cdots, x_1^{N_1}\}, \\ P^2 = \{x_2^0, x_2^1, \cdots, x_2^{N_2}\}, \\ \quad\quad\quad \vdots \\ P^m = \{x_m^0, x_m^1, \cdots, x_m^{N_m}\}. \end{cases}$$

它们形成了 $Q$ 的一个分割, 记为

$$P = \{P^1, \cdots, P^m\}.$$

由分割切成的小方块为

$$Q_{i,j,\cdots,l} \equiv [x_1^{i-1}, x_1^i] \times [x_2^{j-1}, x_2^j] \times \cdots \times [x_m^{l-1}, x_m^l],$$

今后我们也简记为 $Q_J$.

对于分割 $P$, 也定义两种度量. 一是体积 (面积)

$$\mathrm{vol}(Q_J) = \Delta x_1^i \cdots \Delta x_m^l,$$

其中

$$\Delta x_1^i = x_1^i - x_1^{i-1}, \cdots, \Delta x_m^l = x_m^l - x_m^{l-1};$$

另一个是模

$$|P| = \max\{|P^1|, \cdots, |P^m|\} = \max\{|\Delta x_\alpha^p| | 1 \leqslant p \leqslant N_\alpha, 1 \leqslant \alpha \leqslant m\}.$$

值得注意的是,

$$|P| \neq \max_J \{\mathrm{vol}(Q_J)\},$$

而即便所有的小方块的体积 $\mathrm{vol}(Q_J) \to 0$, 一般也不能推出 $|P| \to 0$. 例如对于图 11.1 所示的分割, 其小方块的体积由于高度很小而很小, 但模却没有因为分割而减小.

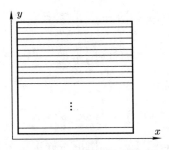

图 11.1 分割的体积与模

在 $Q_J$ 中取标志点 $\xi_J$, 并记 $\xi = \{\xi_J|\ \text{所有}\ J\}$ 为标志点组, 定义有限和

$$\sigma(f,P,\xi) = \sum_J f(\xi_J)\text{vol}(Q_J).$$

**定义 11.1** $Q$ 是 $\mathbb{R}^m$ 中的闭方块, $f$ 是 $Q$ 上的函数, 若存在 $I \in \mathbb{R}$, 对 $\forall \varepsilon > 0, \exists \delta > 0$, 当 $|P| < \delta$ 时, 有

$$|\sigma(f,P,\xi) - I| < \varepsilon,$$

则称 $f$ 在 $Q$ 上可积, 且称 $I$ 为 $f$ 在 $Q$ 上的积分, 记为

$$\int_Q f(x^1,\cdots,x^m)\text{d}(x_1,\cdots,x_m) = I,$$

$\left(\text{或}\ \displaystyle\int_Q f(x)\text{d}x = I\right)$①.

上述定义也就给出了以下极限

$$\int_Q f(x)\text{d}x = \lim_{|P|\to 0} \sigma(f,P,\xi) = \lim_{|P|\to 0} \sum_J f(\xi_J)\text{vol}(Q_J).$$

闭方块上的积分是一维积分的直接推广, 与以前一样, 可以证明它具有以下一些基本性质:

(1) 有界性: $Q$ 是 $\mathbb{R}^m$ 中的闭方块, 若 $f$ 在 $Q$ 上可积, 则 $f$ 在 $Q$ 上有界.

(2) 线性性: 若 $f, g$ 在 $Q$ 上可积, $\alpha, \beta \in \mathbb{R}$, 则

$$\int_Q \alpha f + \beta g \text{d}x = \alpha \int_Q f\text{d}x + \beta \int_Q g\text{d}x.$$

(3) 不等式: $f \leqslant g$, 且都在 $Q$ 上可积, 则

$$\int_Q f(x)\text{d}x \leqslant \int_Q g(x)\text{d}x.$$

---

①在 $m$ 比较小的时候, 习惯上也会把 $\int$ 重复 $m$ 遍, 如 $\iint f(x_1,x_2)\text{d}x_1\text{d}x_2$.

(4) 中值定理: 若 $\forall x \in Q, \mu \leqslant f(x) \leqslant M$, 则有
$$\mu \mathrm{vol}(Q) \leqslant \int_Q f(x)\mathrm{d}x \leqslant M\mathrm{vol}(Q).$$

若 $f \in C(Q)$, 则 $\exists x^* \in Q$, 满足 $\int_Q f(x)\mathrm{d}x = f(x^*) \cdot \mathrm{vol}(Q)$.

## 11.2  可 积 条 件

高维积分的可积性分析, 基本上与一维一致, 但要注意其中的记号, 以及关于分割的量度 (体积和模). 清晰起见, 下面只讨论二维情况, 高维只是记号更复杂些.

作为上一节内容的特例, 我们给出二维情况的一些定义和记号.

对闭方块
$$Q = Q^1 \times Q^2 = [a,b] \times [c,d]$$

做分割
$$P = \{P^1, P^2\} = \{a = x_0, \cdots, x_M = b; c = y_0, \cdots, y_N = d\},$$

小方块为
$$Q_{ij} = [x_{i-1}, x_i] \times [y_{j-1}, y_j],$$

其面积为
$$\mathrm{vol}(Q_{ij}) = \Delta x_i \cdot \Delta y_j, \; \Delta x_i = x_i - x_{i-1}, \Delta y_j = y_j - y_{j-1},$$

分割的线度为
$$|P| = \max_{i,j}(\Delta x_i, \Delta y_j).$$

现在考虑 $Q$ 上的有界函数 $f(x,y)$. 若在每个 $Q_{ij}$ 上选择一个标志点
$$(\zeta_{ij}, \eta_{ij}) : \zeta_{ij} \in [x_{i-1}, x_i], \eta_{ij} \in [y_{j-1}, y_j],$$

称 $\xi = \{(\zeta_{ij}, \eta_{ij}) | i = 1, \cdots, M; j = 1, \cdots, N\}$ 为标志点组. 可定义有限和为
$$\sigma(f, P, \xi) = \sum_{i,j} f(\zeta_{ij}, \eta_{ij}) \Delta x_i \Delta y_j.$$

分别在小方块和原闭方块上记上下确界及它们的差:
$$\mu_{ij} = \inf_{Q_{ij}} f(x,y), \; M_{ij} = \sup_{Q_{ij}} f(x,y), \; \omega_{ij} = M_{ij} - \mu_{ij},$$
$$\mu = \inf_Q f(x,y), \; M = \sup_Q f(x,y), \; \omega = M - \mu.$$

由此定义下和
$$L(f,P) = \sum_{i,j} \mu_{ij}\Delta x_i \Delta y_j,$$

上和
$$U(f,P) = \sum_{i,j} M_{ij}\Delta x_i \Delta y_j.$$

由确界定义有
$$L(f,P) \leqslant \sigma(f,P,\xi) \leqslant U(f,P),$$

且可证明
$$L(f,P) = \inf_{\xi} \sigma(f,P,\xi)$$

和
$$U(f,P) = \sup_{\xi} \sigma(f,P,\xi),$$

而且
$$\Omega(f,P) \equiv \sum_{i,j} \omega_{ij}\Delta x_i \Delta y_j = U(f,P) - L(f,P).$$

如一维时一样,加细一个分点的重要引理如下.

**引理 11.1** 加细 $P$ 为 $P' = P \cup \{x^*\}$,则有
$$L(f,P) \leqslant L(f,P') \leqslant L(f,P) + \omega C|P|$$

和
$$U(f,P) \geqslant U(f,P') \geqslant U(f,P) - \omega C|P|,$$

其中
$$C = \max\left\{\frac{\text{vol}(Q)}{b-a}, \frac{\text{vol}(Q)}{d-c}\right\} = \max\{d-c, b-a\},$$

与分割无关.

**证明** 设 $x_{l-1} < x^* < x_l$,记 $x^*$ 两侧小方块上的函数下确界分别为 $u_{*1j}$ 和

$\mu_{*2j}$, 则

$$L(f,P) - L(f,P')$$
$$= \sum_{j=1}^{N} \{\mu_{lj}\Delta x_i \Delta y_j - [\mu_{*1j}(x^* - x_{l-1})\Delta y_j + \mu_{*2j}(x_l - x^*)\Delta y_j]\}$$
$$= \sum_{j=1}^{N} [(\mu_{lj} - \mu_{*1j})(x^* - x_{l-1}) + (\mu_{lj} - \mu_{*2j})(x_l - x^*)]\Delta y_j$$
$$\leqslant \sum_{j=1}^{N} \omega(x_l - x_{l-1})\Delta y_j$$
$$\leqslant \omega(x_l - x_{l-1})(d - c)$$
$$\leqslant \omega|P|C.$$

由此容易推得, 如果给 $Q$ 的分割 $P$ 添加 $l$ 个新的分割点 (无论在 $x$ 还是 $y$ 方向上) 得到 $P'$, 则有

$$L(f,P) \leqslant L(f,P') \leqslant L(f,P) + l\omega C|P|;$$
$$U(f,P) \geqslant U(f,P') \geqslant U(f,P) - l\omega C|P|.$$

我们看到, 随着加细分割, 下和增大而上和减小. 任意选定一个分割 $P_1$, 所得的下和 $L(f,P_1)$ 可以作为关于任意分割的上和的一个下界:

$$L(f,P_1) \leqslant L(f,P_1 \cup P) \leqslant U(f,P_1 \cup P) \leqslant U(f,P).$$

同样可以知道, 上和 $U(f,P_1)$ 也可以作为关于任意分割的下和的一个上界.

由此根据确界原理, 所有上和形成的数集有下确界, 称为上积分

$$\overline{I} = \inf_{P} U(f,P),$$

所有下和形成的数集有上确界, 称为下积分

$$\underline{I} = \sup_{P} L(f,P).$$

还可以证明

$$\lim_{|P|\to 0} L(f,P) = \underline{I}; \quad \lim_{|P|\to 0} U(f,P) = \overline{I}.$$

因为 $\underline{I}$ 是下和的上确界, 故 $\forall \varepsilon > 0, \exists P_0$, 满足

$$L(f,P_0) \geqslant \underline{I} - \frac{\varepsilon}{2}.$$

于是对于任何足够细的分割

$$|P| < \frac{\varepsilon}{2lC\omega},$$

令 $P' = P_0 \cup P$，则

$$\begin{aligned} L(f,P) &\geqslant L(f,P') - lC\omega|P| \\ &\geqslant L(f,P') - \frac{\varepsilon}{2} \\ &\geqslant \underline{I} - \varepsilon. \end{aligned}$$

**定理 11.1** $f$ 在 $Q$ 上有界，则以下叙述等价：
(1) $\forall \varepsilon > 0, \exists$ 分割 $P$，满足 $\Omega(f,P) = U(f,P) - L(f,P) < \varepsilon$；
(2) $\underline{I} = \overline{I}$，即 $\lim\limits_{|P|\to 0} \Omega(f,P) = 0$；
(3) $f(x)$ 在 $[a,b]$ 上可积。

**证明** $(1) \Rightarrow (2)$：$\forall \varepsilon > 0$，由 (1) 知有分割 $P$，满足 $U(f,P) - L(f,P) < \varepsilon$。而

$$\overline{I} \leqslant U(f,P), \quad \underline{I} \geqslant L(f,P),$$

因此

$$0 \leqslant \overline{I} - \underline{I} \leqslant U(f,P) - L(f,P) < \varepsilon.$$

但 $\overline{I}, \underline{I}$ 为实数，所以

$$\underline{I} - \overline{I} = 0.$$

$(2) \Rightarrow (3)$：令 $I = \underline{I} = \overline{I}$，由前述引理知，

$$\lim_{|P|\to 0} L(f,P) = \underline{I} = I = \overline{I} = \lim_{|P|\to 0} U(f,P).$$

注意到

$$L(f,P) \leqslant \sigma(f,P,\xi) \leqslant U(f,P),$$

由夹挤原理知

$$\lim_{|P|\to 0} \sigma(f,P,\xi) = I.$$

$(3) \Rightarrow (1)$：由 $f$ 在 $[a,b]$ 上可积的定义，$\forall \varepsilon > 0, \exists \delta > 0$，当 $|P| < \delta$ 时，对任意的标志点组 $\xi$，

$$I - \varepsilon < \sigma(f,P,\xi) < I + \varepsilon.$$

任意取定一个这样的 $P$，对黎曼和的每一个加项取上确界或下确界，就有

$$I - \varepsilon \leqslant L(f,P) \leqslant U(f,P) \leqslant I + \varepsilon.$$

于是

$$U(f,P) - L(f,P) \leqslant 2\varepsilon.$$

上述定理的叙述与证明跟一元的时候完全相同.

**例 11.1** 考察下述函数在 $[0,1] \times [0,1]$ 上是否可积 (见图 11.2):

$$f(x,y) = \begin{cases} 1, & x \in \mathbb{Q}, \\ 3y^2, & x \notin \mathbb{Q}. \end{cases}$$

**解** 注意到 $y < \dfrac{1}{\sqrt{3}}$ 时, $1 > 3y^2$; 而 $y > \dfrac{1}{\sqrt{3}}$ 时, $1 < 3y^2$. 于是计算可得

$$\underline{I} = \iint_{[0,1] \times [0,\frac{1}{\sqrt{3}}]} 3y^2 \mathrm{d}x\mathrm{d}y + \iint_{[0,1] \times [\frac{1}{\sqrt{3}},1]} \mathrm{d}x\mathrm{d}y = 1 - \frac{2}{3\sqrt{3}};$$

$$\overline{I} = \iint_{[0,1] \times [0,\frac{1}{\sqrt{3}}]} \mathrm{d}x\mathrm{d}y + \iint_{[0,1] \times [\frac{1}{\sqrt{3}},1]} 3y^2 \mathrm{d}x\mathrm{d}y = 1 + \frac{2}{3\sqrt{3}}.$$

故 $f(x,y)$ 在 $[0,1] \times [0,1]$ 上不可积.

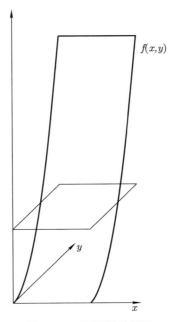

图 11.2 不可积的例子

**例 11.2** 考察下述函数在 $[0,1] \times [0,1]$ 上是否可积:

$$f(x,y) = \begin{cases} 0, & x,y \text{ 同为有理数或同为无理数}; \\ \dfrac{1}{p}, & x = \dfrac{r}{p}, (p,r) = 1, y \notin \mathbb{Q}; \\ \dfrac{1}{q}, & x \notin \mathbb{Q}, y = \dfrac{s}{q} \in \mathbb{Q}, (q,s) = 1. \end{cases}$$

**解** $\forall \varepsilon > 0$, 点集

$$E = \{(x,y) \in [0,1] \times [0,1] \mid |f(x,y)| \geqslant \varepsilon\}$$

包含于直线 $x = \dfrac{r}{p}$ 和 $y = \dfrac{s}{q}$ 上, 其中 $p, q \leqslant \dfrac{1}{\varepsilon} + 1, 1 < r < p, 1 < s < q$. 这样的直线合计不超过 $K$ 根, 其中

$$K \leqslant \left\{\left[\dfrac{1}{\varepsilon}\right]\right\}^2.$$

做划分 $P = \{P_1, P_2\}$, 满足

$$\Delta x_i < \dfrac{\varepsilon}{K}, \Delta y_j < \dfrac{\varepsilon}{K},$$

且 $\dfrac{r}{p}$ 不是 $P_1$ 的分点, $\dfrac{s}{q}$ 不是 $P_2$ 的分点.

由上述分割形成的小方块中, 与 $E$ 有交的小方块面积之和小于 $2\varepsilon$, 于是对 $\Omega(f,P)$ 的贡献小于或等于 $2\varepsilon$. 而在 $E$ 的余集, 由于 $\omega \leqslant \varepsilon$, 它对 $\Omega(f,P)$ 的贡献总小于 $\varepsilon$, 因此

$$\Omega(f,P) \leqslant 3\varepsilon,$$

函数 $f(x,y)$ 可积.

可以看到, 这个例子中的函数 $f(x,y) \leqslant R(x) + R(y)$, 其中 $R$ 为一元黎曼函数. 用上述可积性的等价条件, 通过计算 $\Omega$ 可以证明函数四则运算后保持可积性.

**定理 11.2** 若 $f, g$ 在 $Q$ 上可积, 则:

(1) $\alpha f + \beta g$ 可积, 且

$$\int_Q \alpha f + \beta g \, \mathrm{d}x = \alpha \int_Q f \, \mathrm{d}x + \beta \int_Q g \, \mathrm{d}x;$$

(2) $|f|$ 可积;

(3) $fg$ 可积;

(4) 若 $|f| \geqslant \delta > 0$, 则 $\dfrac{1}{f}$ 可积.

闭方块上的连续函数一致连续，于是对于足够细的分割，可以保证 $\omega$ 充分小，因此连续函数必定可积.

**定理 11.3** 若 $f \in C(Q)$，则 $f$ 在 $Q$ 上可积.

在定义一般区域上的积分时，我们将划定一个包含积分区域的闭方块. 下述定理说明可积性及积分的值不依赖于这个闭方块的选取.

**定理 11.4** 闭方块 $Q \subset \widetilde{Q} \subset \mathbb{R}^m, f : Q \to \mathbb{R}^m$，定义

$$\widetilde{f} = \begin{cases} f(x), & x \in Q, \\ 0, & x \in \widetilde{Q} \setminus Q, \end{cases}$$

则 $\widetilde{f}$ 在 $\widetilde{Q}$ 上可积当且仅当 $f$ 在 $Q$ 上可积，且有

$$\int_{\widetilde{Q}} \widetilde{f} \mathrm{d}x = \int_Q f \mathrm{d}x.$$

**证明** $\Rightarrow$: $\forall \varepsilon > 0$，由 $\widetilde{f}$ 在 $\widetilde{Q}$ 上可积知 $\exists \delta > 0$，对任意分割 $\widetilde{P}$，只要 $|P| < \delta$，就有

$$|\sigma(\widetilde{f}, \widetilde{P}, \widetilde{\xi}) - \widetilde{I}| < \varepsilon.$$

今设 $P$ 为 $Q$ 的一个分割，满足 $|P| < \delta$，则 $P$ 可通过增加 $\widetilde{Q} \setminus Q$ 上的分割点，扩充为 $\widetilde{Q}$ 上的分割 $\widetilde{P}$，满足 $|\widetilde{P}| < \delta$，相应地也将标志点组从 $\xi$ 扩充为 $\widetilde{\xi}$.

由函数定义可知，在加细分隔后 $\widetilde{Q} \setminus Q$ 的新增小方块上，标志点处的函数值为 0，所以

$$|\sigma(f, P, \xi) - \widetilde{I}| = |\sigma(\widetilde{f}, \widetilde{P}, \widetilde{\xi}) - \widetilde{I}| < \varepsilon.$$

因此 $f$ 在 $Q$ 上可积，且

$$\lim_{|P| \to 0} \sigma(f, P, \xi) = \widetilde{I} = \int_{\widetilde{Q}} \widetilde{f}(x) \mathrm{d}x.$$

$\Leftarrow$: 若 $f$ 在 $Q$ 上可积，则 $\forall \varepsilon > 0, \exists P$，满足 $\Omega(f, P) < \varepsilon$. 同上扩充后有

$$\Omega(\widetilde{f}, \widetilde{P}) = \Omega(f, P) < \varepsilon.$$

因此 $\widetilde{f}$ 在 $\widetilde{Q}$ 上可积.

**定理 11.5 (第一中值定理)** $f, g$ 在 $Q$ 上可积，且 $g$ 定号，$m \leqslant f \leqslant M$，则存在 $m \leqslant \mu \leqslant M$，满足

$$\int_Q fg \mathrm{d}x = \mu \int_Q g \mathrm{d}x.$$

特别地, 若 $f \in C(Q)$, 则 $\exists \xi \in Q$, 使得
$$\int_Q fg\mathrm{d}x = f(\xi)\int_Q g\mathrm{d}x.$$

**证明** (1) 不妨设 $g(x) \geqslant 0$, 则
$$mg \leqslant fg \leqslant Mg.$$
由于积分保持不等号,
$$m\int_Q g\mathrm{d}x \leqslant \int_Q fg\mathrm{d}x \leqslant M\int_Q g\mathrm{d}x.$$
令 $\psi(x) = f(x)\int_Q g(t)\mathrm{d}t$, 则
$$m\int_Q g(x)\mathrm{d}x = \inf_{a \leqslant x \leqslant b}\psi(x) \leqslant \int_Q fg\mathrm{d}x \leqslant \sup_{a \leqslant x \leqslant b}\psi(x) = M\int_Q g(x)\mathrm{d}x.$$
于是存在 $m \leqslant \mu \leqslant M$,
$$\int_Q fg\mathrm{d}x = \mu\int_Q g\mathrm{d}x.$$

(2) 若 $f \in C(Q)$, 由介值原理知 $\exists \xi \in Q$, 使得
$$\int_Q fg\mathrm{d}x = f(\xi)\int_Q g\mathrm{d}x.$$

特别地, 在定理中取 $g(x) \equiv 1$, 则 $\exists \xi \in Q$, 使得
$$\int_Q f(x)\mathrm{d}x = f(\xi)\mathrm{vol}(Q).$$

## 11.3 重积分化为累次积分

重积分的计算一般通过累次积分来实现. 下面以二重积分为例加以解释, 即计算 $\iint_Q f(x,y)\mathrm{d}x\mathrm{d}y$.

如果已知重积分存在, 对于给定的分割 $P$, 我们分别在 $x, y$ 方向上取标志点组 $a = \xi_0, \cdots, \xi_M = b$, $c = \eta_0, \cdots, \eta_N = d$, 对于 $Q = [a,b] \times [c,d]$, 在第 $(i,j)$ 个小方块 $Q_{ij}$ 上就用 $(\xi_i, \eta_j)$ 作为标志点, 这样得到黎曼和
$$\sigma(f, P, \xi) = \sum_{i,j} f(\xi_i, \eta_j)\Delta x_i \Delta y_j = \sum_i \left(\sum_j f(\xi_i, \eta_j)\Delta y_j\right)\Delta x_i.$$

考虑极限, 就形式上得到了

$$\lim_{|P|\to 0} \iint_Q f(x,y)\mathrm{d}x\mathrm{d}y = \int_a^b \left(\int_c^d f(x,y)\mathrm{d}y\right) \mathrm{d}x.$$

等式右端是先对 $y$ 求定积分 (视 $x$ 为参量), 再对 $x$ 求积分, 这就是累次积分.

上述讨论的严格叙述及证明如下.

**定理 11.6** 若 $f(x,y)$ 在 $\Omega = [a,b] \times [c,d]$ 上可积, 且 $\forall x \in [a,b], f(x,y)$ 关于 $y$ 可积, 记为

$$g(x) = \int_c^d f(x,y)\mathrm{d}y,$$

则

$$\iint_\Omega f\mathrm{d}(x,y) = \int_a^b g(x)\mathrm{d}x = \int_a^b \mathrm{d}x \int_c^d f(x,y)\mathrm{d}y.$$

**证明** 对于分割

$$P = \{P_1, P_2\} = \{x_0, \cdots x_M; y_0, \cdots y_N\},$$

形成的小方块

$$Q_{ij} = [x_{i-1}, x_i] \times [y_{j-1}, y_j]$$

上函数 $f(x,y)$ 的上下确界分别记为 $M_{ij}, m_{ij}$.

$\forall \overline{x}_i \in [x_{i-1}, x_i], \exists \mu_{ij} \in [m_{ij}, M_{ij}]$, 使得

$$\int_{y_{j-1}}^{y_j} f(\overline{x}_i, y)\mathrm{d}y = \mu_{ij}\Delta y_j.$$

按照上和与下和的定义, 知

$$L(f,P) \leqslant \sum_{i,j} \mu_{ij}\Delta x_i \Delta y_j \leqslant U(f,P).$$

又由于 $f(x,y)$ 可积, 所以

$$\lim_{|P|\to 0} \sum_{i,j} \mu_{ij}\Delta x_i \Delta y_j = \iint_\Omega f(x,y)\mathrm{d}x\mathrm{d}y.$$

而

$$\sum_{i,j} \mu_{ij}\Delta x_i \Delta y_j = \sum_i \int_c^d f(\overline{x}_i, y)\mathrm{d}y \Delta x_i \equiv \sum_i g(\overline{x}_i)\Delta x_i,$$

当 $|P| \to 0$ 时, $|P_1| \to 0$, 从而 $g(x)$ 可积, 进而得到上式等于 $\int_a^b g(x)\mathrm{d}x$.

综上证毕.

从连续函数必可积得到推论: 若 $f(x,y) \in C(Q)$, 则 $f$ 的重积分等于累次积分, 且累次积分可交换顺序.

对于 $m$ 重积分也有类似的结论.

**定理 11.7** $f(x,y)$ 在闭方块 $Q = V \times W$ 上可积 ($x \in V \subset \mathbb{R}^m, y \in W \subset \mathbb{R}^n$), 且 $\int_W f(x,y)\mathrm{d}y$ 存在, 则有

$$\int_Q f(x,y)\mathrm{d}(x,y) = \int_V \mathrm{d}x \int_W f(x,y)\mathrm{d}y.$$

**例 11.3** 计算重积分

$$\iint_{[0,1]\times[0,1]} \frac{y\mathrm{d}x\mathrm{d}y}{(1+x^2+y^2)^{3/2}}.$$

**解**

$$\iint_{[0,1]\times[0,1]} \frac{y\mathrm{d}x\mathrm{d}y}{(1+x^2+y^2)^{3/2}}$$

$$= \frac{1}{2}\int_0^1 \mathrm{d}x \int_0^1 \frac{\mathrm{d}(y^2)}{(1+x^2+y^2)^{3/2}}$$

$$= \int_0^1 \frac{1}{\sqrt{1+x^2}} - \frac{1}{\sqrt{2+x^2}} \mathrm{d}x$$

$$= \ln\frac{x+\sqrt{1+x^2}}{x+\sqrt{2+x^2}}\bigg|_0^1$$

$$= \ln\frac{1+\sqrt{2}}{1+\sqrt{3}} - \ln\frac{1}{\sqrt{2}}$$

$$= \ln\frac{2+\sqrt{2}}{1+\sqrt{3}}.$$

用上述累次积分计算容易知道

$$\iint_{[a,b]\times[a,b]} f(x)f(y)\mathrm{d}x\mathrm{d}y = \left[\int_a^b f(x)\mathrm{d}x\right]^2,$$

$$\iint_{[a,b]\times[c,d]} \frac{\partial^2 f}{\partial x \partial y}\mathrm{d}x\mathrm{d}y = f(b,d) + f(a,c) - f(b,c) - f(a,d).$$

另外, 累次积分存在并不能保证重积分一定存在. 例如上节中的函数

$$f(x,y) = \begin{cases} 1, & x \notin \mathbb{Q}, \\ 3y^2, & x \in \mathbb{Q} \end{cases}$$

先关于 $y$ 求积分得
$$\int_0^1 f(x,y)\mathrm{d}y = \begin{cases} 1, & x \notin \mathbb{Q}, \\ 1, & x \in \mathbb{Q}, \end{cases}$$
积分存在, 且累次积分
$$\int_0^1 \left[ \int_0^1 f(x,y)\mathrm{d}y \right] \mathrm{d}x = 1.$$
但函数 $f(x,y)$ 在 $[0,1] \times [0,1]$ 上的重积分不存在. 我们看到, 另一个方向的累次积分不存在, 因为 $\int_0^1 f(x,y)\mathrm{d}x$ 不存在.

另一方面, 上节中的另一个例子
$$f(x,y) = \begin{cases} 0, & x,y \text{ 同为有理数或同为无理数}, \\ \dfrac{1}{p}, & x = \dfrac{r}{p}, (p,r)=1, y \notin \mathbb{Q}, \\ \dfrac{1}{q}, & x \notin \mathbb{Q}, y = \dfrac{s}{q} \in \mathbb{Q}, (q,s)=1 \end{cases}$$
的重积分存在 (等于 0), 但是累次积分不存在. 事实上, 固定 $y = \dfrac{s}{q}$ 为有理数, 则
$$f(x,y) = \begin{cases} 0, & x \in \mathbb{Q}, \\ \dfrac{1}{q}, & x \notin \mathbb{Q} \end{cases}$$
关于 $x$ 的积分不存在.

这里重积分存在的原因在于, 尽管 $f\left(x, \dfrac{s}{q}\right)$ 不可积, 但其上积分为 $\dfrac{1}{q}$, 于是对于一般的 $y$, 上积分为 $R(y)$, 而 $R(y)$ 对 $y$ 积分为 0.

## 11.4 若尔当可测集上的积分

为分析一般区域上积分的存在性, 我们将先讨论带状区域上的积分, 以此理解积分对于区域和函数的要求, 并进一步给出一般区域上可积的要求, 包括对于积分区域的要求和对于函数的不连续点集的要求.

### 11.4.1 带状区域上的积分

在闭方块 $Q = [a,b] \times [c,d]$ 上, 考虑两个连续函数
$$\varphi : [a,b] \to [c,d] \subset \mathbb{R}, \quad \psi : [a,b] \to [c,d] \subset \mathbb{R},$$

且 $\forall x \in [a,b], \varphi(x) \leqslant \psi(x)$, 称

$$E = \{(x,y) | \varphi(x) \leqslant y \leqslant \psi(x)\} \subset Q$$

为带状区域, 见图 11.3.

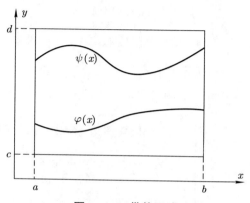

图 11.3 带状区域

**引理 11.2** 若 $\varphi$ 为 $[a,b] \to [c,d]$ 的连续函数, $\forall \eta > 0, \exists Q = [a,b] \times [c,d]$ 的分割 $P = \{P_1, P_2\}$, 使得与 $y = \varphi(x)$ 相交的小方块 $Q_{ij}$ 的体积之和小于 $\eta$.

**证明** $y = \varphi(x)$ 在闭区间 $[a,b]$ 上连续, 故一致连续, 即 $\forall N \in \mathbb{N}, \exists \delta_N > 0$, 当 $|x_1 - x_2| < \delta_N$ 时, 有

$$|\varphi(x_1) - \varphi(x_2)| < \frac{d-c}{N}.$$

做 $[c,d]$ 的 $N$ 等距分割 $P_2$, 和 $[a,b]$ 的 $\left[\frac{b-a}{\delta_N}\right] + 1$ 等距分割 $P_1$.

断言 $\forall i$, 最多有 2 个 $j$, 使得 $Q_{ij}$ 与 $y = \varphi(x)$ 相交 (否则存在 $x_1, x_2, |x_1 - x_2| < \delta_N$, 使得 $|\varphi(x_1) - \varphi(x_2)| \geqslant \frac{d-c}{N}$, 矛盾). 于是, 与 $y = \varphi(x)$ 相交的小方块 $Q_{ij}$ 的体积之和不超过

$$\frac{2}{N}\mathrm{vol}(Q).$$

$\forall \eta > 0$, 在上述讨论中取 $N$ 足够大即可得证引理.

对于在带状区域 $E$ 上定义的函数 $f(x,y)$, 考虑扩充函数

$$\widetilde{f}(x,y) = \begin{cases} f(x,y), & (x,y) \in E, \\ 0, & (x,y) \in Q \setminus E. \end{cases}$$

如果 $\widetilde{f}(x,y)$ 在 $Q$ 上可积，那么就定义函数 $f(x,y)$ 在带状区域 $E$ 上的积分为
$$\int_E f(x,y)\mathrm{d}(x,y) = \int_Q \widetilde{f}(x,y)\mathrm{d}(x,y).$$
如前一节所述，该定义与 $Q$ 的选取无关（只要 $[\varphi(x), \psi(x)] \subset [c,d]$ 即可）。

**定理 11.8** 若 $f(x,y)$ 在带状区域 $E$ 上连续，则它在 $E$ 上可积，且
$$\int_E f(x,y)\mathrm{d}x = \int_a^b \left( \int_{\varphi(x)}^{\psi(x)} f(x,y)\mathrm{d}y \right) \mathrm{d}x.$$

**证明** $E$ 是有界闭集，连续函数 $f(x,y)$ 在 $E$ 上有最大最小值，于是易知扩充函数 $\widetilde{f}$ 在 $Q$ 上有最大最小值，记最大最小值之差为 $\omega$，只要 $f(x,y)$ 不是常值为 0 的函数，必有 $\omega > 0$。

$\forall \varepsilon > 0$，先做 $Q$ 的分割 $P_0$，使得 $Q_{ij}$ 与 $y = \psi(x)$ 或 $y = \varphi(x)$ 相交的小方块面积和小于 $\eta = \dfrac{\varepsilon}{2\omega}$，并将这些小方块的指标集记为 $J_1$，而剩余小方块的指标集记为 $J_2$。

由 $f$ 在 $E$ 上的一致连续性，知 $\exists \delta > 0$，对于任意的 $(x_1, y_1), (x_2, y_2) \in Q_{ij}$，其中 $i, j \in J_2$，当 $|(x_1, y_1) - (x_2, y_2)| < \delta$ 时，有
$$|f(x_1, y_1) - f(x_2, y_2)| < \frac{\varepsilon}{2\mathrm{vol}(Q)}.$$
于是，对于指标在 $J_2$ 中的小方块 $Q_{ij}$，有
$$\omega_{ij} \leqslant \frac{\varepsilon}{2\mathrm{vol}(Q)}.$$
另一方面，对 $P$ 加细，使其模小于 $\delta$，并将加细后的分割仍记为 $P$，则
$$\begin{aligned}
\Omega(\widetilde{f}, P) &= \sum_{(i,j) \in J_1} \omega_{ij} \Delta x_i \Delta y_j + \sum_{(i,j) \in J_2} \omega_{ij} \Delta x_i \Delta y_j \\
&< \omega \cdot \frac{\varepsilon}{2\omega} + \frac{\varepsilon}{2\mathrm{vol}(Q)} \mathrm{vol}(Q) \\
&= \varepsilon,
\end{aligned}$$
因此 $\widetilde{f}$ 在 $Q$ 上可积。

再看 $\widetilde{f}(x,y)$ 的累次积分和重积分。$\forall x \in [a,b]$，$\widetilde{f}(x,y)$ 作为 $y$ 的函数最多有 2 个间断点，故
$$\int_a^b \widetilde{f}(x,y)\mathrm{d}y = \int_{\varphi(x)}^{\psi(x)} f(x,y)\mathrm{d}y,$$
于是
$$\int_E f(x,y)\mathrm{d}(x,y) = \int_Q \widetilde{f}(x,y)\mathrm{d}(x,y) = \int_a^b \mathrm{d}x \int_{\varphi(x)}^{\psi(x)} f(x,y)\mathrm{d}y.$$

作为例子,我们考虑常值函数 $f(x,y) = 1$ 在 $E$ 上的积分

$$\mathrm{vol}(E) = \int_E 1 \mathrm{d}(x,y).$$

它给出了带状区域面积 (体积) 的定义.

考虑三角形区域 $E = \{(x,y) | a \leqslant y \leqslant x, a \leqslant x \leqslant b\} = \{(x,y) | y \leqslant x \leqslant b, a \leqslant y \leqslant b\}$ 上的连续函数 $f(x,y)$, 有

$$\int_E f(x,y) \mathrm{d}(x,y) = \int_a^b \mathrm{d}x \int_a^x f(x,y) \mathrm{d}y = \int_a^b \mathrm{d}y \int_y^b f(x,y) \mathrm{d}x.$$

上述讨论可以扩充到多维, $\mathbb{R}^m$ 上的带状区域形如

$$x \in \prod_{i=1}^{m-1} [a_i, b_i], y \in [\varphi(x), \psi(x)] \subset [c, d] \subset \mathbb{R},$$

$E$ 上的函数 $f(x,y)$ 扩充为

$$\widetilde{f}(x,y) = \begin{cases} f(x,y), & x \in \prod_{i=1}^{m-1}[a_i, b_i], y \in [\varphi(x), \psi(x)], \\ 0, & x \in \prod_{i=1}^{m-1}[a_i, b_i], y \in [c,d] \setminus [\varphi(x), \psi(x)]. \end{cases}$$

若 $f(x,y) \in C(E)$, 则

$$\int_E f(x,y) \mathrm{d}(x,y) = \int_{\prod_{i=1}^{m-1}[a_i,b_i]} \mathrm{d}x \int_{\varphi(x)}^{\psi(x)} f(x,y) \mathrm{d}y.$$

若 $\forall x, f(x,y)$ 关于 $y$ 只有有限间断点时, 上式也成立.

更进一步, 若 $y$ 本身也是多维的, 关于带状区域的讨论也同样适用. 我们仅以下述例子的计算来介绍一下.

**例 11.4** 证明对于 $m$ 维直棱长为 $x$ 的直锥 $V_m(x) = \{(t_0, \cdots, t_{m-1}) | 0 \leqslant t_0 \leqslant t_1, \cdots, 0 \leqslant t_{m-1} \leqslant x\}$, 以及连续函数 $f(t)$, 有

$$\int_0^x \mathrm{d}t_{m-1} \int_a^{t_{m-1}} \mathrm{d}t_{n-2} \cdots \int_0^{t_1} f(t_0) \mathrm{d}t_0$$
$$= \frac{1}{(m-1)!} \int_0^x (x-t)^{m-1} f(t) \mathrm{d}t.$$

**证明** (1) $m=2$ 时, 有

$$\int_0^x \mathrm{d}t_1 \int_0^{t_1} f(t_0)\mathrm{d}t_0 = \int_0^x \mathrm{d}t_0 \int_{t_0}^x f(t_0)\mathrm{d}t_1$$
$$= \int_0^x (x-t_0)f(t_0)\mathrm{d}t_0.$$

(2) 若对 $m-1$ 正确, 则

$$\int_0^x \mathrm{d}t_{m-1} \cdots \int_0^{t_1} f(t_0)\mathrm{d}t_0$$
$$= \int_0^x \mathrm{d}t_{m-1} \cdot \frac{1}{(m-2)!} \int_0^{t_{m-1}} (t_{m-1}-t)^{m-2} f(t)\mathrm{d}t$$
$$= \frac{1}{(m-2)!} \int_0^x \mathrm{d}t \int_t^x (t_{m-1}-t)^{m-2} f(t)\mathrm{d}t_{m-1}$$
$$= \frac{1}{(m-1)!} \int_0^x (x-t)^{m-1} f(t)\mathrm{d}t.$$

归纳证毕.

特别地, 取 $f(t)=1$, 得到

$$\mathrm{vol}\,(n \text{ 维直锥}) = \frac{1}{(n-1)!} \int_0^x (x-t)^{n-1}\mathrm{d}t = \frac{-1}{n!}(x-t)^n\Big|_0^x = \frac{x^n}{n!}.$$

需要强调的是, 积分区域的判断对重积分换序和重积分的计算非常重要, 因为适当的积分顺序能够简化积分计算. 这种判断, 可以用几何或代数的方法进行. 需要多做习题, 提高自己的几何想象力.

例如, 在上述例子中, 我们考虑二维情形, 积分域为

$$0 \leqslant t_0 \leqslant t_1, 0 \leqslant t_1 \leqslant x,$$

它等价于

$$0 \leqslant t_0 \leqslant x, t_0 \leqslant t_1 \leqslant x.$$

我们从最外层的积分区间, 一层一层向内来看. 譬如, 用代数的办法来做, 就是先从

$$0 \leqslant t_0 \leqslant t_1 \leqslant x$$

判断出 $0 \leqslant t_0 \leqslant x$, 再在确定了 $t_0$ 的前提下看 $t_1$ 的范围

$$t_0 \leqslant t_1, t_1 \leqslant x.$$

从几何的角度来看,参见图 11.4(a). 先看 $t_1$ 的范围,它介于 0 和 $x$ 之间. 固定一个 $t_1$ (即在中间的一条水平线上),可以看出 $t_0$ 的范围是 0 与 $t_1$ 之间,这就是第一个式子. 类似地先看 $t_0$,它介于 0 和 $x$ 之间. 固定一个 $t_0$ (即中间的一条垂直线上),再看 $t_1$ 介于 $t_0$ 和 $x$ 之间,就得到第二个式子.

如果在三维,则是

$$0 \leqslant t_0 \leqslant t_1, 0 \leqslant t_1 \leqslant t_2, 0 \leqslant t_2 \leqslant x,$$

它等价于

$$0 \leqslant t_0 \leqslant x, t_0 \leqslant t_1 \leqslant x, t_1 \leqslant t_2 \leqslant x.$$

用代数的办法看,首先 $0 \leqslant t_0 \leqslant t_1 \leqslant t_2 \leqslant x$,因此有 $0 \leqslant t_0 \leqslant x$. 固定一个这样的 $t_0$,再看 $t_1$,有 $t_0 \leqslant t_1$,以及 $t_1 \leqslant t_2 \leqslant x$,于是 $t_0 \leqslant t_1 \leqslant x$. 再对固定的 $t_0, t_1$,有 $t_1 \leqslant t_2$ 及 $t_2 \leqslant x$. 于是第二种叙述方式与第一种等价.

从几何的角度来看,参见图 11.4(b). 如果先看 $t_2$ 的范围,它介于 0 和 $x$ 之间. 固定一个 $t_2$ (即中间的一个水平的三角形),这时 $(t_0, t_1)$ 就是位于一个腰长为 $t_2$ 的等腰直角三角形上,于是可以用上面二维的结果. 如果我们改为先看 $t_0$,它介于 0 和 $x$ 之间. 固定一个 $t_0$ (即上边虚线表示的一个等腰直角三角形),注意到直锥最长的斜棱方程为 $t_0 = t_1 = t_2$,因此这个三角形投影到 $(t_1, t_2)$ 平面上的话就是该坐标平面上右上方的一个小三角形.

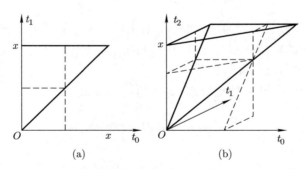

图 11.4 直锥: (a) 2 维 (等腰直角三角形); (b) 3 维

### 11.4.2 零 (测) 集, 若尔当可测集上的积分

积分区域对于重积分带来的影响,主要来自边界. 从带状区域上的积分讨论中看到,扩充后函数在边界点处一般不连续,这就对 $\Omega(\widetilde{f}, P)$ 产生影响. 在带状区域情况下,$y = \varphi(x), y = \psi(x)$ 可用"少量"方块盖起来,于是对 $\Omega(\widetilde{f}, P)$ 的贡献就可以控制.

**定义 11.2** $Q$ 是 $\mathbb{R}^m$ 中闭方块, 集合 $\Lambda \subset Q$, 若 $\forall \varepsilon > 0, \exists Q$ 的分割 $P$, 使得 $\{Q_J\}$ 中与 $\Lambda$ 相交的闭子方块的体积之和小于 $\varepsilon$, 即

$$\sum_{Q_J \cap \Lambda \neq \emptyset} \operatorname{vol}(Q_J) < \varepsilon,$$

则称 $\Lambda$ 是 $\mathbb{R}^m$ 中的零集.

零集也称零测集. 它与闭方块 $Q$ 的选择无关, 但与 $\mathbb{R}^m$ 的维数有关. 例如, 单位圆内部在 $\mathbb{R}^2$ 看是非零集, 但在 $\mathbb{R}^3$ 则是零集. 这可以作为定义维数的一个基础.

以下是几个零集的例子.

(1) 空集;
(2) $\mathbb{R}^2$ 中的一段曲线 $y = \varphi(x) \in C[a, b]$[①];
(3) 闭方块 $[0, 1] \times [0, 1] \times [0, 1]$ 中任意连续有限长曲线;
(4) 有限个点组成的集合.

在带状区域上连续函数可积的证明过程中, 积分区域的性质用在了扩充函数的不连续点对 $\Omega(\widetilde{f}, P)$ 的贡献. 零集完全一样, 因此有下述定理.

**定理 11.9** $f(x)$ 在闭方块 $Q \subset \mathbb{R}^m$ 上定义, 且不连续点集为零集, 则 $F(x)$ 在 $Q$ 上可积.

**定理 11.10** $f(x)$ 是闭方块 $Q \subset \mathbb{R}^m$ 上的有界函数, 且仅在零集 $\Lambda$ 上非 0, 则

$$\int_Q f(x) \mathrm{d}x = 0.$$

上述零集定义中, 在闭方块分割后找到与之相交的小方块, 其体积之和小于预先定好的 $\varepsilon > 0$. 这些相交的小方块构成了零集 $\Lambda$ 的一个覆盖, 或者说它们的并集包含了 $\Lambda$. 可以证明, 即便不先做分割, 若我们能找到有限个小方块, 它们的并集包含了 $\Lambda$, 且体积之和小于 $\varepsilon$, 那么通过把小方块的边都划入分割 $P$ 中, 即利用它们做一个更细的分割, 那么分割中与 $\Lambda$ 有交集的小方块体积之和一定不超过 $\varepsilon$, 这就说明 $\Lambda$ 是零集.

从定义可见, 零集的子集或有限并集仍为零集. 可以证明, 零集的闭包以及零集本身的边界一定也是零集.

$\mathbb{R}^m$ 中闭方块 $Q$ 的子集 $S$, 若其边界 $Bd(S)$ 为零集, 则称 $S$ 为若尔当可测集.

定义集合 $S$ 的特征函数

$$\chi_S(x) = \begin{cases} 1, & x \in S, \\ 0, & x \notin S. \end{cases}$$

---

[①]但要注意, 若不连续, 则未必是零集.

若特征函数可积, 则称
$$\nu(S) = \int_Q \chi_S(x)\mathrm{d}x$$
为 $S$ 的测度, 其几何意义是若尔当可测集的体积.

我们扩充函数
$$\widetilde{f}(x) = \chi_S(x)f(x) = \begin{cases} f(x), & x \in S, \\ 0, & x \notin S. \end{cases}$$

若 $S$ 为若尔当可测集, 则定义 $f(x)$ 在 $S$ 上的积分为
$$\int_S f(x)\mathrm{d}x \equiv \int_Q \chi_S(x)f(x)\mathrm{d}x.$$

如前所述, 它与 $Q$ 的选取无关.

若尔当可测集上的积分有以下一些性质, 证明请读者自己补上.

(1) 线性性:
$$\int_S \alpha f(x) + \beta g(x)\mathrm{d}x = \alpha \int_S f(x)\mathrm{d}x + \beta \int_S g(x)\mathrm{d}x.$$

(2) 单调性:
$$f(x) \leqslant g(x) \Rightarrow \int_S f(x)\mathrm{d}x \leqslant \int_S g(x)\mathrm{d}x.$$

(3) 中值定理: 若 $f(x) \in [m, M], g(x) \geqslant 0$, 则
$$m\int_S g(x)\mathrm{d}x \leqslant \int_S f(x)g(x)\mathrm{d}x \leqslant M\int_S g(x)\mathrm{d}x,$$

以及
$$m\mathrm{vol}(S) \leqslant \int_S f(x)\mathrm{d}x \leqslant M\mathrm{vol}(S).$$

(4) 可加性: 若 $S = \bigcup_{i=1}^n S_i$, 其中当 $i \neq j$ 时, $S_i \cap S_j = \varnothing$, 则
$$\int_S f(x)\mathrm{d}x = \sum_i^n \int_{S_i} f(x)\mathrm{d}x.$$

由于闭方块上的重积分可以化累次积分, 而若尔当可测集上的积分可化为闭方块上的一个积分, 于是, 若可以化为累次积分的话, 则它就等于累次积分.

## 11.5　换元法求重积分

积分顺序、积分域的确定会影响计算速度, 有时候甚至直接导致积不出来. 一元定积分里我们就看到换元法对于计算速度的影响, 重积分的计算中, 还可以改变积分区域, 因此更为重要.

在一元问题中, 若区间 $J = [\alpha, \beta]$ 上的函数 $\varphi(t) \in C^1$, 满足 $\varphi'(t) \neq 0, \forall t \in J$, 且 $\varphi(J) \subset [\alpha, \beta]$, 对于 $\varphi(J)$ 上的连续函数 $f(x)$, 有

$$\int_{\varphi(\alpha)}^{\varphi(\beta)} f(x)\mathrm{d}x = \int_{\alpha}^{\beta} f(\varphi(t))\varphi'(t)\mathrm{d}t.$$

注意到 $\varphi'(t)$ 的符号会改变 $\varphi(\alpha), \varphi(\beta)$ 的大小顺序, 有

$$\int_{\varphi(J)} f(x)\mathrm{d}x = \int_{\alpha}^{\beta} f(\varphi(t))|\varphi'(t)|\mathrm{d}t.$$

推广到二维空间上的重积分换元, 有以下的定理.

**定理 11.11**　$\varphi = (\varphi_1, \varphi_2)$ 为 $\mathbb{R}^2$ 中开集 $\Omega$ 上的 $C^1$ 映射, 若 $E \subset \Omega$ 为闭若尔当可测集, 且

(1) $\det(D\varphi(u,v)) \neq 0, \forall (u,v) \in \mathrm{int}(E)$,

(2) $\varphi$ 在 $\mathrm{int}(E)$ 中是单一的,

则 $\varphi(E)$ 为闭若尔当可测集, 且 $\forall f(x,y) \in C(\varphi(E))$, 有

$$\int_{\varphi(E)} f(x,y)\mathrm{d}(x,y) = \int_{E} f(\varphi(u,v))|\det(D\varphi(u,v))|\mathrm{d}(u,v).$$

我们仅给出变换公式的一个说明.

如图 11.5 所示, $(u,v)$ 平面上的微元 $(u, u+\mathrm{d}u) \times (v, v+\mathrm{d}v)$ 被 $\varphi(u,v) = (\varphi_1(u,v), \varphi_2(u,v))$ 映成曲边四边形, 其顶点坐标为

$$(\varphi_1(u,v), \varphi_2(u,v)), (\varphi_1(u+\mathrm{d}u,v), \varphi_2(u+\mathrm{d}u,v)), (\varphi_1(u,v+\mathrm{d}v), \varphi_2(u,v+\mathrm{d}v)),$$
$$(\varphi_1(u+\mathrm{d}u, v+\mathrm{d}v), \varphi_2(u+\mathrm{d}u, v+\mathrm{d}v)).$$

面积为

$$|(\varphi_1(u+\mathrm{d}u,v)-\varphi_1(u,v),\varphi_2(u+\mathrm{d}u,v)-\varphi_2(u,v))$$
$$\times(\varphi_1(u,v+\mathrm{d}v)-\varphi_1(u,v),\varphi_2(u,v+\mathrm{d}v)-\varphi_2(u,v))|$$
$$\approx \left|\left(\frac{\partial\varphi_1}{\partial u}\mathrm{d}u, \frac{\partial\varphi_2}{\partial u}\mathrm{d}u\right)\times\left(\frac{\partial\varphi_1}{\partial v}\mathrm{d}v, \frac{\partial\varphi_2}{\partial v}\mathrm{d}v\right)\right|$$
$$=\begin{vmatrix} \dfrac{\partial\varphi_1}{\partial u}\mathrm{d}u & \dfrac{\partial\varphi_2}{\partial u}\mathrm{d}u \\ \dfrac{\partial\varphi_1}{\partial v}\mathrm{d}v & \dfrac{\partial\varphi_2}{\partial v}\mathrm{d}v \end{vmatrix}$$
$$=\det\left(\frac{\partial(x,y)}{\partial(u,v)}\right)\mathrm{d}u\mathrm{d}v.$$

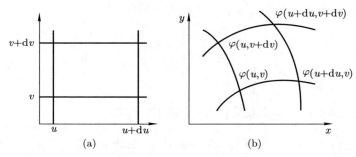

图 11.5　二元重积分换元：(a) 换元后；(b) 换元前

也可以直接用微分来计算，面积微元

$$\mathrm{d}x\times\mathrm{d}y = D_{(u,v)}\varphi_1\begin{pmatrix}\mathrm{d}u\\\mathrm{d}v\end{pmatrix}\times D_{(u,v)}\varphi_2\begin{pmatrix}\mathrm{d}u\\\mathrm{d}v\end{pmatrix}$$
$$=\det\left(\frac{\partial(x,y)}{\partial(u,v)}\right)\mathrm{d}u\times\mathrm{d}v.$$

**例 11.5**　利用变换 $u=x+y, v=x-y$ 计算

$$I=\iint_{|x|+|y|\leqslant 1}\frac{(x+y)^2}{1+(x-y)^2}\mathrm{d}(x,y).$$

**解**　如图 11.6 所示，变换的雅可比行列式为

$$\det\left(\frac{\partial(u,v)}{\partial(x,y)}\right)=\begin{vmatrix}1 & 1\\1 & -1\end{vmatrix}=-2,$$

因此积分为

$$I = \frac{1}{2} \iint_{[-1,1]\times[-1,1]} \frac{u^2}{1+v^2} \mathrm{d}(u,v)$$
$$= 4 \cdot \frac{1}{2} \iint_{[0,1]\times[0,1]} \frac{u^2}{1+v^2} \mathrm{d}(u,v)$$
$$= 2 \int_0^1 u^2 \mathrm{d}u \int_0^1 \frac{1}{1+v^2} \mathrm{d}v$$
$$= 2 \cdot \frac{1}{3} \cdot \frac{\pi}{4}$$
$$= \frac{\pi}{6}.$$

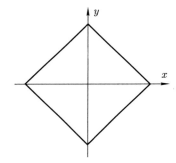

**图 11.6** 积分区域 $|x|+|y| \leqslant 1$

**例 11.6** 利用变换 $u = \dfrac{y^2}{x}, v = \dfrac{x^2}{y}$ 求一组抛物线 $y^2 = \alpha x, y^2 = \beta x, x^2 = \gamma y, x^2 = \delta y$ 围成区域 $\Omega$ 的面积 $(0 < \alpha < \beta, 0 < \gamma < \delta)$,以及 $xy$ 在该区域上的积分.

**解** 如图 11.7 所示,变换的雅可比行列式为

$$\det\left(\frac{\partial(u,v)}{\partial(x,y)}\right) = \begin{vmatrix} -\dfrac{y^2}{x^2} & \dfrac{2y}{x} \\ \dfrac{2x}{y} & -\dfrac{x^2}{y^2} \end{vmatrix} = -3,$$

在 $(u,v)$ 参数平面内的积分区域为 $[\alpha,\beta] \times [\gamma,\delta]$,因此

$$\text{面积} = \int_\alpha^\beta \int_\gamma^\delta \frac{1}{3} \mathrm{d}u\mathrm{d}v = \frac{(\beta-\alpha)(\delta-\gamma)}{3},$$
$$\iint_\Omega xy\mathrm{d}x\mathrm{d}y = \int_\alpha^\beta \int_\gamma^\delta uv\frac{1}{3}\mathrm{d}u\mathrm{d}v = \frac{(\beta^2-\alpha^2)(\delta^2-\gamma^2)}{12}.$$

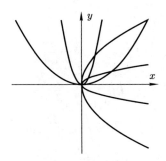

**图 11.7** 一组抛物线围成的积分区域

一种常用的换元是极坐标

$$\begin{cases} x = r\cos\theta, \\ y = r\sin\theta. \end{cases}$$

其雅可比行列式为

$$\left|\frac{\partial(x,y)}{\partial(r,\theta)}\right| = r.$$

因此积分可表示为

$$\iint_D f(x,y)\mathrm{d}x\mathrm{d}y = \iint_D f(r\cos\theta, r\sin\theta)r\mathrm{d}r\mathrm{d}\theta.$$

**例 11.7** 维维亚尼 (Viviani) 体表示为

$$\begin{cases} x^2 + y^2 + z^2 \leqslant a^2, \\ x^2 + y^2 \leqslant ax. \end{cases}$$

求其体积.

**解** 由对称性可以通过 $D = \{(x,y) | x^2 + y^2 \leqslant ax, y \geqslant 0\}$ 上的积分来求, 参见图 11.8:

$$\begin{aligned} V &= 4\iint_D \sqrt{a^2 - (x^2+y^2)}\mathrm{d}x\mathrm{d}y \\ &= 4\iint_D \sqrt{a^2 - r^2} \cdot r\mathrm{d}r\mathrm{d}\theta \\ &= 4\int_0^\pi \mathrm{d}\theta \int_0^{a\cos\theta} \sqrt{a^2 - r^2} \cdot r\mathrm{d}r \\ &= 2\int_0^{\frac{\pi}{2}} \left(-\frac{2(\sqrt{a^2-r^2})^3}{3}\bigg|_0^{a\cos\theta}\right)\mathrm{d}\theta \end{aligned}$$

$$= \frac{4a^3}{3} \int_0^{\frac{\pi}{2}} (1 - \sin^3\theta) \mathrm{d}\theta$$
$$= \frac{4a^3}{3} \cdot \left(\frac{\pi}{2} - \frac{2}{3}\right).$$

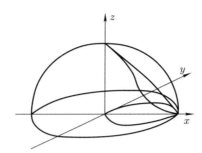

图 11.8  维维亚尼体

**例 11.8**  求广义积分
$$\int_0^{+\infty} \mathrm{e}^{-x^2} \mathrm{d}x.$$

**解**  令 $I(a) = \int_{-a}^{a} \mathrm{e}^{-x^2} \mathrm{d}x$, 则
$$I(a)^2 = \int_{-a}^{a} \mathrm{e}^{-x^2} \mathrm{d}x \int_{-a}^{a} \mathrm{e}^{-y^2} \mathrm{d}y$$
$$= \iint_{[-a,a]\times[-a,a]} \mathrm{e}^{-(x^2+y^2)} \mathrm{d}x\mathrm{d}y.$$

另一方面
$$\widetilde{I}(a)^2 = \iint_{r \leqslant a} \mathrm{e}^{-r^2} r \mathrm{d}r \mathrm{d}\theta$$
$$= 4 \int_0^{\frac{\pi}{2}} \mathrm{d}\theta \int_0^a \mathrm{e}^{-r^2} r \mathrm{d}r$$
$$= 4 \cdot \frac{\pi}{2} \cdot \frac{1}{2}(1 - \mathrm{e}^{-a^2})$$
$$= \pi(1 - \mathrm{e}^{-a^2}).$$

由被积函数非负及积分区域的相互关系 (参见图 11.9), 知
$$\widetilde{I}(a)^2 \leqslant I(a)^2 \leqslant \widetilde{I}(\sqrt{2}a)^2,$$
所以
$$[I(+\infty)]^2 = \pi,$$

即
$$\int_0^{+\infty} e^{-x^2} dx = \frac{1}{2} I(+\infty) = \frac{\sqrt{\pi}}{2}.$$

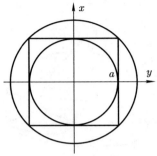

**图 11.9** 求广义积分 $\int_0^{+\infty} e^{-x^2} dx$ 的积分域

这里实际上涉及了无穷限重积分, 与一元时一样, 它定义为常义重积分在积分区域趋于无界区域时的极限.

本节定理中的结论对于高维问题同样成立. 特别地, 考虑柱坐标

$$\begin{cases} x = r\cos\theta, \\ y = r\sin\theta, \\ z = z, \end{cases}$$

雅可比行列式为

$$\left|\frac{\partial(x,y,z)}{\partial(r,\theta,z)}\right| = r,$$

体积微元为 $rdrd\theta dz$.

再看球坐标

$$\begin{cases} x = r\cos\theta\cos\varphi, \\ y = r\sin\theta\cos\varphi, \\ z = r\sin\varphi, \end{cases}$$

雅可比行列式为

$$\left|\frac{\partial(x,y,z)}{\partial(r,\theta,\varphi)}\right| = r^2\cos\varphi,$$

体积微元为

$$r^2\cos\varphi drd\theta d\varphi.$$

**例 11.9** 锥体 $D$ 如图 11.10 所示, 方程为
$$\{(x,y,z)|x^2+y^2 \leqslant z^2, 0 < z \leqslant 1\},$$
求 $\iiint_D \sqrt{x^2+y^2}\mathrm{d}x\mathrm{d}y\mathrm{d}z.$

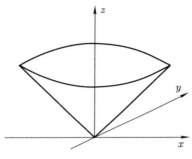

图 11.10　圆锥

**解** 做柱坐标变换, 有
$$\begin{aligned}
\iiint_D \sqrt{x^2+y^2}\mathrm{d}x\mathrm{d}y\mathrm{d}z &= \int_0^{2\pi} \mathrm{d}\theta \int_0^1 \mathrm{d}r \int_r^1 r^2 \mathrm{d}z \\
&= \int_0^{2\pi} \mathrm{d}\theta \int_0^1 (r^2-r^3)\mathrm{d}r \\
&= \int_0^{2\pi} \left(\frac{1}{3}-\frac{1}{4}\right) \mathrm{d}\theta \\
&= \frac{\pi}{6}.
\end{aligned}$$

**例 11.10** 求 $\iiint_D (x^2+y^2+z^2)\mathrm{d}x\mathrm{d}y\mathrm{d}z$, 其中 $D$ 为 $x^2+y^2=z^2$ 与 $x^2+y^2+z^2=a^2$ 相交且 $z \geqslant 0$ 围成的区域, 如图 11.11 所示.

**解** 做球坐标变换, 有
$$\begin{aligned}
\iiint_D (x^2+y^2+z^2)\mathrm{d}x\mathrm{d}y\mathrm{d}z &= \int_{\frac{\pi}{4}}^{\frac{\pi}{2}} \mathrm{d}\varphi \int_0^{2\pi} \mathrm{d}\theta \int_0^a r^4 \cos\varphi \mathrm{d}r \\
&= \int_{\frac{\pi}{4}}^{\frac{\pi}{2}} \cos\varphi \mathrm{d}\varphi \int_0^{2\pi} \mathrm{d}\theta \int_0^a r^4 \mathrm{d}r \\
&= \left(1-\frac{\sqrt{2}}{2}\right) \cdot 2\pi \cdot \frac{a^5}{5} \\
&= \frac{2-\sqrt{2}}{5}\pi a^5.
\end{aligned}$$

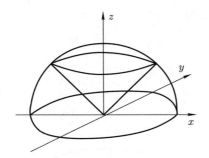

图 11.11 锥与球围成的区域

## 11.6 第一型曲线积分

第一型曲线积分和第一型曲面积分就是关于弧长和面积的积分.

对于一条空间曲线 $\gamma: \boldsymbol{r} = \boldsymbol{r}(t)$, 首先分析其长度的含义. 若除了 $\boldsymbol{r}(\alpha), \boldsymbol{r}(\beta)$ 外, 曲线上没有 $t_1, t_2$ 满足 $\boldsymbol{r}(t_1) = \boldsymbol{r}(t_2)$, 则称该曲线为简单曲线. 例如字母 $a, b$ 都不是简单曲线, $c, o$ 是简单曲线. 而 $\boldsymbol{r}(\alpha) = \boldsymbol{r}(\beta)$ 的曲线称为闭曲线, 字母 $o$ 是闭曲线.

对于简单曲线, 我们首先做分割 $\boldsymbol{\pi}: \alpha = t_0 < t_1 < \cdots < t_n = \beta$, 相应的折线长度为
$$\lambda(\gamma, \boldsymbol{\pi}) = \sum_{i=1}^n \|\boldsymbol{r}(t_i) - \boldsymbol{r}(t_{i-1})\|.$$
因此, 我们定义若 $l(\gamma) = \sup \lambda(\gamma, \boldsymbol{\pi})$ 存在, 则称曲线可求长, 并称 $l(\gamma)$ 为其弧长, 见图 11.12.

图 11.12 简单曲线的弧长

可以证明, 若 $\gamma$ 为连续可微曲线, 则它可求长等价于 $\lim\limits_{|\boldsymbol{\pi}| \to 0} \lambda(\gamma, \boldsymbol{\pi})$ 存在, 且此时
$$l(\gamma) = \int_\alpha^\beta \|\boldsymbol{r}'(t)\| \mathrm{d}t.$$

若简单曲线 $\gamma$ 可求长, 函数 $f(\boldsymbol{r})$ 在 $\gamma$ 上定义, 任给标志点组, 标志点 $Q_i$ 在

$r(t_{i-1})$ 与 $r(t_i)$ 之间的弧上, 且记该段弧长为 $\Delta s_i$, 若 $\sum_{i=1}^{n} f(Q_i)\Delta s_i$ 当 $\max_i \Delta s_i \to 0$ 时有极限, 则称该极限为 $f(r)$ 沿 $\gamma$ 的第一型曲线积分, 即

$$\int_\gamma f(r(s))\mathrm{d}s = \lim_{\max_i \Delta s_i \to 0} \sum_{i=1}^n f(Q_i)\Delta s_i.$$

**定理 11.12** 若 $\gamma$ 为连续可微参数曲线, $\forall t \in (\alpha, \beta), r'(t) \neq 0$, 而 $f(r)$ 在 $\gamma$ 上连续, 则

$$\int_\gamma f(r(s))\mathrm{d}s = \int_\gamma f(r(t))\|r'(t)\|\mathrm{d}t.$$

**例 11.11** 螺旋线 $r(t) = (a\cos t, a\sin t, t)$ 形状的导线 ($t \in [0, T]$), 其密度分布为 $\rho(t) = \rho_1 \cos t + \rho_0$, 求其质量.

**解** 由于
$$\mathrm{d}s = \|(-a\sin t, a\cos t, 1)\|\mathrm{d}t = \sqrt{a^2+1}\mathrm{d}t,$$
故导线质量为
$$\begin{aligned} m(T) &= \int_0^T (\rho_1 \cos t + \rho_0)\sqrt{a^2+1}\mathrm{d}t \\ &= \sqrt{a^2+1}(\rho_0 T + \rho_1 \sin T). \end{aligned}$$

## 11.7 第一型曲面积分

对于一个 $r(u,v)$ 表示的参数曲面, 前面我们已经知道其面积微元为 $\|r_u \times r_v\|\mathrm{d}u\mathrm{d}v$.

对于闭区域 $D \in \mathbb{R}^2$, 若映射
$$r(u,v): D \to S \subset \mathbb{R}^3$$
为单射且连续, 则称 $S$ 为简单曲面. 进一步, 若 $r(u,v)$ 连续可微, 且 $r_u \times r_v \neq 0$, 则称 $S$ 为正则曲面. 对于简单的分块正则曲面, 曲面面积
$$\sigma(S) = \int_D \|r_u \times r_v\|\mathrm{d}u\mathrm{d}v.$$

需要特别指出, 与曲线弧长定义不同, 曲面面积不能简单地以内接折面的面积和来定义.

例如, 对于如图 11.13 所示的圆柱面, 取其内接矩形 $ABCD$, 设 $AB$ 中点为 $G$, 对角线交点为 $F, EF$ 为矩形所在平面的法线. 易知 $EG > EF$, 于是内接小三角形

△$EAB$ 和 △$ECD$ 面积之和大于 $EF \times AB$, 注意到这与宽度 $AC$ 的大小无关. 如果我们把一个取定的矩形 $ABUV$ 平分 $N$ 段 (图中为三段), 再与上面一样地找出法线, 作内接小三角形, 其面积总和大于 $N \times EF \times AB$, 于是只要取的 $N$ 足够大, 可以使内接折面之面积和任意大. 这其实类似于纸灯笼的构造.

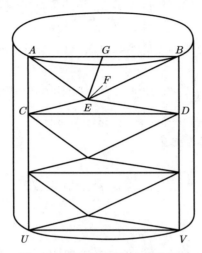

**图 11.13** 圆柱面上的内接折面

对于定义在简单分块正则曲面 $S$ 上的函数, 第一型曲面积分定义为

$$\iint_S f(\boldsymbol{r})\mathrm{d}\sigma = \iint_D f(\boldsymbol{r}(u,v))\|\boldsymbol{r}_u \times \boldsymbol{r}_v\|\mathrm{d}(u,v).$$

这里面积微元的系数中,

$$\boldsymbol{r}_u \times \boldsymbol{r}_v = \left(\det\left(\frac{\partial(y,z)}{\partial(u,v)}\right), \det\left(\frac{\partial(z,x)}{\partial(u,v)}\right), \det\left(\frac{\partial(x,y)}{\partial(u,v)}\right)\right).$$

特别地, 若曲面表示为 $z = z(x,y)$, 则上式变为

$$\boldsymbol{r}_u \times \boldsymbol{r}_v = (-z_x, -z_y, 1),$$

此时, 第一型曲线积分为

$$\iint_S f(\boldsymbol{r})\mathrm{d}\sigma = \iint_D f(x,y,z(x,y))\sqrt{z_x^2 + z_y^2 + 1}\mathrm{d}(x,y).$$

注意到

$$\|\boldsymbol{r}_u \times \boldsymbol{r}_v\|^2 + (\boldsymbol{r}_u, \boldsymbol{r}_v)^2 = \|\boldsymbol{r}_u\|^2\|\boldsymbol{r}_v\|^2,$$

及

$$(\boldsymbol{r}_u, \boldsymbol{r}_v) = F, \|\boldsymbol{r}_u\|^2 = E, \|\boldsymbol{r}_v\|^2 = G,$$

我们知道
$$\|\boldsymbol{r}_u \times \boldsymbol{r}_v\| = \sqrt{EG - F^2},$$
即曲面的第一基本形式确定了面积微元.

**例 11.12** 求椭球面
$$\frac{x^2}{a^2} + \frac{y^2}{b^2} + \frac{z^2}{c^2}$$
的表面积表达式.

**解** 其参数表示为 $\boldsymbol{r} = (a\cos\varphi\cos\theta, b\sin\varphi\cos\theta, c\sin\theta)$，因此
$$\boldsymbol{r}_\varphi = (-a\sin\varphi\cos\theta, b\cos\varphi\cos\theta, c\sin\theta),$$
$$\boldsymbol{r}_\theta = (-a\cos\varphi\cos\theta, b\cos\varphi\cos\theta, c\cos\theta),$$
于是第一基本形式中的
$$E = \|\boldsymbol{r}_\varphi\|^2 = (a^2\sin^2\varphi + b^2\cos^2\varphi)\cos^2\theta,$$
$$F = (\boldsymbol{r}_\varphi, \boldsymbol{r}_\theta) = (a^2 - b^2)\cos\varphi\sin\varphi\cos\theta\sin\theta,$$
$$G = \|\boldsymbol{r}_\theta\|^2 = (a^2\cos^2\varphi + b^2\sin^2\varphi)\sin^2\theta + c^2\cos^2\theta.$$
从而有
$$EG - F^2 = \cos^2\varphi[a^2 b^2 \sin^2\varphi + c^2\cos^2\varphi(a^2\sin^2\theta + b^2\cos^2\theta)].$$
表面积为
$$S = \iint_{[0,2\pi]\times[-\frac{\pi}{2},\frac{\pi}{2}]} \cos\varphi\sqrt{a^2 b^2 \sin^2\varphi + c^2\cos^2\varphi(a^2\sin^2\theta + b^2\cos^2\theta)}\mathrm{d}(\varphi, \theta).$$

**例 11.13** 求双曲抛物面 $z = xy$ 被围在 $x^2 + y^2 \leqslant a^2$ 内的面积 (参见图 11.14).

**解** 因为 $z_x = y, z_y = x$，所以
$$\sigma(S) = \iint_{x^2+y^2\leqslant a^2} \sqrt{1 + x^2 + y^2}\mathrm{d}(x, y)$$
$$= \int_0^{2\pi} \mathrm{d}\theta \int_0^a r\sqrt{1+r^2}\mathrm{d}r$$
$$= \frac{2\pi}{3}\left[(a^2+1)^{3/2} - 1\right].$$

**例 11.14** 求如图 11.15 所示螺旋面 $\boldsymbol{r}(u,v) = (u\cos v, u\sin v, bv)$, $u \in [0, a]$, $v \in [0, 2\pi]$ 上的积分 $\int_S z\mathrm{d}\sigma$.

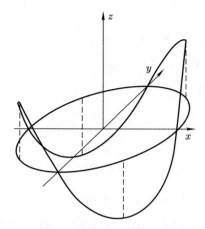

图 11.14 双曲抛物面 ($x, y$ 轴和原点在该曲面上，虚线在圆柱面上)

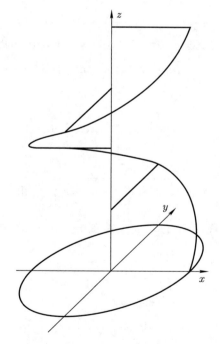

图 11.15 螺旋面

**解** 由于

$$\boldsymbol{r}_u = (\cos v, \sin v, 0),$$

$$\boldsymbol{r}_v = (-u\sin v, u\cos v, b),$$

故

$$E = 1,\ F = 0,\ G = u^2 + b^2,$$
$$EG - F^2 = u^2 + b^2.$$

因此, 积分为

$$\iint_S z\,\mathrm{d}\sigma = \int_0^a \mathrm{d}u \int_0^{2\pi} bv\sqrt{u^2 + b^2}\,\mathrm{d}v$$
$$= \pi^2 b \left( a\sqrt{a^2 + b^2} + b^2 \ln \frac{a + \sqrt{a^2 + b^2}}{b} \right).$$

**例 11.15** 求球面 $x^2 + y^2 + z^2 = a^2$ 上的积分 $\iint_S z^2 \mathrm{d}\sigma$.

**解** 由对称性知

$$\iint_S z^2 \mathrm{d}\sigma = \frac{1}{3} \iint_S (x^2 + y^2 + z^2)\mathrm{d}\sigma$$
$$= \frac{a^2}{3} \iint_S \mathrm{d}\sigma$$
$$= \frac{4\pi}{3} a^4.$$

## 11.8 第二型曲线积分

第一型曲线积分是关于弧长的积分, 可用于计算曲线形状物体的质量等. 第二型曲线积分则不然, 它刻画的是关于坐标的积分.

例如, 我们考虑力场

$$\boldsymbol{F} = \boldsymbol{F}(x,y,z) = (P(x,y,z), Q(x,y,z), R(x,y,z))$$

对沿曲线

$$\Gamma : \boldsymbol{r} = \boldsymbol{r}(t)$$

运动的质点的做功情况.

通过微元法知道, 功

$$W = \lim_{|\pi| \to 0} \sum_{j=1}^n \boldsymbol{F}(\boldsymbol{\xi}_j) \cdot \Delta \boldsymbol{r}_j$$
$$= \int_\Gamma \boldsymbol{F}(\boldsymbol{r}) \cdot \mathrm{d}\boldsymbol{r}$$
$$= \int_\Gamma P\mathrm{d}x + Q\mathrm{d}y + R\mathrm{d}z.$$

这里特别需要注意, 曲线 $\Gamma$ 是有向线段, 若其方向改成反向, 则功的符号改变. 特别地, 若 $\Gamma$ 为闭曲线, 我们将上述积分记为

$$\oint_\Gamma \boldsymbol{F} \cdot \mathrm{d}\boldsymbol{r}.$$

与前面的积分一样, 第二型曲线积分也具有以下一些基本性质.

(1) 线性性:

$$\int_\Gamma (\alpha \boldsymbol{F} + \beta \boldsymbol{G}) \cdot \mathrm{d}\boldsymbol{r} = \alpha \int_\Gamma \boldsymbol{F} \cdot \mathrm{d}\boldsymbol{r} + \beta \int_\Gamma \boldsymbol{G} \cdot \mathrm{d}\boldsymbol{r}.$$

(2) 可加性: 若曲线 $\Gamma$ 由两段曲线 $\Gamma_1$ 与 $\Gamma_2$ 拼接而成, 则

$$\int_\Gamma \boldsymbol{F} \cdot \mathrm{d}\boldsymbol{r} = \int_{\Gamma_1} \boldsymbol{F} \cdot \mathrm{d}\boldsymbol{r} + \int_{\Gamma_2} \boldsymbol{F} \cdot \mathrm{d}\boldsymbol{r}.$$

(3) 有向性: 记曲线 $-\Gamma$ 为 $\Gamma$ 的反向曲线, 则

$$\int_{-\Gamma} \boldsymbol{F} \cdot \mathrm{d}\boldsymbol{r} = -\int_\Gamma \boldsymbol{F} \cdot \mathrm{d}\boldsymbol{r}.$$

(4) 若 $\boldsymbol{r}(t)$ 可微, $\boldsymbol{F}$ 在 $\Gamma$ 上连续, 则

$$\int_\Gamma \boldsymbol{F} \cdot \mathrm{d}\boldsymbol{r} = \int_\alpha^\beta \boldsymbol{F}(\boldsymbol{r}(t)) \cdot \boldsymbol{r}'(t) \mathrm{d}t.$$

注意到有向曲线 $\Gamma$ 的切线方向为 $\dfrac{\boldsymbol{r}'(t)}{\|\boldsymbol{r}'(t)\|}$, 第二型积分可以改写成第一型积分:

$$\int_\Gamma \boldsymbol{F} \cdot \mathrm{d}\boldsymbol{r} = \int_\alpha^\beta \boldsymbol{F} \cdot \dfrac{\boldsymbol{r}'(t)}{\|\boldsymbol{r}'(t)\|} \mathrm{d}s.$$

可以看到这样表述的第一型曲线积分中 $\boldsymbol{r}'(t)$ 对于反向的曲线就会多出一个负号, 这体现了两种曲线积分在有向性上是不同的.

作为例子, 考虑椭圆 $E: (x,y) = (a\cos t, b\sin t), t \in [0, 2\pi]$ 上的以下积分.

**例 11.16** 计算

$$I = \frac{1}{2} \oint_E x\mathrm{d}y - y\mathrm{d}x.$$

**解**

$$\begin{aligned} I &= \frac{1}{2} \int_0^{2\pi} a\cos t \cdot b\cos t + b\sin t \cdot a\sin t \mathrm{d}t \\ &= \pi ab. \end{aligned}$$

我们看到上式刚好等于椭圆面积.

**例 11.17** 计算
$$L = \frac{1}{2}\oint_E x\mathrm{d}y + y\mathrm{d}x.$$

**解**
$$L = \frac{1}{2}\int_0^{2\pi}(a\cos t \cdot b\cos t - b\sin t \cdot a\sin t)\mathrm{d}t$$
$$= 0.$$

**例 11.18** 计算
$$M = \oint_E \frac{x\mathrm{d}y + y\mathrm{d}x}{x^2+y^2}.$$

**解**
$$M = \int_0^{2\pi}\frac{a\cos t \cdot b\cos t + b\sin t \cdot a\sin t}{a^2\cos^2 t + b^2\sin^2 t}\mathrm{d}t$$
$$= \int_0^{2\pi}\frac{2ab}{(a^2+b^2)+(a^2-b^2)\cos 2t}\mathrm{d}t.$$

当 $a = b$ 时, 上式为 $2\pi$. 否则, 不妨设 $a > b$, 我们进一步计算 (令 $p = \tan t$)
$$M = 4\int_0^{\frac{\pi}{2}}\frac{2ab}{(a^2+b^2)+(a^2-b^2)\cos 2t}\mathrm{d}t$$
$$= 4\int_0^{+\infty}\frac{ab}{a^2+b^2p^2}\mathrm{d}p$$
$$= 4\arctan\frac{bp}{a}\Big|_0^{+\infty}$$
$$= 2\pi.$$

事实上, 被积表达式相应于椭圆切线与水平方向的夹角的微分 $\mathrm{d}\arctan\frac{y}{x}$, 旋转一圈后得 $2\pi$[①].

## 11.9 第二型曲面积分

第二型曲面积分的物理原型是流量. 如图 11.16 所示, 考虑速度 $\boldsymbol{v}(\boldsymbol{r}) = (P, Q, R)$ 的水流过局部单位法向量为 $\boldsymbol{n} = (\cos\alpha, \cos\beta, \cos\gamma)$, 面积为 $\mathrm{d}\sigma$ 的曲面微元, 其流量为 $\mathrm{d}F = (\boldsymbol{v}\cdot\boldsymbol{n})\mathrm{d}\sigma$. 因此, 我们定义向量场 $\boldsymbol{v}(\boldsymbol{r})$ 在曲面 $S$ 上的第二型积分为
$$F = \iint_S \boldsymbol{v}\cdot\boldsymbol{n}\mathrm{d}\sigma.$$

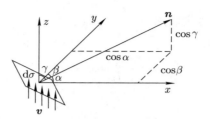

图 11.16  第二型曲面积分的微元

该积分可化为第一型曲面积分

$$F = \iint_S (P\cos\alpha + Q\cos\beta + R\cos\gamma)\mathrm{d}\sigma.$$

与曲线一样，曲面也需要定向. 前面我们知道，对于正则简单曲面，其单位法向量为

$$\boldsymbol{n} = \frac{\boldsymbol{r}_u \times \boldsymbol{r}_v}{\|\boldsymbol{r}_u \times \boldsymbol{r}_v\|},$$

因而它是关于自变量的连续函数，曲面 (局部) 处处可定向.

然而，局部可定向并不一定全局可定向. 例如默比乌斯 (Möbius) 带的参数表示式如下 (参见图 11.17):

$$x = \left(a + v\sin\frac{u}{2}\right)\cos u, \ y = \left(a + v\sin\frac{u}{2}\right)\sin u, \ z = v\cos\frac{u}{2},$$

其中

$$0 \leqslant u \leqslant 2\pi, \ -b \leqslant v \leqslant b.$$

计算可得

$$\boldsymbol{r}_u = \Big( -\left(a + v\sin\frac{u}{2}\right)\sin u + \frac{v}{2}\cos\frac{u}{2}\cos u,$$
$$\left(a + v\sin\frac{u}{2}\right)\cos u + \frac{v}{2}\cos\frac{u}{2}\sin u, -\frac{v}{2}\sin\frac{u}{2} \Big),$$
$$\boldsymbol{r}_v = \left(\sin\frac{u}{2}\cos u, \sin\frac{u}{2}\sin u, \cos\frac{u}{2}\right),$$

于是

$$\boldsymbol{r}_u \times \boldsymbol{r}_v = \Big( a\cos u\cos\frac{u}{2} + \frac{v}{2}(\sin u + \cos u),$$
$$\left(a + v\sin\frac{u}{2}\right)\sin u\cos\frac{u}{2} - \frac{v}{2}\cos u, -\left(a + v\sin\frac{u}{2}\right)\sin\frac{u}{2} \Big).$$

注意到 $(u,v) = (0,0)$ 与 $(u,v) = (2\pi,0)$ 为同一点，但其法向量反号，分别为 $(0,a,0) \times (0,0,1)$ 与 $(0,a,0) \times (0,0,-1)$.

---

① 需要注意，$\arctan\dfrac{y}{x}$ 在原点无定义，在 $x$ 轴其他地方可以补充定义为 $\pm\dfrac{\pi}{2}$.

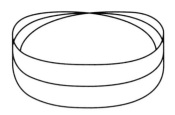

图 11.17　默比乌斯带

作为比较, 我们看一下圆柱面

$$x = a\cos u,\ y = a\sin u,\ z = v,\ 0 \leqslant u \leqslant 2\pi, -b \leqslant v \leqslant b.$$

其法向量为

$$\begin{aligned}\boldsymbol{r}_u \times \boldsymbol{r}_v &= (-a\sin u, a\cos u, 0) \times (0, 0, 1) \\ &= (a\cos u, a\sin u, 0) \\ &= (x, y, 0).\end{aligned}$$

在圆柱面每一点处都存在唯一法向量, 因此全局可定向.

比较复杂的曲面可以是通过拼接而得的. 我们称 $\mathbb{R}^2$ 上一条连续且分段连续可微的简单闭曲线围成的闭区域为初等区域, 称定义在初等区域上的正则简单参数曲面为初等曲面.

拼接曲面为规则相处的有限块初等曲面组成的曲面, 例如图 11.18 所示的正方体. 这里, 规则相处是指:

(1) 任意两块初等曲面至多只相交于边界处一段曲线;

(2) 任意三块初等曲面至多只相交于边界上一点.

对于拼接曲面, 其定向由下述法则确定:

(1) 诱导定向法则: 在曲面 $E$ 的正侧沿边界曲线 $\partial E$ 的正方向前进时, $E$ 在 $\partial E$ 的左方 (右手定则).

(2) $E_1$ 与 $E_2$ 称为定向协调的, 若 $E_1 \cap E_2 = \varnothing$ 或独点集, 或者 $E_1 \cap E_2$ 为一条边界曲线而且该曲线在 $E_1$ 与 $E_2$ 上定向相反.

(3) 曲面定向由上述协调定向确定.

例如: 对于球面, 曲面方向就是半径方向; 对于圆柱, 外法向即是所在点处的半径方向. 对于默比乌斯带, 无法把它分割成若干初等曲面并协调地定向.

对于有定向 $\boldsymbol{n} = (\cos\alpha, \cos\beta, \cos\gamma)$ 的曲面, 我们注意到 $\cos\alpha\mathrm{d}\sigma$ 是 $\mathrm{d}\sigma$ 在 $(y, z)$ 平面上的投影, 因此定义它为楔积

$$\mathrm{d}y \wedge \mathrm{d}z = \cos\alpha\mathrm{d}\sigma.$$

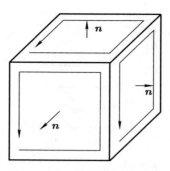

图 11.18 拼接曲面及其定向

类似地定义
$$dz \wedge dx = \cos\beta d\sigma, \ dx \wedge dy = \cos\gamma d\sigma.$$

于是
$$\boldsymbol{n}d\sigma = (dy \wedge dz, dz \wedge dx, dx \wedge dy).$$

如果曲面采用参数表示 $\boldsymbol{r} = \boldsymbol{r}(u,v)$，则
$$\boldsymbol{n} = \frac{\boldsymbol{r}_u \times \boldsymbol{r}_v}{\|\boldsymbol{r}_u \times \boldsymbol{r}_v\|} = \frac{1}{\sqrt{A^2+B^2+C^2}}(A,B,C),$$

其中
$$A = \det\left(\frac{\partial(y,z)}{\partial(u,v)}\right), \ B = \det\left(\frac{\partial(z,x)}{\partial(u,v)}\right), \ C = \det\left(\frac{\partial(x,y)}{\partial(u,v)}\right).$$

特别地，若 $z = z(x,y)$，则 $A = -z_x, B = -z_y, C = 1$.

楔积是代数面积，在正交直角坐标系 (满足右手法则) 下与乘积是一致的. 与通常的乘积的区别在于它们有符号，交换顺序时要改变正负号，即
$$dy \wedge dz = -dz \wedge dy.$$

对于向量场 $\boldsymbol{v}(x,y,z) = (P,Q,R)$，定义第二型积分 $\iint_S \boldsymbol{v}\cdot\boldsymbol{n}d\sigma$，它可展开成
$$\iint_S \boldsymbol{v}\cdot\boldsymbol{n}d\sigma = \iint_S Pdy\wedge dz + Qdz\wedge dx + Rdx\wedge dy.$$

对于可定向的闭曲面，我们将上式记为
$$\oiint_S \boldsymbol{v}\cdot\boldsymbol{n}d\sigma = \oiint_S Pdy\wedge dz + Qdz\wedge dx + Rdx\wedge dy.$$

参数表示下，有
$$\iint_S \boldsymbol{v}\cdot\boldsymbol{n}d\sigma = \iint_D (PA+QB+RC)d(u,v).$$

特别地, 若 $z = z(x,y)$, 则
$$\iint_S \boldsymbol{v} \cdot \boldsymbol{n} \mathrm{d}\sigma = \iint_D (-Pz_x - Qz_y + R)\mathrm{d}(x,y).$$

作为一个记号, 若曲面 $S$ 的定向改成 $-\boldsymbol{n}$, 我们记该曲面为 $-S$, 于是
$$\iint_{-S} \boldsymbol{v} \cdot \boldsymbol{n} \mathrm{d}\sigma = -\iint_S \boldsymbol{v} \cdot \boldsymbol{n} \mathrm{d}\sigma.$$

**例 11.19** 计算积分
$$I = \frac{1}{3} \oiint_S x\mathrm{d}y \wedge \mathrm{d}z + y\mathrm{d}z \wedge \mathrm{d}x + z\mathrm{d}x \wedge \mathrm{d}y,$$
其中 $S$ 是 $x^2 + y^2 + z^2 = a^2$ 的外表面.

**解** $\boldsymbol{n} = \left(\dfrac{x}{a}, \dfrac{y}{a}, \dfrac{z}{a}\right)$, 因此
$$\begin{aligned}
I &= \frac{1}{3} \oiint_S (x,y,z) \cdot \boldsymbol{n} \mathrm{d}\sigma \\
&= \frac{1}{3} \oiint_S \frac{x^2 + y^2 + z^2}{a} \mathrm{d}\sigma \\
&= \frac{a}{3} \oiint_S 1 \mathrm{d}\sigma \\
&= \frac{4}{3}\pi a^3,
\end{aligned}$$
刚好等于球的体积.

**例 11.20** 计算积分
$$I = \frac{1}{3} \oiint_S x\mathrm{d}y \wedge \mathrm{d}z + y\mathrm{d}z \wedge \mathrm{d}x + z\mathrm{d}x \wedge \mathrm{d}y,$$
其中 $S$ 是 $|x| \leqslant a, |y| \leqslant b, |z| \leqslant c$ 的长方体的外表面.

**解** 我们考虑长方体的一个表面 $z = c, |x| \leqslant a, |y| \leqslant b$, 其法向为 $(0,0,1)$, 则相应积分为
$$\begin{aligned}
I_1 &= \frac{1}{3} \iint_{S_1} x\mathrm{d}y \wedge \mathrm{d}z + y\mathrm{d}z \wedge \mathrm{d}x + z\mathrm{d}x \wedge \mathrm{d}y \\
&= \frac{1}{3} \iint_{S_1} c\mathrm{d}x \wedge \mathrm{d}y \\
&= \frac{4}{3} abc.
\end{aligned}$$

因此，在六个表面上由对称性，有
$$I = \frac{1}{3} \oiint_S x \mathrm{d}y \wedge \mathrm{d}z + y \mathrm{d}z \wedge \mathrm{d}x + z \mathrm{d}x \wedge \mathrm{d}y$$
$$= 6 \times \frac{4}{3} abc$$
$$= 8abc,$$

也刚好等于立方体的体积．

**例 11.21** 计算积分
$$I = \frac{1}{3} \oiint_S x^2 \mathrm{d}y \wedge \mathrm{d}z + y^2 \mathrm{d}z \wedge \mathrm{d}x + z^2 \mathrm{d}x \wedge \mathrm{d}y,$$
其中 $S$ 是 $x^2 + y^2 + z^2 = a^2$ 的外表面．

**解** 由对称性，有
$$I = \oiint (x^2, y^2, z^2) \cdot \frac{(x, y, z)}{\sqrt{x^2 + y^2 + z^2}} \mathrm{d}\sigma$$
$$= \oiint \frac{x^3 + y^3 + z^3}{\sqrt{x^2 + y^2 + z^2}} \mathrm{d}\sigma$$
$$= 0.$$

## 11.10  格林公式、高斯公式和斯托克斯公式

考虑平面上的带状区域 (如图 11.19(a) 所示)
$$D = \{(x, y) : a \leqslant x \leqslant b, y_1(x) \leqslant y \leqslant y_2(x)\}.$$

若所涉及的函数充分连续，则有
$$\int_{\partial D} P \mathrm{d}x = -\int_a^b P(x, y_2(x)) \mathrm{d}x + \int_a^b P(x, y_1(x)) \mathrm{d}x$$
$$= -\int_a^b \int_{y_1(x)}^{y_2(x)} \frac{\partial}{\partial y} P(x, y) \mathrm{d}y \mathrm{d}x$$
$$= -\iint_D \frac{\partial}{\partial y} P(x, y) \mathrm{d}(x, y).$$

对于更一般性的区域 (如图 11.19(b) 所示)，可以沿着 $y$ 轴方向进行分割，使得每个小区域都是带状区域，用积分的可加性知道上式同样成立，其中分割所用直线两侧积分方向相反而抵消．

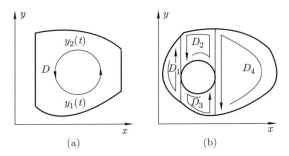

图 11.19 格林公式: (a) 带状区域; (b) 一般区域

同理, 对于 $x$ 的积分

$$\int_{\partial D} Q\mathrm{d}y = \iint_D \frac{\partial}{\partial x} Q\mathrm{d}(x,y),$$

两式相加得到格林公式 (Green's formula)

$$\int_{\partial D} P\mathrm{d}x + Q\mathrm{d}y = \iint_D (Q_x - P_y)\mathrm{d}(x,y)$$
$$= \iint_D \begin{vmatrix} \partial x & \partial y \\ P & Q \end{vmatrix} \mathrm{d}(x,y).$$

也就是说, 封闭曲线上的第二型曲线积分可以用它所围区域上的二重积分来求得.

容易验算, 边界分段连续可微的闭区域面积

$$\sigma(\Omega) = \iint_\Omega 1\mathrm{d}(x,y)$$
$$= \oint_{\partial\Omega} x\mathrm{d}y$$
$$= -\oint_{\partial\Omega} y\mathrm{d}x$$
$$= \frac{1}{2} \oint_{\partial\Omega} x\mathrm{d}y - y\mathrm{d}x.$$

**例 11.22** 求椭圆 $x = a\cos t, y = b\sin t (t \in [0, 2\pi])$ 的面积.

**解**

$$\sigma(\Omega) = \frac{1}{2} \oint_{\partial\Omega} x\mathrm{d}y - y\mathrm{d}x$$
$$= \frac{1}{2} \int_0^{2\pi} a\cos t(b\sin t)' - b\sin t(a\cos t)'\mathrm{d}t$$
$$= ab\pi.$$

**例 11.23**  求星形线 $x = a\cos^3 t, y = a\sin^3 t\ (t \in [0, 2\pi])$ 内部的面积.

**解**
$$\begin{aligned}\sigma(\Omega) &= \frac{1}{2}\oint_{\partial\Omega} x\mathrm{d}y - y\mathrm{d}x \\ &= \frac{1}{2}\int_0^{2\pi}[a\cos^3 t(a\sin^3 t)' - a\sin^3 t(a\cos^3 t)']\mathrm{d}t \\ &= \frac{3}{8}\pi a^2.\end{aligned}$$

**例 11.24**  求 $\oint_{\partial\Omega} \dfrac{x\mathrm{d}y - y\mathrm{d}x}{x^2 + y^2}$，其中 $\Omega$ 为半径为 $r$ 的圆.

**解**
$$\begin{aligned}\oint_{\partial\Omega} \frac{x\mathrm{d}y - y\mathrm{d}x}{x^2 + y^2} &= \int_0^{2\pi} \frac{r\cos t(r\sin t)' - r\sin t(r\cos t)'}{r^2}\mathrm{d}t \\ &= 2\pi.\end{aligned}$$

事实上，
$$\frac{x\mathrm{d}y - y\mathrm{d}x}{x^2 + y^2} = \mathrm{d}\arctan\frac{y}{x}$$
应该对任何绕原点的连续简单闭曲线都得到积分 $2\pi$. 但是，计算并不总是很容易. 在前一节对椭圆经过积分可以得到
$$\begin{aligned}\oint_{\partial\Omega} \frac{x\mathrm{d}y - y\mathrm{d}x}{x^2 + y^2} &= \int_0^{2\pi} \frac{a\cos t(b\sin t)' - b\sin t(a\cos t)'}{a^2\cos^2 t + b^2\sin^2 t}\mathrm{d}t \\ &= \int_0^{2\pi} \frac{ab}{a^2\cos^2 t + b^2\sin^2 t}\mathrm{d}t \\ &= 2\pi.\end{aligned}$$

对于更一般的图形 $D$，不定积分不一定能求出来.

解决办法是定义 $\widetilde{D} = D \setminus \Omega$，其中圆 $\Omega$ 的半径 $r$ 充分小（见图 11.20）[①]. 在 $\widetilde{D}$ 上运用格林公式，我们可以得到
$$\begin{aligned}\oint_{\partial\widetilde{D}} \frac{x\mathrm{d}y - y\mathrm{d}x}{x^2 + y^2} &= \iint_{\widetilde{D}} -\frac{\partial}{\partial y}\left(-\frac{y}{x^2 + y^2}\right) + \frac{\partial}{\partial x}\left(\frac{x}{x^2 + y^2}\right)\mathrm{d}(x, y) \\ &= 0.\end{aligned}$$

另一方面，
$$\oint_{\partial\widetilde{D}} \frac{x\mathrm{d}y - y\mathrm{d}x}{x^2 + y^2} = \oint_{\partial D} \frac{x\mathrm{d}y - y\mathrm{d}x}{x^2 + y^2} - \oint_{\partial\Omega} \frac{x\mathrm{d}y - y\mathrm{d}x}{x^2 + y^2},$$

---
[①] 这种思想在复变函数课程中的留数定理部分也有应用.

从而有
$$\oint_{\partial D} \frac{x\mathrm{d}y - y\mathrm{d}x}{x^2+y^2} = \oint_{\partial \Omega} \frac{x\mathrm{d}y - y\mathrm{d}x}{x^2+y^2} = 2\pi.$$

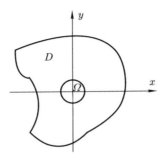

图 11.20　利用格林公式计算一般区域上的定积分

接着我们推广到三维空间的曲面上. 考虑二阶连续可微简单参数曲面

$$\Omega: \boldsymbol{r} = \boldsymbol{r}(u,v),\ (u,v) \in D \subset \mathbb{R}^2.$$

做变量代换可知

$$\oint_{\partial \Omega} P\mathrm{d}x = \oint_{\partial D} P(x_u \mathrm{d}u + x_v \mathrm{d}v)$$
$$= \iint_D \begin{vmatrix} \partial u & \partial v \\ Px_u & Px_v \end{vmatrix} \mathrm{d}(u,v).$$

而
$$\begin{vmatrix} \partial u & \partial v \\ Px_u & Px_v \end{vmatrix} = [(P_x x_u + P_y y_u + P_z z_u)x_v + P x_{uv}] - [(P_x x_v + P_y y_v + P_z z_v)x_u + P x_{uv}]$$
$$= -P_y \det\left(\frac{\partial(x,y)}{\partial(u,v)}\right) + P_z \det\left(\frac{\partial(z,x)}{\partial(u,v)}\right).$$

因此,
$$\oint_{\partial \Omega} P\mathrm{d}x = \iint_D \left[-P_y \det\left(\frac{\partial(x,y)}{\partial(u,v)}\right) + P_z \det\left(\frac{\partial(z,x)}{\partial(u,v)}\right)\right] \mathrm{d}(u,v)$$
$$= \iint_\Omega -P_y \mathrm{d}x \wedge \mathrm{d}y + P_z \mathrm{d}z \wedge \mathrm{d}x.$$

同理,
$$\oint_{\partial\Omega} Q\mathrm{d}y = \iint_{\Omega} Q_x\mathrm{d}x\wedge\mathrm{d}y - Q_z\mathrm{d}y\wedge\mathrm{d}z,$$
$$\oint_{\partial\Omega} R\mathrm{d}z = \iint_{\Omega} R_y\mathrm{d}y\wedge\mathrm{d}z - R_x\mathrm{d}z\wedge\mathrm{d}x.$$

上述三式相加得到斯托克斯公式 (Stokes formula):

$$\oint_{\partial\Omega} P\mathrm{d}x + Q\mathrm{d}y + R\mathrm{d}z = \iint_{\Omega} \begin{vmatrix} \mathrm{d}y\wedge\mathrm{d}z & \mathrm{d}z\wedge\mathrm{d}x & \mathrm{d}x\wedge\mathrm{d}y \\ \partial x & \partial y & \partial z \\ P & Q & R \end{vmatrix}$$

$$= \iint_{\Omega} \begin{vmatrix} \cos\alpha & \cos\beta & \cos\gamma \\ \partial x & \partial y & \partial z \\ P & Q & R \end{vmatrix} \mathrm{d}\sigma$$

$$= \iint_{\Omega} \begin{vmatrix} \boldsymbol{i} & \boldsymbol{j} & \boldsymbol{k} \\ \partial x & \partial y & \partial z \\ P & Q & R \end{vmatrix} \cdot \boldsymbol{n}\mathrm{d}\sigma.$$

斯托克斯公式对一般的多块拼接曲面也成立.

与格林公式和斯托克斯公式类似, 空间封闭曲面上的第二型曲面积分, 可化为它所包围的区域上的体积积分. 考虑 $\Omega \subset \mathbb{R}^3$ 为闭区域, 并讨论曲面积分

$$\oiint_{\partial\Omega} P\mathrm{d}y\wedge\mathrm{d}z + Q\mathrm{d}z\wedge\mathrm{d}x + R\mathrm{d}x\wedge\mathrm{d}y.$$

先考虑在柱体
$$H = \{(x,y,z) : x_1(y,z) \leqslant x \leqslant x_2(y,z), (y,z) \in D \subset \mathbb{R}^2\}$$

上的积分
$$\oiint_{\partial H} P\mathrm{d}y\wedge\mathrm{d}z,$$

该式仅在柱体的两侧积分非零, 于是

$$\oiint_{\partial H} P\mathrm{d}y\wedge\mathrm{d}z$$
$$= -\iint_D P(x_1(y,z),y,z)\mathrm{d}(y,z) + \iint_D P(x_2(y,z),y,z)\mathrm{d}(y,z)$$
$$= \iiint_H \frac{\partial}{\partial x}P(x,y,z)\mathrm{d}(x,y,z).$$

类似于格林公式, 上式也可以推广到一般的闭区域上, 即

$$\oiint_{\partial\Omega} P\mathrm{d}y \wedge \mathrm{d}z = \iiint_\Omega \frac{\partial P}{\partial x}\mathrm{d}(x,y,z).$$

另两种曲面积分同理可得. 相加后, 我们得到高斯公式 (Gauss formula)

$$\oiint_{\partial\Omega} P\mathrm{d}y \wedge \mathrm{d}z + Q\mathrm{d}z \wedge \mathrm{d}z + R\mathrm{d}x \wedge \mathrm{d}y = \iiint_\Omega \left(\frac{\partial P}{\partial x} + \frac{\partial Q}{\partial y} + \frac{\partial R}{\partial z}\right)\mathrm{d}(x,y,z).$$

## 11.11 场论初步

观察斯托克斯公式和高斯公式, 我们会自然地定义向量场的散度和旋度, 加上之前讲过的梯度, 就得到了场论的基本对象. 其实, 这三者共同之处就是可以用算子 $\nabla = (\partial x, \partial y, \partial z)$ 来描述, $\nabla$ 算子的三种作用方式分别给出梯度、散度和旋度[①].

### 11.11.1 梯度、散度和旋度

做梯度时, $\nabla$ 算子作用在标量场 $f(\boldsymbol{r})$ 上得到向量场:

$$\nabla f(\boldsymbol{r}) = (\partial_x f, \partial_y f, \partial_z f) = (\partial_x, \partial_y, \partial_z)f.$$

由梯度可以得出沿任何一个方向 $\boldsymbol{e}$ 的方向导数 ($\|\boldsymbol{e}\| = 1$):

$$\frac{\partial f}{\partial \boldsymbol{e}} = \nabla f \cdot \boldsymbol{e}.$$

由此可知, 沿着 $\frac{\nabla f}{\|\nabla f\|}$ 方向, 函数增长最快, 沿着 $-\frac{\nabla f}{\|\nabla f\|}$ 方向, 函数减小最快. $\frac{\nabla f}{\|\nabla f\|}$ 也是等值面 $f(\boldsymbol{r}) = C$ (二维时是等值线) 的法线方向.

做散度时, $\nabla$ 算子作用在向量场 $\boldsymbol{F}(\boldsymbol{r}) = (P, Q, R)$ 上, 结果是标量场:

$$\nabla \cdot \boldsymbol{F}(\boldsymbol{r}) = \partial_x P + \partial_y Q + \partial_z R = (\partial_x, \partial_y, \partial_z) \cdot (P, Q, R).$$

由高斯公式, 散度就是

$$\nabla \cdot \boldsymbol{F} = \lim_{|\Omega| \to 0} \frac{1}{|\Omega|} \oiint_{\partial\Omega} \boldsymbol{F} \cdot \boldsymbol{n}\mathrm{d}\sigma.$$

它刻画了单位体积的通量 (向量场流入控制体积中的流量), 因而刻画了源 (source) 或汇 (sink) 的性质[②].

---

[①] $\nabla$ 算子有时也叫作哈密顿 (Hamilton) 算子.
[②] 散度有时候也写成 $\mathrm{div} \equiv \nabla\cdot$.

做旋度时, $\nabla$ 算子作用在向量场 $\boldsymbol{F}(\boldsymbol{r}) = (P, Q, R)$ 上, 结果是向量场:

$$\nabla \times \boldsymbol{F}(\boldsymbol{r}) = \begin{vmatrix} \boldsymbol{i} & \boldsymbol{j} & \boldsymbol{k} \\ \partial_x & \partial_y & \partial_z \\ P & Q & R \end{vmatrix}$$
$$= (\partial_x, \partial_y, \partial_z) \times (P, Q, R).$$

从斯托克斯公式知道, 可以定义方向旋量为

$$\nabla \times \boldsymbol{F} \cdot \boldsymbol{n} = \lim_{|\Omega| \to 0} \frac{1}{|\Omega|} \oint_{\partial \Omega} \boldsymbol{F} \cdot \mathrm{d}\boldsymbol{r}$$
$$= \lim_{|\Omega| \to 0} \frac{1}{|\Omega|} \oint_{\partial \Omega} \boldsymbol{F} \cdot \boldsymbol{T} \mathrm{d}s,$$

其中 $\boldsymbol{n}$ 为 $\Omega$ 的法向量. 因此, 方向旋量当且仅当 $\boldsymbol{n}$ 沿着 $\nabla \times \boldsymbol{F}$ 方向时最大[1].

上述极限形式的定义表明, 散度和旋度都是有几何意义的量, 与坐标选择无关. 下面以两个向量场为例来计算散度和旋度.

$\boldsymbol{F}(x, y, z) = (x, y, 0)$. 这是一个在垂直于 $z$ 轴的平面上沿径向指向无穷, 随着与 $z$ 轴距离越大, 向量长度越长的场. 其散度为 2, 旋度为 $(0, 0, 0)$.

$\boldsymbol{F}(x, y, z) = (-y, x, 0)$. 这是一个在垂直于 $z$ 轴的平面上垂直径向, 随着距离越大, 向量长度越长的场. 其散度为 0, 旋度为 $(0, 0, 2)$.

我们再换一个角度, 考虑 $(x, y)$ 平面上以角速度 $\omega$ 旋转的速度场:

$$\boldsymbol{v} = \omega \boldsymbol{r} \times \boldsymbol{k}$$
$$= \omega r(\cos\theta, \sin\theta, 0) \times (0, 0, 1)$$
$$= \omega r(-\sin\theta, \cos\theta, 0).$$

它与切向量 $\boldsymbol{T} = (-\sin\theta, \cos\theta, 0)$ 平行, 方向旋量为

$$\nabla \times \boldsymbol{F} \cdot \boldsymbol{n} = \lim_{r \to 0} \frac{1}{\pi r^2} \oint_{\partial \Omega} \boldsymbol{F} \cdot \mathrm{d}\boldsymbol{r}$$
$$= \lim_{r \to 0} \frac{1}{\pi r^2} \int_0^{2\pi} \omega r(-\sin\theta, \cos\theta, 0) \cdot (-\sin\theta, \cos\theta, 0) r \mathrm{d}\theta$$
$$= 2\omega.$$

既然 $\nabla$ 算子在直角坐标系下是偏微分算子组合起来的向量, 那么它就有微分算子一样的线性性:

$$\nabla(\alpha f + \beta f) = \alpha \nabla f + \beta \nabla g,$$
$$\nabla \cdot (\alpha \boldsymbol{F} + \beta \boldsymbol{G}) = \alpha \nabla \cdot \boldsymbol{F} + \beta \nabla \cdot \boldsymbol{G},$$
$$\nabla \times (\alpha \boldsymbol{F} + \beta \boldsymbol{G}) = \alpha \nabla \times \boldsymbol{F} + \beta \nabla \times \boldsymbol{G}.$$

---

[1]旋度有时候也写成 rot $\equiv \nabla \times$, 或者 curl.

### 11.11.2 场论公式

关于两个函数积的梯度、散度和旋度，可能有以下一些情况:
(1) 两个标量函数之积. 此时仅可以求梯度，有

$$\nabla(fg) = g\nabla f + f\nabla g.$$

(2) 一个标量函数与一个向量函数之积. 此时可以求散度和旋度，有

$$\nabla \cdot (f\boldsymbol{F}) = f\nabla \cdot \boldsymbol{F} + \nabla f \cdot \boldsymbol{F},$$
$$\nabla \times (f\boldsymbol{F}) = \nabla f \times \boldsymbol{F} + f\nabla \times \boldsymbol{F}.$$

(3) 两个向量函数可以先求内积，再求梯度:

$$\nabla(\boldsymbol{F} \cdot \boldsymbol{G}) = \boldsymbol{F} \cdot \nabla \boldsymbol{G} + \nabla \boldsymbol{F} \cdot \boldsymbol{G}.$$

也可以先求叉积，再求散度和旋度:

$$\nabla \cdot (\boldsymbol{F} \times \boldsymbol{G}) = -\boldsymbol{F} \cdot (\nabla \times \boldsymbol{G}) + (\nabla \times \boldsymbol{F}) \cdot \boldsymbol{G},$$
$$\nabla \times (\boldsymbol{F} \times \boldsymbol{G}) = (\boldsymbol{F} \cdot \nabla)\boldsymbol{G} - (\boldsymbol{G} \cdot \nabla)\boldsymbol{F} + (\nabla \cdot \boldsymbol{G})\boldsymbol{F} - (\nabla \cdot \boldsymbol{F})\boldsymbol{G}.$$

最后一个式子的证明如下:

$$\begin{aligned}\nabla \times (\boldsymbol{F} \times \boldsymbol{G}) &= \sum_{l,m,n} \partial_l(F_m G_n)\boldsymbol{e}_l \times (\boldsymbol{e}_m \times \boldsymbol{e}_n) \\ &= \sum_{l,m,n} \partial_l(F_m G_n)(\delta_{ln}\boldsymbol{e}_m - \delta_{lm}\boldsymbol{e}_n) \\ &= \sum_{l,m} \partial_l(F_m G_l)\boldsymbol{e}_m - \sum_{l,m} \partial_l(F_l G_n)\boldsymbol{e}_n \\ &= \sum_{l,m} \partial_l(F_m G_l - F_l G_m)\boldsymbol{e}_m \\ &= (\boldsymbol{F} \cdot \nabla)\boldsymbol{G} - (\boldsymbol{G} \cdot \nabla)\boldsymbol{F} + (\nabla \cdot \boldsymbol{G})\boldsymbol{F} - (\nabla \cdot \boldsymbol{F})\boldsymbol{G}.\end{aligned}$$

此外，还有以下性质:

$$\nabla f \cdot \mathrm{d}\boldsymbol{r} = \mathrm{d}f.$$

对于函数两次用 $\nabla$ 算子作用，可以有以下情形.
(1) 标量函数求梯度，得到一个向量函数，可以再求其散度:

$$\nabla \cdot (\nabla f) = \Delta f = \partial_x^2 f + \partial_y^2 f + \partial_z^2 f.$$

这就是之前讲过的拉普拉斯算子.
还可以先求梯度, 再求旋度:

$$\nabla \times (\nabla f) = \begin{vmatrix} \boldsymbol{i} & \boldsymbol{j} & \boldsymbol{k} \\ \partial_x & \partial_y & \partial_z \\ f_x & f_y & f_z \end{vmatrix}$$

$$= \begin{vmatrix} \boldsymbol{i} & \boldsymbol{j} & \boldsymbol{k} \\ \partial_x & \partial_y & \partial_z \\ \partial_x & \partial_y & \partial_z \end{vmatrix} f$$

$$= 0.$$

这通常叫作有势无旋.

(2) 向量函数可以先求散度、再求梯度:

$$\nabla(\nabla \cdot \boldsymbol{F}) = (P_{xx} + Q_{xy} + R_{xz}, P_{xy} + Q_{yy} + R_{yz}, P_{xz} + Q_{yz} + R_{zz}).$$

或者先求旋度, 再求散度:

$$\nabla \cdot (\nabla \times \boldsymbol{F}) = (\partial_x, \partial_y, \partial_z) \cdot \begin{vmatrix} \boldsymbol{i} & \boldsymbol{j} & \boldsymbol{k} \\ \partial_x & \partial_y & \partial_z \\ P & Q & R \end{vmatrix}$$

$$= \begin{vmatrix} \partial_x & \partial_y & \partial_z \\ \partial_x & \partial_y & \partial_z \\ P & Q & R \end{vmatrix}$$

$$= 0.$$

这通常叫作有旋无源.

如果先求旋度、再求旋度, 有

$$\nabla \times (\nabla \times \boldsymbol{F}) = -\Delta \boldsymbol{F} + \nabla(\nabla \cdot \boldsymbol{F}).$$

值得说明的是, 在上述行列式表述中, 习惯上是指按照从上往下的顺序进行展开, 因此偏微分算子仅作用于第三行的函数.

### 11.11.3 曲线坐标系下的计算

设曲线坐标系 $\boldsymbol{q} = (q_1, q_2, q_3)$ 与直角坐标系的关系为 $\boldsymbol{r} = \boldsymbol{r}(\boldsymbol{q})$.

若 $\dfrac{\partial \boldsymbol{r}}{\partial q_1}, \dfrac{\partial \boldsymbol{r}}{\partial q_2}, \dfrac{\partial \boldsymbol{r}}{\partial q_3}$ 两两正交, 则称上述坐标系为正交曲线坐标系. 我们将这几个

切向量单位化, 即
$$\frac{\partial \boldsymbol{r}}{\partial q_i} = h_i \boldsymbol{e}_i,$$
则 $(\boldsymbol{e}_i, \boldsymbol{e}_j) = \delta_{ij}$.

需要指出, $\dfrac{\partial \boldsymbol{r}}{\partial q_i}, h_i, \boldsymbol{e}_i$ 随着位置的变化而变化, 与弗雷奈标架类似.

我们首先计算梯度.

函数 $u(\boldsymbol{r})$ 在某一点 $\boldsymbol{r}^*$ 处的梯度在直角坐标系下定义为
$$\nabla u = (u_x, u_y, u_z) = u_x(\boldsymbol{r}^*)\boldsymbol{i} + u_y(\boldsymbol{r}^*)\boldsymbol{j} + u_z(\boldsymbol{r}^*)\boldsymbol{k}.$$

在曲线坐标系 $\boldsymbol{q} = (q_1, q_2, q_3)$ 下, 我们寻找恰当的 $\nabla u$ 的定义, 使得它给出直角坐标系下同一个向量.

将向量
$$\nabla u = u_x \boldsymbol{i} + u_y \boldsymbol{j} + u_z \boldsymbol{k}$$

在 $\boldsymbol{r}^*$ 点处按照 $(\boldsymbol{e}_1, \boldsymbol{e}_2, \boldsymbol{e}_3)$ 表达出来:
$$u_x \boldsymbol{i} + u_y \boldsymbol{j} + u_z \boldsymbol{k} = \sum_{l=1}^{3} [(u_x \boldsymbol{i} + u_y \boldsymbol{j} + u_z \boldsymbol{k}) \cdot \boldsymbol{e}_l] \boldsymbol{e}_l.$$

由链式法则, 有
$$u_x \boldsymbol{i} + u_y \boldsymbol{j} + u_z \boldsymbol{k} = \frac{\partial u}{\partial q_1} \left( \frac{\partial q_1}{\partial x} \boldsymbol{i} + \frac{\partial q_1}{\partial y} \boldsymbol{j} + \frac{\partial q_1}{\partial x} \boldsymbol{k} \right) + \cdots$$
$$= \frac{\partial u}{\partial q_1} \nabla q_1 + \frac{\partial u}{\partial q_2} \nabla q_2 + \frac{\partial u}{\partial q_3} \nabla q_3.$$

另一方面, 由 $\boldsymbol{q}(\boldsymbol{r})$ 与 $\boldsymbol{r}(\boldsymbol{q})$ 互为反函数, 知
$$\begin{bmatrix} \dfrac{\partial q_1}{\partial x} & \dfrac{\partial q_1}{\partial y} & \dfrac{\partial q_1}{\partial z} \\ \dfrac{\partial q_2}{\partial x} & \dfrac{\partial q_2}{\partial y} & \dfrac{\partial q_2}{\partial z} \\ \dfrac{\partial q_3}{\partial x} & \dfrac{\partial q_3}{\partial y} & \dfrac{\partial q_3}{\partial z} \end{bmatrix} \cdot \begin{bmatrix} \dfrac{\partial x}{\partial q_1} & \dfrac{\partial x}{\partial q_2} & \dfrac{\partial x}{\partial q_3} \\ \dfrac{\partial y}{\partial q_1} & \dfrac{\partial y}{\partial q_2} & \dfrac{\partial y}{\partial q_3} \\ \dfrac{\partial z}{\partial q_1} & \dfrac{\partial z}{\partial q_2} & \dfrac{\partial z}{\partial q_3} \end{bmatrix} = \begin{bmatrix} 1 & 0 & 0 \\ 0 & 1 & 0 \\ 0 & 0 & 1 \end{bmatrix},$$

此即
$$\begin{bmatrix} \nabla q_1 \\ \nabla q_2 \\ \nabla q_3 \end{bmatrix} \begin{bmatrix} h_1 \boldsymbol{e}_1^{\mathrm{T}}, h_2 \boldsymbol{e}_2^{\mathrm{T}}, h_3 \boldsymbol{e}_3^{\mathrm{T}} \end{bmatrix} = I_{3 \times 3}.$$

由单位正交性知
$$\nabla q_1 = \frac{e_1}{h_1}, \nabla q_2 = \frac{e_2}{h_2}, \nabla q_3 = \frac{e_3}{h_3}.$$
于是
$$(u_x \boldsymbol{i} + u_y \boldsymbol{j} + u_z \boldsymbol{k}) \cdot \boldsymbol{e}_l = \left(\frac{\partial u}{\partial q_1}\nabla q_1 + \frac{\partial u}{\partial q_2}\nabla q_2 + \frac{\partial u}{\partial q_3}\nabla q_3\right) \cdot \boldsymbol{e}_l$$
$$= \frac{1}{h_l}\frac{\partial u}{\partial q_l}.$$

因此, 我们得到
$$\nabla u = u_x \boldsymbol{i} + u_y \boldsymbol{j} + u_z \boldsymbol{k} = \sum_{l=1}^{3} \frac{1}{h_l}\frac{\partial u}{\partial q_l} \boldsymbol{e}_l.$$

另一种思路是, 注意到无论在哪个坐标系下, 微分表示的不变性表明 $\mathrm{d}\boldsymbol{r}, \mathrm{d}u$ 都是不变的, 有
$$\mathrm{d}\boldsymbol{r} = \boldsymbol{i}\mathrm{d}x + \boldsymbol{j}\mathrm{d}y + \boldsymbol{k}\mathrm{d}z$$
$$= \frac{\partial \boldsymbol{r}}{\partial q_1}\mathrm{d}q_1 + \frac{\partial \boldsymbol{r}}{\partial q_2}\mathrm{d}q_2 + \frac{\partial \boldsymbol{r}}{\partial q_3}\mathrm{d}q_3$$
$$= h_1 \mathrm{d}q_1 \boldsymbol{e}_1 + h_2 \mathrm{d}q_2 \boldsymbol{e}_2 + h_3 \mathrm{d}q_3 \boldsymbol{e}_3,$$
$$\mathrm{d}u = \nabla u \cdot \mathrm{d}\boldsymbol{r}$$
$$= u_x \mathrm{d}x + u_y \mathrm{d}y + u_z \mathrm{d}z$$
$$= \frac{\partial u}{\partial q_1}\mathrm{d}q_1 + \frac{\partial u}{\partial q_2}\mathrm{d}q_2 + \frac{\partial u}{\partial q_3}\mathrm{d}q_3.$$

可将上式凑成
$$\nabla u \cdot \mathrm{d}\boldsymbol{r} = \left(\frac{1}{h_1}\frac{\partial u}{\partial q_1}\boldsymbol{e}_1 + \frac{1}{h_2}\frac{\partial u}{\partial q_2}\boldsymbol{e}_2 + \frac{1}{h_3}\frac{\partial u}{\partial q_3}\boldsymbol{e}_3\right) \cdot (h_1 \mathrm{d}q_1 \boldsymbol{e}_1 + h_2 \mathrm{d}q_2 \boldsymbol{e}_2 + h_3 \mathrm{d}q_3 \boldsymbol{e}_3).$$
由 $\mathrm{d}q_i$ 的独立性, 我们应定义
$$\nabla u = \sum_{i=1}^{3} \frac{1}{h_i}\frac{\partial u}{\partial q_i}\boldsymbol{e}_i.$$
这与前面的公式是一致的.

下面我们计算散度.

由梯度的公式, $\nabla q_i = \frac{1}{h_i}\boldsymbol{e}_i$, 因此
$$\nabla \cdot \left(\frac{\boldsymbol{e}_1}{h_2 h_3}\right) = \nabla \cdot \left(\frac{\boldsymbol{e}_2}{h_2} \times \frac{\boldsymbol{e}_3}{h_3}\right)$$
$$= \nabla \cdot (\nabla q_2 \times \nabla q_3)$$
$$= (\nabla \times (\nabla q_2)) \cdot \nabla q_3 - \nabla q_2 \cdot (\nabla \times (\nabla q_3))$$
$$= 0.$$

于是若在曲线坐标系下
$$\boldsymbol{F} = (P, Q, R) = P\boldsymbol{e}_1 + Q\boldsymbol{e}_2 + R\boldsymbol{e}_3,$$
则
$$\begin{aligned}\nabla \cdot \boldsymbol{F} &= \nabla \cdot \left( Ph_2h_3 \frac{\boldsymbol{e}_1}{h_2h_3} + Qh_3h_1 \frac{\boldsymbol{e}_2}{h_3h_1} + Rh_1h_2 \frac{\boldsymbol{e}_3}{h_1h_2} \right) \\ &= \nabla(Ph_2h_3) \cdot \frac{\boldsymbol{e}_1}{h_2h_3} + \nabla(Ph_3h_1) \cdot \frac{\boldsymbol{e}_2}{h_3h_1} + \nabla(Ph_2h_2) \cdot \frac{\boldsymbol{e}_3}{h_1h_2} \\ &= \frac{1}{h_1h_2h_3} \left[ \frac{\partial (Ph_2h_3)}{\partial q_1} + \frac{\partial (Qh_3h_1)}{\partial q_2} + \frac{\partial (Rh_1h_2)}{\partial q_3} \right].\end{aligned}$$

最后计算旋度.
因为
$$\nabla \times \left( \frac{\boldsymbol{e}_i}{h_i} \right) = \nabla \times \nabla q_i = 0,$$
因此
$$\begin{aligned}\nabla \times \boldsymbol{F} &= \nabla \times (P\boldsymbol{e}_1 + Q\boldsymbol{e}_2 + R\boldsymbol{e}_3) \\ &= \nabla(Ph_1) \times \frac{\boldsymbol{e}_1}{h_1} + \nabla(Qh_2) \times \frac{\boldsymbol{e}_2}{h_2} + \nabla(Rh_3) \times \frac{\boldsymbol{e}_3}{h_3} \\ &= \frac{1}{h_1h_2h_3} \begin{vmatrix} h_1\boldsymbol{e}_1 & h_2\boldsymbol{e}_2 & h_3\boldsymbol{e}_3 \\ \partial q_1 & \partial q_2 & \partial q_3 \\ h_1P & h_2Q & h_3R \end{vmatrix}.\end{aligned}$$

作为应用, 我们计算拉普拉斯算子在曲线坐标系下的表示:
$$\begin{aligned}\Delta u &= \nabla \cdot (\nabla u) \\ &= \frac{1}{h_1h_2h_3} \left[ \frac{\partial}{\partial q_1} \left( \frac{h_2h_3}{h_1} \frac{\partial u}{\partial q_1} \right) + \frac{\partial}{\partial q_2} \left( \frac{h_3h_1}{h_2} \frac{\partial u}{\partial q_2} \right) + \frac{\partial}{\partial q_3} \left( \frac{h_1h_2}{h_3} \frac{\partial u}{\partial q_3} \right) \right] \\ &= \frac{1}{h_1h_2h_3} \sum_{i=1}^{3} \frac{\partial}{\partial q_i} \left( \frac{h_1h_2h_3}{h_i^2} \frac{\partial u}{\partial q_i} \right).\end{aligned}$$

例如, 在柱坐标系下
$$(x, y, z) = (r\cos\theta, r\sin\theta, z),$$
计算可得
$$h_1 = 1, h_2 = r, h_3 = 1,$$
因此
$$\Delta u = \frac{1}{r} \frac{\partial}{\partial r} \left( r \frac{\partial u}{\partial r} \right) + \frac{1}{r^2} \frac{\partial^2 u}{\partial \theta^2} + \frac{\partial^2 u}{\partial z^2}.$$

# 习 题

1. 若 $f(x)$ 在 $[a,b]$ 上连续,$g(y)$ 在 $[c,d]$ 上单调,试证明 $f(x)g(y)$ 在闭方块 $[a,b]\times[c,d]$ 上可积.

2. 计算下列重积分:

   (1) $\iint_{[a,b]\times[c,d]} e^{x+y}\sin x\cos y \mathrm{d}(x,y)$;

   (2) $\iiint_{[0,1]\times[1,2]\times[2,3]} x^2\sin(x+y)(z^2-x-y)\mathrm{d}(x,y,z)$;

   (3) $\iint_{[0,1]\times[0,0.5]} y\tan(x+y^2)\mathrm{d}(x,y)$.

3. 写出下列区域 $D$ 上的重积分化为累次积分时的积分域:

   (1) $D$ 为由 $x^2+y^2\leqslant 4$ 与 $x-2y\leqslant 1$ 的交集形成的区域;

   (2) $D=\{(x,y,z)|0\leqslant x\leqslant 1,0\leqslant x+y\leqslant 1,0\leqslant x+y+z\leqslant 1\}$;

   (3) $D$ 为由 $y=\sin x$ 和 $x$ 轴以及 $x=\dfrac{2\pi}{3}$ 围成的区域.

4. 改变累次积分顺序 (写出相应的积分域):

   (1) $\int_0^1\int_{\sqrt{x-x^2}}^{\sqrt{x}} f(x,y)\mathrm{d}x\mathrm{d}y$;

   (2) $\int_1^3\int_1^{3-x} f(x,y)\mathrm{d}x\mathrm{d}y$.

5. 计算下列积分:

   (1) $\iint_D (x^2+y)\mathrm{d}(x,y)$,其中 $D$ 由抛物线 $y^2=4x$ 与直线 $y=x-3$ 围成;

   (2) $\iint_D \sin(x+2y)\mathrm{d}(x,y)$,其中 $D$ 由 $1\leqslant x\leqslant \pi$ 与 $x-\pi\leqslant y\leqslant x+\pi$ 围成.

6. 举例说明在 $\mathbb{R}^2$ 中存在 $E_1,E_2$ 都不是若尔当可测集,而 $E_1\cup E_2$,$E_1\cap E_2$ 均为若尔当可测集的情形. 简要证明你所给出的 $E_1,E_2$ 不是若尔当可测集.

7. 下述集合中哪些是零集:

   (1) $\mathbb{R}^2$ 的子集 $A=\{(x,y)|x$ 为 $[0,1]$ 上的有理数,$y$ 为 $[0,1]$ 上的无理数$\}$;

   (2) $\mathbb{R}^2$ 的子集 $B=\{(x,y)|x\geqslant 0\}$;

   (3) $\mathbb{R}^3$ 的子集 $C=\{(x,y,z)|x^2+y^2+z^2=1\}$.

8. 判断下述说法是否正确 (不必说明理由):

   (1) $\mathbb{R}^3$ 中闭若尔当可测集上的有界连续函数可积;

   (2) 平面上的有限长曲线必为 $\mathbb{R}^3$ 的若尔当可测集;

   (3) 单位圆中的直线段必为 $\mathbb{R}^3$ 的若尔当可测集;

(4) 单位圆中的直线段必为 $\mathbb{R}^2$ 的若尔当可测集;

(5) 单位圆内的任何点集必为 $\mathbb{R}^2$ 的若尔当可测集;

(6) 中的有限个点组成的点集必为 $\mathbb{R}^2$ 的若尔当可测集;

(7) $A$ 为 $\mathbb{R}^3$ 中的若尔当可测集, 则它的若尔当测度等于其闭包的若尔当测度;

(8) 若尔当可测集的子集必为同一空间中的若尔当可测集;

(9) $A$ 为 $\mathbb{R}^3$ 中的若尔当可测集, 则它的若尔当测度大于其边界的若尔当测度;

(10) $A$ 为 $\mathbb{R}^2$ 中的若尔当可测集, 则其边界的若尔当测度可能大于 $0$.

9. 将下列各式化到极坐标下, 并计算积分:

(1) $\iint_{1 \leqslant x^2+y^2 \leqslant 9} \sin\sqrt{x^2+y^2}\mathrm{d}(x,y)$;

(2) $\iint_{x^2+y^2 \leqslant 2x+2y} (3x+2y)\mathrm{d}(x,y)$;

(3) $\iint_{x^2+y^2 \leqslant a^2} \tan(x^2+y^2)\mathrm{d}(x,y)$;

(4) $\iint_{x^2+y^2<1} \dfrac{1}{\sqrt{1-x^2-y^2}}\mathrm{d}(x,y)$.

10. 计算下列三重积分:

(1) $\iiint_V (x^3y^2z+xy^3z^2+x^2yz^3)\mathrm{d}(x,y,z)$, 其中 $V$ 由 $x^2+y^2+z^2 \leqslant 1$ 在第一和第二卦限的部分组成;

(2) $\iiint_V (x^3+y^3+z^3)\mathrm{d}(x,y,z)$, 其中 $V$ 为单位球面与 $z=x^2+y^2$ 围成;

(3) $\iiint_{x^2+y^2+z^2 \geqslant 1} \dfrac{1}{(x^2+y^2+z^2)^2}\mathrm{d}(x,y,z)$.

11. 计算下列曲面围成形状的体积:

(1) $\left(\dfrac{x}{4}+\dfrac{y}{6}\right)^2+z^2=1$ 与 $x>0, y>0, z>0$;

(2) $z=x+y, z=0, z=1, x=2, y=0, y=2$.

12. 计算下列第一类曲线积分:

(1) $\int_\Gamma (2x+3y)\mathrm{d}s$, 其中 $\Gamma$ 为 $A(0,0), B(0,2), C(3,2), D(3,0)$ 围成的矩形;

(2) $\int_\Gamma (x^2+y^2+2z^2)\mathrm{d}s$, 其中 $\Gamma$ 为螺旋线 $(x,y,z)=(2\cos t, 2\sin t, t)$ 在 $t \in [0, 3\pi]$ 的部分;

(3) $\int_\Gamma \dfrac{2}{x^2+y^2}\mathrm{d}s$, 其中 $\Gamma$ 为椭圆周 $\dfrac{x^2}{a^2}+\dfrac{y^2}{b^2}=1$.

13. 计算下列第一类曲面积分:

(1) $\iint_E 1\mathrm{d}\sigma$, 其中 $E$ 为圆柱 $x^2+y^2=ax$ 在球 $x^2+y^2+z^2=4a^2$ 内部的部分;

(2) $\iint_S x\mathrm{d}\sigma$, 其中 $S$ 为单位正方体 $x,y,z\in[0,1]$ 的表面;

(3) $\iint_S y\mathrm{d}\sigma$, 其中 $S$ 为抛物面 $z=x^2+y^2$ 的表面, 且 $z\leqslant 1$.

14. 计算下列第二类曲线积分:

    (1) $\oint_\Gamma (2x+3y)\mathrm{d}x+(x^2+y^2)\mathrm{d}y$, 其中 $\Gamma$ 为 $A(0,0),B(0,2),C(3,2),D(3,0)$ 围成的矩形 (按此顺序);

    (2) $\int_\Gamma (x^2+y^2+2z^2)\mathrm{d}x+(\sin x+\mathrm{e}^y)\mathrm{d}z$, 其中 $\Gamma$ 为螺旋线 $(x,y,z)=(2\cos t, 2\sin t, t)$ 在 $t\in[0,3\pi]$ 的部分;

    (3) $\oint_\Gamma \dfrac{x\mathrm{d}y-y\mathrm{d}x}{x^2+y^2}$, 其中 $\Gamma$ 为椭圆周 $\dfrac{x^2}{a^2}+\dfrac{y^2}{b^2}=1$, 方向为逆时针;

    (4) $\int_{(0,0,0)}^{(1,1,1)} \begin{vmatrix} \boldsymbol{i} & \boldsymbol{j} & \boldsymbol{k} \\ 1 & 2 & 3 \\ x & y & z \end{vmatrix}\cdot\mathrm{d}\boldsymbol{r}$, 积分路径为直线.

15. 计算下列第二类曲面积分:

    (1) $\iint_E z^2\mathrm{d}x\wedge\mathrm{d}y+y\mathrm{d}y\wedge\mathrm{d}z$, 其中 $E$ 为圆锥 $z=\sqrt{x^2+y^2}$ 在平面 $z=1$ 和 $z=2$ 之间的外侧部分;

    (2) $\iint_S x\mathrm{d}y\wedge\mathrm{d}z$, 其中 $S$ 为以 $(1,0,0),(0,1,0),(0,0,1)$ 为顶点的三角形 (法线方向为 $(1,1,1)$).

16. 利用 $S=\dfrac{1}{2}\oint_{\partial D} x\mathrm{d}y-y\mathrm{d}x$ 计算星形线 $x^{\frac{2}{3}}+y^{\frac{2}{3}}=a^2$ 的面积.

17. 考虑正方体 $C=[-1,1]\times[-1,1]\times[-1,1]$, 求
$$\oiint_{\partial C} xyz(\mathrm{d}x\wedge\mathrm{d}y+\mathrm{d}x\wedge\mathrm{d}z+\mathrm{d}y\wedge\mathrm{d}z).$$

18. 计算: $\oint_\Gamma xy^2\mathrm{d}x-x^2y\mathrm{d}y$, 其中 $\Gamma$ 为单位圆周.

19. 计算 $\phi=\dfrac{1}{2}\ln(x^2+y^2+z^2)$ 的梯度 $\boldsymbol{F}=\nabla\phi$, 以及 $\nabla\times\boldsymbol{F},\nabla\cdot\boldsymbol{F}$.

20. 证明下述命题等价:

    (1) 沿 $\Omega$ 中任何闭路径 $C$ 都有
$$\oint_C \boldsymbol{F}\cdot\boldsymbol{T}\mathrm{d}s=0;$$

(2) $\forall M_1, M_2 \in \Omega, \forall \gamma, \eta$ 为连接 $M_1, M_2$ 的两条路径, 有
$$\oint_\gamma \boldsymbol{F} \cdot \boldsymbol{T} \mathrm{d}s = \oint_\eta \boldsymbol{F} \cdot \boldsymbol{T} \mathrm{d}s;$$

(3) $\exists U(\boldsymbol{r})$ 为势函数, $\boldsymbol{F} = \nabla U$.

21. 空间中两根位于 $x = \pm 1, y = 0$ 的无限长直导线形成的电势为
$$V(x,y,z) = A \ln \frac{\sqrt{(x-1)^2 + y^2}}{\sqrt{(x+1)^2 + y^2}},$$

求电场强度 $\boldsymbol{E} = -\nabla V$.

22. 证明:
$$\nabla(\boldsymbol{u} \cdot \boldsymbol{v}) = (\boldsymbol{u} \cdot \nabla)\boldsymbol{v} + (\boldsymbol{v} \cdot \nabla)\boldsymbol{u} + \boldsymbol{u} \times (\nabla \times \boldsymbol{v}) + \boldsymbol{v} \times (\nabla \times \boldsymbol{u}).$$

23. 以角速度 $\omega$ 旋转的刚体轨迹为
$$\boldsymbol{r}(t) = (\rho \cos(\omega t + \alpha), \rho \sin(\omega t + \alpha), 0),$$

计算速度 $\boldsymbol{v}(t)$ 以及 $\nabla \times \boldsymbol{v}$.

24. 证明正交曲线坐标系下旋度的表达式.

# 第十二章 含参变元的积分

在一元微积分中，我们讨论过常义积分

$$\int_a^b f(x)\mathrm{d}x$$

和几种广义积分，包括无穷限积分

$$\int_a^{+\infty} f(x)\mathrm{d}x, \quad \int_{-\infty}^b f(x)\mathrm{d}x, \quad \int_{-\infty}^{+\infty} f(x)\mathrm{d}x$$

和瑕积分

$$\int_a^b f(x)\mathrm{d}x,$$

其中 $a, b$ 或 $c \in (a, b)$ 为瑕点。

在本章中，我们将讨论被积函数（和积分限）依赖于参数 $t$ 的问题，例如

$$F(t) = \int_{a(t)}^{+\infty} f(t, x)\mathrm{d}x.$$

注意到连续性、求导、积分都是极限过程，本章的核心就是多个极限过程的交换性。

## 12.1 含参变元的常义积分

一般而言，积分 $\int f(x)\mathrm{d}x$ 的连续性比 $f(x)$ 更好。譬如说，若 $f(x) \in C^1$，则 $\int f(x)\mathrm{d}x \in C^2$。而对于含参变量积分，由于积分是关于 $x$ 做的，它关于 $t$ 的连续性并不一定能有所改善，当然通常也不会变得更差。

**定理 12.1** 若函数 $f(t, x) \in C([c, d] \times [a, b])$，则

$$F(t) = \int_a^b f(t, x)\mathrm{d}x \in C[c, d].$$

**证明** 任选一点 $t_0$, 注意到 $f(t,x)$ 的连续性, 有

$$|F(t)-F(t_0)| = \left|\int_a^b f(t,x)-f(t_0,x)\mathrm{d}x\right|$$
$$\leqslant (b-a)\cdot \max_x |f(t,x)-f(t_0,x)|.$$

当 $t\to t_0$, 就有上式收敛到 $0$, 即连续.

由 $t_0$ 的任意性, 定理成立.

上述定理告诉我们, 若 $f(t,x)\in C$, 那么极限运算可通过积分号, 即极限和常义积分可交换:

$$\lim_{t\to t_0}\int_a^b f(t,x)\mathrm{d}x = \int_a^b f(t_0,x)\mathrm{d}x$$
$$= \int_a^b \lim_{t\to t_0} f(t,x)\mathrm{d}x.$$

更一般地, 若积分的上下限也依赖于参变量 $t$, 我们有以下结论.

**定理 12.2** 若 $a(t), b(t)\in C[c,d]$, 且 $\forall t\in [c,d], [a(t),b(t)]\subset [\alpha,\beta]$, 函数 $f(t,x)\in C([c,d]\times [\alpha,\beta])$, 则

$$F(t) = \int_{a(t)}^{b(t)} f(t,x)\mathrm{d}x \in C[c,d].$$

**证明** 由 $f(t,x)\in C([c,d]\times [\alpha,\beta])$ 知其有界, 有

$$|F(t)-F(t_0)|$$
$$= \left|\int_{a(t)}^{b(t)} f(t,x)\mathrm{d}x - \int_{a(t_0)}^{b(t_0)} f(t_0,x)\mathrm{d}x\right|$$
$$\leqslant \left|\int_{a(t_0)}^{b(t_0)} f(t,x)-f(t_0,x)\mathrm{d}x\right| + \left|\int_{a(t)}^{a(t_0)} f(t,x)\mathrm{d}x\right| + \left|\int_{b(t_0)}^{b(t)} f(t,x)\mathrm{d}x\right|$$
$$\leqslant |b(t_0)-a(t_0)|\cdot \max_{x\in [a,b]} |f(t,x)-f(t_0,x)|$$
$$+ \max_{x\in [a,b]} |f(t,x)|(|a(t_0)-a(t)|+|b(t)-b(t_0)|).$$

当 $t\to t_0$ 时, 上式右端收敛于 $0$. 由夹挤原理知 $F(t)-F(t_0)\to 0$.

**定理 12.3** 若 $f, f_t \in C([c,d]\times [a,b])$, 则

$$\frac{\mathrm{d}}{\mathrm{d}t}\int_a^b f(t,x)\mathrm{d}x = \int_a^b f_t(t,x)\mathrm{d}x.$$

**证明** 仍记
$$F(t) = \int_{a(t)}^{b(t)} f(t,x)\mathrm{d}x,$$
则有
$$\frac{F(t+\Delta t) - F(t)}{\Delta t} = \int_a^b \frac{f(t+\Delta t,x) - f(t,x)}{\Delta t}\mathrm{d}x$$
$$= \int_a^b f_t(t+\theta\Delta t,x)\mathrm{d}x,\ \theta \in (0,1).$$

取极限 $\Delta t \to 0$, 即得
$$\frac{\mathrm{d}}{\mathrm{d}t}F(t) = \int_a^b f_t(t,x)\mathrm{d}x.$$

这一定理表明, 在连续条件下, 求导与常义积分可交换. 另外注意这里并不要求 $f_x$ 连续.

更一般地, 对积分上下限依赖于参变元的情况, 求导可按下面的定理运算.

**定理 12.4** 若 $a(t), b(t)$ 在 $[c,d]$ 上可导, $[a(t),b(t)] \subset [\alpha,\beta], \forall t \in [c,d]$, 而函数 $f(t,x), f_t(t,x) \in C([c,d] \times [\alpha,\beta])$, 则有
$$\frac{\mathrm{d}}{\mathrm{d}t}\int_{a(t)}^{b(t)} f(t,x)\mathrm{d}x = \int_{a(t)}^{b(t)} f_t(t,x)\mathrm{d}x + f(t,b(t))b'(t) - f(t,a(t))a'(t).$$

**证明** 计算可得
$$\frac{\int_{a(t+\Delta t)}^{b(t+\Delta t)} f(t+\Delta t,x)\mathrm{d}x - \int_{a(t)}^{b(t)} f(t,x)\mathrm{d}x}{\Delta t}$$
$$= \frac{1}{\Delta t}\int_{a(t)}^{b(t)} [f(t+\Delta t,x) - f(t,x)]\mathrm{d}x + \frac{1}{\Delta t}\int_{b(t)}^{b(t+\Delta t)} f(t+\Delta t,x)\mathrm{d}x$$
$$- \frac{1}{\Delta t}\int_{a(t)}^{a(t+\Delta t)} f(t+\Delta t,x)\mathrm{d}x.$$

由 $a(t), b(t)$ 的连续性, 取极限 $\Delta t \to 0$ 可得上式收敛于
$$\int_{a(t)}^{b(t)} f_t(t,x)\mathrm{d}x + f(t,b(t))b'(t) - f(t,a(t))a'(t).$$

**定理 12.5** 若函数 $f(t,x) \in C([c,d] \times [a,b])$, 则
$$\int_c^d \mathrm{d}t \int_a^b f(t,x)\mathrm{d}x = \int_a^b \mathrm{d}x \int_c^d f(t,x)\mathrm{d}t.$$

**证明** 前面已经知道

$$F(t) = \int_a^b f(t,x)\mathrm{d}x \in C[c,d].$$

记

$$I_1(u) = \int_c^u \mathrm{d}t \int_a^b f(t,x)\mathrm{d}x,$$
$$I_2(u) = \int_a^b \mathrm{d}x \int_c^u f(t,x)\mathrm{d}t,$$

则

$$I_1'(u) = \int_a^b f(u,x)\mathrm{d}x$$
$$= F(u),$$

且

$$I_1(c) = 0.$$

同样地,

$$I_2'(u) = \int_a^b \mathrm{d}x \frac{\partial}{\partial u} \int_c^u f(t,x)\mathrm{d}t$$
$$= \int_a^b f(u,x)\mathrm{d}x$$
$$= F(u),$$

以及

$$I_2(c) = 0.$$

因此, 我们知道

$$I_1(u) = I_2(u),$$

特别地,

$$I_1(d) = I_2(d).$$

这个定理表明, 若二元函数连续, 则累次积分可以交换顺序.

**例 12.1** 求 $\dfrac{\mathrm{d}}{\mathrm{d}y} \displaystyle\int_y^{y^2} \dfrac{\cos yx}{x}\mathrm{d}x.$

**解** 利用前述公式计算, 有

$$\frac{\mathrm{d}}{\mathrm{d}y}\int_y^{y^2}\frac{\cos yx}{x}\mathrm{d}x = \int_y^{y^2} -\sin yx \mathrm{d}x + \frac{\cos(yy^2)}{y^2}2y - \frac{\cos(yy)}{y}$$

$$= \left.\frac{\cos yx}{y}\right|_y^{y^2} + 2\frac{\cos y^3}{y} - \frac{\cos y^2}{y}$$

$$= \frac{\cos y^3}{y} - \frac{\cos y^2}{y}.$$

**例 12.2** 求 $\int_0^\pi \ln(1+\theta\cos x)\mathrm{d}x$ ($|\theta|<1$).

**解** 注意到

$$\frac{\partial}{\partial\theta}\ln(1+\theta\cos x) = \frac{\cos x}{1+\theta\cos x} \in C((-1,1)\times[0,\pi]),$$

因此

$$\frac{\mathrm{d}}{\mathrm{d}\theta}\int_0^\pi \ln(1+\theta\cos x)\mathrm{d}x = \int_0^\pi \frac{\cos x}{1+\theta\cos x}\mathrm{d}x$$

$$= \frac{1}{\theta}\int_0^\pi \left(1 - \frac{1}{1+\theta\cos x}\right)\mathrm{d}x$$

$$= \frac{\pi}{\theta} - \frac{1}{\theta}\int_0^{+\infty} \frac{2}{(1+\theta)+(1-\theta)t^2}\mathrm{d}t$$

$$= \frac{\pi}{\theta} - \frac{2}{\theta\sqrt{1-\theta^2}}\arctan\left(\sqrt{\frac{1-\theta}{1+\theta}}t\right)\Big|_0^{+\infty}$$

$$= \pi\left(\frac{1}{\theta} - \frac{1}{\theta\sqrt{1-\theta^2}}\right).$$

考虑到 $\theta=0$ 时, $\int_0^\pi \ln(1+\theta\cos x)\mathrm{d}x = 0$, 故

$$\int_0^\pi \ln(1+\theta\cos x)\mathrm{d}x = \pi\left(\ln\theta + \ln\frac{1+\sqrt{1-\theta^2}}{\theta} - \ln 2\right)$$

$$= \pi\ln\frac{1+\sqrt{1-\theta^2}}{2}.$$

## 12.2 一致收敛性

含参变元广义积分有以下几种:

$$\int_c^{+\infty} f(t,x)\mathrm{d}x, \int_{-\infty}^c f(t,x)\mathrm{d}x, \int_{-\infty}^{+\infty} f(t,x)\mathrm{d}x, \int_a^b f(t,x)\mathrm{d}x,$$

其中 $a, b$ 可以都是瑕点,也可以只有一个是.

与常义积分一样,我们也来讨论下 $f(t, x)$ 连续是否能保证其广义积分连续.

先考虑
$$F(t) = \int_c^{+\infty} f(t, x) \mathrm{d}x \equiv \lim_{A \to +\infty} \int_c^A f(t, x) \mathrm{d}x,$$

计算可知
$$|F(t + \Delta t) - F(t)| = \left| \lim_{A \to +\infty} \int_c^A f(t + \Delta t, x) - f(t, x) \mathrm{d}x \right|$$
$$\leqslant \lim_{A \to +\infty} |f(t + \Delta t, x) - f(t, x)| \cdot |A - c|,$$

虽然有
$$|f(t + \Delta t, x) - f(t, x)| \to 0,$$

但由于 $|A - c| \to +\infty$, 我们得不到 $F(t)$ 连续.

上述讨论提示我们,若 $\forall \varepsilon > 0, \exists A_0$ 不依赖于 $t$, 使得
$$\left| \int_{A_0}^{+\infty} f(t, x) \mathrm{d}x \right| < \varepsilon,$$

那么
$$|F(t + \Delta t) - F(t)|$$
$$\leqslant \left| \int_c^{A_0} f(t + \Delta t, x) - f(t, x) \mathrm{d}x \right| + \left| \int_{A_0}^{+\infty} f(t + \Delta t, x) \mathrm{d}x \right| + \left| \int_{A_0}^{+\infty} f(t, x) \mathrm{d}x \right|.$$

再考虑 $\Delta t$ 充分小, 就有上式右端小于 $3\varepsilon$.

**定义 12.1** 若 $F(t) = \int_c^{+\infty} f(t, x) \mathrm{d}x$ 收敛, 且 $\forall \varepsilon > 0, \exists A_0 > 0, \forall t \in D, \forall A > A_0$, 有
$$\left| \int_A^{+\infty} f(t, x) \mathrm{d}x \right| < \varepsilon,$$

则称广义积分 $\int_c^{+\infty} f(t, x) \mathrm{d}x$ (关于 $t$ 在 $D$ 上) 一致收敛于 $F(t)$, 记为 $\int_c^{+\infty} f(t, x) \mathrm{d}x \rightrightarrows F(t)$.

容易看出, 上述定义等价于 $\forall \varepsilon > 0, \exists A_0 > 0, \forall t \in D, \forall A, A' > A_0$, 有
$$\left| \int_A^{A'} f(t, x) \mathrm{d}x \right| < \varepsilon.$$

这就是柯西判别准则.

类似地,考虑 $b$ 是瑕点的瑕积分.

**定义 12.2** 若 $F(t) = \int_a^b f(t,x)\mathrm{d}x$ 收敛，且 $\forall \varepsilon > 0, \exists \delta > 0, \forall t \in D, \forall 0 < \eta < \delta$, 有
$$\left| \int_{b-\eta}^b f(t,x)\mathrm{d}x \right| < \varepsilon,$$
则称 $\int_a^b f(t,x)\mathrm{d}x$ （关于 $t$ 在 $D$ 上）一致收敛到 $F(t)$，记为 $\int_a^b f(t,x)\mathrm{d}x \rightrightarrows F(t)$.

上述定义等价于柯西判别准则 $\exists \delta > 0, \forall t \in D, \forall 0 < \eta' < \eta < \delta$, 有
$$\left| \int_{b-\eta}^{b-\eta'} f(t,x)\mathrm{d}x \right| < \varepsilon.$$

从上面的定义我们看到，一致收敛性是指广义积分收敛中的极限过程关于参变元有一个一致的估计. 形式上，可以定义更为一般的函数一致收敛.

若 $D, E \subset \mathbb{R}$，且 $b$ 是 $E$ 的聚点，$F(t,u)$ 在 $D \times E$ 上有定义，且 $\forall t \in D, \varphi(t) \in \mathbb{R}$, $\varphi(t) = \lim\limits_{u \to b} F(t,u)$ 收敛. 若 $\forall \varepsilon > 0, \exists \delta > 0, \forall u \in E, 0 < |u-b| < \delta$, 有
$$\sup_{t \in D} |F(t,u) - \varphi(t)| < \varepsilon,$$
则称当 $u$ 沿 $E$ 趋于 $b$ 时，$F(t,u)$ 对 $t \in D$ 一致收敛于极限函数 $\varphi(t)$，记为
$$F(t,u) \rightrightarrows \varphi(t).$$
这等价于说 $\forall \varepsilon > 0, \exists \delta > 0, \forall u, u' \in \mathring{U}(b,\delta)$, 有
$$|F(t,u) - F(t,u')| < \varepsilon, \forall t \in D.$$

也可以用极限的序列式定义为: 若 $\forall \{u_n\} \subset E \backslash \{b\}, u_n \to b$, 记 $\varphi_n(t) = F(t,u_n)$, 则 $\forall \varepsilon > 0, \exists n \in \mathbb{N}$ 与 $t \in D$ 无关, 有
$$|\varphi_n(t) - \varphi(t)| < \varepsilon.$$

除了利用上面的定义、柯西判别法、序列式定义等判别依据, 与广义积分的收敛判别类似, 还可以通过以下一些方式判断一致收敛性 (证明跟广义积分相应的收敛判别准则类似).

**定理 12.6 (魏尔斯特拉斯判别法)** 若函数 $f(t,x) \in C([\alpha,\beta] \times [c,+\infty))$, 存在 $g(x) \in C[c,+\infty), \forall t \in [\alpha,\beta], x \in [c,+\infty)$,
$$|f(t,x)| \leqslant g(x),$$
且 $\int_c^{+\infty} g(x)\mathrm{d}x$ 收敛, 则 $\int_c^{+\infty} f(t,x)\mathrm{d}x$ 一致收敛.

**证明** 由 $\int_c^{+\infty} g(x)\mathrm{d}x$ 收敛, $\forall \varepsilon > 0, \exists A_0 > 0, \forall A, A' > A_0, \int_A^{A'} g(x)\mathrm{d}x < \varepsilon$, 因此
$$\left|\int_A^{A'} f(t,x)\mathrm{d}x\right| \leqslant \int_A^{A'} |f(t,x)|\mathrm{d}x \leqslant \int_A^{A'} g(x)\mathrm{d}x < \varepsilon.$$
由柯西判别准则知积分一致收敛.

**定理 12.7 (阿贝尔判别法)** 函数 $f(t,x), g(x,t) \in C([\alpha,\beta] \times [c,+\infty))$, 若:
(1) $\forall t \in [\alpha,\beta], f(t,x)$ 关于 $x$ 单调, 且 $|f(t,x)| \leqslant K$,
(2) $\int_c^{+\infty} g(t,x)\mathrm{d}x$ 对 $t$ 一致收敛,

则 $\int_c^{+\infty} f(t,x)g(t,x)\mathrm{d}x$ 一致收敛.

**定理 12.8 (狄利克雷判别法)** 函数 $f(t,x), g(x,t) \in C([\alpha,\beta] \times [c,+\infty))$, 若:
(1) $\forall t \in [\alpha,\beta], f(t,x)$ 关于 $x$ 单调, 当 $x \to +\infty$ 时, $f(t,x)$ 对 $t$ 一致收敛于 0,
(2) $\int_c^u g(t,x)\mathrm{d}x$ 对 $t$ 和 $u$ 一致有界, 即 $\exists M > 0, \forall (t,u) \in [\alpha,\beta] \times [c,+\infty)$, 有
$$\left|\int_c^u g(t,x)\mathrm{d}x\right| \leqslant M,$$
则 $\int_c^{+\infty} f(t,x)g(t,x)\mathrm{d}x$ 一致收敛.

**定理 12.9** 函数 $f(t,x) \in C([\alpha,\beta] \times [c,+\infty))$ 定号, 且
$$F(t) = \int_c^{+\infty} f(t,x)\mathrm{d}x \in C([\alpha,\beta]),$$
则 $F(t)$ 一致收敛.

**例 12.3** 判断 $\int_0^{+\infty} \mathrm{e}^{-tx} \sin x \mathrm{d}x, t \in [1,+\infty)$ 是否一致收敛.

**解** 由于 $t \in [1,+\infty)$,
$$|\mathrm{e}^{-tx} \sin x| \leqslant \mathrm{e}^{-x},$$
而 $\int_0^{+\infty} \mathrm{e}^{-x}\mathrm{d}x = 1$ 收敛, 由魏尔斯特拉斯判别法知 $\int_0^{+\infty} \mathrm{e}^{-tx} \sin x \mathrm{d}x$ 对于 $t \in [1,+\infty)$ 一致收敛.

**例 12.4** 判断 $\int_0^{+\infty} \mathrm{e}^{-tx} \dfrac{\sin x}{x} \mathrm{d}x, t \geqslant 0$ 是否一致收敛.

**解** 这里 $x=0$ 是可去奇点，因此不涉及瑕积分.

由于 $\mathrm{e}^{-tx}$ 关于 $x$ 单调，且 $|\mathrm{e}^{-tx}| \leqslant 1$，根据广义积分收敛判别法知 $\int_0^{+\infty} \dfrac{\sin x}{x}\mathrm{d}x$ 收敛，其中不含 $t$，因此它关于 $t$ 一致收敛.

由阿贝尔判别法知 $\int_0^{+\infty} \mathrm{e}^{-tx}\dfrac{\sin x}{x}\mathrm{d}x, t \geqslant 0$ 一致收敛.

**例 12.5** 判断 $\int_1^{+\infty} \dfrac{\cos xt}{\sqrt{x}}\mathrm{d}x, t \geqslant 1$ 是否一致收敛.

**解** 由于 $\dfrac{1}{\sqrt{x}}$ 当 $x \to +\infty$ 时单调收敛到 $0$，而 $\forall A > 1$，有

$$\left|\int_1^A \cos xt\,\mathrm{d}x\right| = \left|\dfrac{\sin tA - \sin t}{t}\right| \leqslant 2,$$

根据狄利克雷判别法，知 $\int_1^{+\infty} \dfrac{\cos xt}{\sqrt{x}}\mathrm{d}x, t \geqslant 1$ 一致收敛.

## 12.3 含参变元广义积分

我们以无穷限积分为例，讨论具备一致收敛性质的广义积分. 瑕积分与此类似.

**定理 12.10** 若 $f(t,x) \in C([\alpha,\beta] \times [c,+\infty))$，$\int_c^{+\infty} f(t,x)\mathrm{d}x \rightrightarrows F(t)$，则 $F(t) \in C([\alpha,\beta])$.

**证明** $\forall \varepsilon > 0, \exists A_0 > c, \forall A \geqslant A_0$，

$$\left|\int_A^{+\infty} f(t,x)\mathrm{d}x\right| < \dfrac{\varepsilon}{3}.$$

再由 $f(t,x)$ 连续，$\exists \delta > 0, \forall |\Delta t| < \delta$，有

$$f(t+\Delta t, x) - f(t,x) \leqslant \dfrac{\varepsilon}{3|A_0 - c|},$$

于是

$$|F(t+\Delta t) - F(t)| \leqslant \int_c^{A_0} |f(t+\Delta t, x) - f(t,x)|\mathrm{d}x$$
$$+ \left|\int_{A_0}^{+\infty} f(t+\Delta t, x)\mathrm{d}x\right| + \left|\int_{A_0}^{+\infty} f(t,x)\mathrm{d}x\right|$$
$$< \varepsilon.$$

**定理 12.11** 若 $f(t,x) \in C^1([\alpha,\beta] \times [c,+\infty])$, $F(t) = \int_c^{+\infty} f(t,x)\mathrm{d}x$ 收敛, 且

$$\int_c^{+\infty} \frac{\partial f}{\partial t}(t,x)\mathrm{d}x \rightrightarrows \varphi(t),$$

则

$$F(t) \in C^1[\alpha,\beta],$$

且

$$F'(t) = \varphi(t).$$

**证明** 由中值定理知

$$\frac{F(t+\Delta t) - F(t)}{\Delta t} = \int_c^{+\infty} \frac{f(t+\Delta t) - f(t)}{\Delta t}\mathrm{d}x$$
$$= \int_c^{+\infty} f_t(t+\theta\Delta t, x)\mathrm{d}x,$$

其中 $\theta(t,x) \in [0,1]$.

取极限 $\Delta t \to 0$, 利用定理 12.10 知

$$F'(t) = \lim_{\Delta t \to 0} \int_c^{+\infty} f_t(t+\theta\Delta t, x)\mathrm{d}x$$
$$= \int_c^{+\infty} \lim_{\Delta t \to 0} f_t(t+\theta\Delta t, x)\mathrm{d}x$$
$$= \varphi(t).$$

**定理 12.12** 若 $f(t,x) \in C([\alpha,\beta] \times [c,+\infty))$, 且 $\int_c^{+\infty} f(t,x)\mathrm{d}x$ 对 $t \in [\alpha,\beta]$ 一致收敛, 则

$$\int_\alpha^\beta \left(\int_c^{+\infty} f(t,x)\mathrm{d}x\right)\mathrm{d}t = \int_c^{+\infty} \left(\int_\alpha^\beta f(t,x)\mathrm{d}t\right)\mathrm{d}x.$$

**证明** 由一致收敛知 $\forall \varepsilon > 0, \exists A_0 > c > 0, \forall A' > A_0$, 有

$$\left|\int_{A_0}^{A'} f(t,x)\mathrm{d}x\right| < \varepsilon, \quad \left|\int_{A_0}^{+\infty} f(t,x)\mathrm{d}x\right| < \varepsilon,$$

从而

$$\left|\int_\alpha^\beta \left(\int_c^{+\infty} f(t,x)\mathrm{d}x\right)\mathrm{d}t - \int_\alpha^\beta \left(\int_c^{A_0} f(t,x)\mathrm{d}x\right)\mathrm{d}t\right|$$
$$= \left|\int_\alpha^\beta \left(\int_{A_0}^{+\infty} f(t,x)\mathrm{d}x\right)\mathrm{d}t\right|$$
$$< |\beta - \alpha|\varepsilon,$$

并且
$$\left|\int_c^{A'}\left(\int_\alpha^\beta f(t,x)\mathrm{d}t\right)\mathrm{d}x - \int_c^{A_0}\left(\int_\alpha^\beta f(t,x)\mathrm{d}t\right)\mathrm{d}x\right|$$
$$= \left|\int_{A_0}^{A'}\left(\int_\alpha^\beta f(t,x)\mathrm{d}t\right)\mathrm{d}x\right|$$
$$= \left|\int_\alpha^\beta \left(\int_{A_0}^{A'} f(t,x)\mathrm{d}x\right)\mathrm{d}t\right|$$
$$< |\beta-\alpha|\varepsilon.$$

取极限 $A' \to +\infty$, 就有
$$\left|\int_c^{+\infty}\left(\int_\alpha^\beta f(t,x)\mathrm{d}t\right)\mathrm{d}x - \int_c^{A_0}\left(\int_\alpha^\beta f(t,x)\mathrm{d}t\right)\mathrm{d}x\right| \leqslant |\beta-\alpha|\varepsilon.$$

因此,
$$\left|\int_\alpha^\beta \left(\int_c^{+\infty} f(t,x)\mathrm{d}x\right)\mathrm{d}t - \int_c^{+\infty}\left(\int_\alpha^\beta f(t,x)\mathrm{d}t\right)\mathrm{d}x\right| < 2|\beta-\alpha|\varepsilon,$$

所以
$$\int_\alpha^\beta \left(\int_c^{+\infty} f(t,x)\mathrm{d}x\right)\mathrm{d}t = \int_c^{+\infty}\left(\int_\alpha^\beta f(t,x)\mathrm{d}t\right)\mathrm{d}x.$$

这些定理告诉我们, 在一致收敛的前提下, 前面关于常义积分的结论对广义积分也同样成立.

再考虑一个更为复杂的情形, 如果关于 $x$ 和 $t$ 的积分都是广义积分, 是否仍能交换顺序? 即
$$\int_\alpha^{+\infty}\mathrm{d}t\int_c^{+\infty} f(t,x)\mathrm{d}x = \int_c^{+\infty}\mathrm{d}x\int_\alpha^{+\infty} f(t,x)\mathrm{d}t$$

是否成立?

可以证明下述定理 (过程略).

**定理 12.13** 若被积函数 $f(t,x) \in C([c,+\infty) \times [\alpha,+\infty))$, $\int_c^{+\infty} f(t,x)\mathrm{d}x$ 关于 $t$ 对 $\forall A > \alpha, t \in [\alpha, A]$ 一致收敛, 同时 $\int_c^{+\infty} f(t,x)\mathrm{d}x$ 关于 $x$ 对 $\forall C > c, x \in [c, C]$ 一致收敛, 并且
$$\int_\alpha^{+\infty}\mathrm{d}t\int_c^{+\infty} f(t,x)\mathrm{d}x < +\infty$$

或
$$\int_c^{+\infty} \mathrm{d}x \int_\alpha^{+\infty} f(t,x)\mathrm{d}t < +\infty,$$

则
$$\int_\alpha^{+\infty} \mathrm{d}t \int_c^{+\infty} f(t,x)\mathrm{d}x = \int_c^{+\infty} \mathrm{d}x \int_\alpha^{+\infty} f(t,x)\mathrm{d}t.$$

现在利用一致收敛的积分来计算几个例子.

**例 12.6** 若 $b > a > 0$, 计算 $\int_0^{+\infty} \dfrac{\mathrm{e}^{-ax} - \mathrm{e}^{-bx}}{x}\mathrm{d}x$.

**解** 由于 $|\mathrm{e}^{-xy}| \leqslant \mathrm{e}^{-x}$, 而 $\int_0^{+\infty} \mathrm{e}^{-x}\mathrm{d}x = 1$ 收敛, 故 $\int_0^{+\infty} \mathrm{e}^{-xy}\mathrm{d}x$ 一致收敛. 因此下述计算中积分顺序可交换:

$$\begin{aligned}
\int_0^{+\infty} \frac{\mathrm{e}^{-ax} - \mathrm{e}^{-bx}}{x}\mathrm{d}x &= \int_0^{+\infty} \mathrm{d}x \int_a^b \mathrm{e}^{-xy}\mathrm{d}y \\
&= \int_a^b \mathrm{d}y \int_0^{+\infty} \mathrm{e}^{-xy}\mathrm{d}x \\
&= \int_a^b \frac{\mathrm{d}y}{y} \\
&= \ln y \big|_a^b \\
&= \ln \frac{b}{a}.
\end{aligned}$$

**例 12.7** 计算积分 $J = \int_0^{+\infty} \mathrm{e}^{-x^2}\mathrm{d}x$.

**解** 做变量代换 $x \to ux$, 其中 $u > 0$, 则
$$J = u\int_0^{+\infty} \mathrm{e}^{-u^2 x^2}\mathrm{d}x.$$

另一方面, 做变量代换 $x \to u$, 有
$$J = \int_0^{+\infty} \mathrm{e}^{-u^2}\mathrm{d}u.$$

因此若假设无穷限积分可交换, 就有

$$\begin{aligned}
J^2 &= \int_0^{+\infty} e^{-u^2} \cdot J du \\
&= \int_0^{+\infty} e^{-u^2} \cdot u \int_0^{+\infty} e^{-u^2 x^2} dx du \\
&= \int_0^{+\infty} dx \int_0^{+\infty} e^{-u^2(1+x^2)} u du \\
&= \int_0^{+\infty} dx \cdot \frac{-1}{2(1+x^2)} e^{-u^2(1+x^2)} \Big|_0^{+\infty} \\
&= \int_0^{+\infty} \frac{1}{2(1+x^2)} dx \\
&= \frac{1}{2} \arctan x \Big|_0^{+\infty} \\
&= \frac{\pi}{4}.
\end{aligned}$$

由此得

$$J = \frac{\sqrt{\pi}}{2}.$$

现在我们讨论换序.

首先, $f(x,u) = u e^{-u^2} e^{-u^2 x^2} = u e^{-u^2(1+x^2)} \in C([0,+\infty) \times [0,+\infty))$.

其次, $\int_0^{+\infty} e^{-u^2(1+x^2)} u du = \frac{1}{2(1+x^2)}$ 关于 $x$ 一致收敛.

再考察 $\int_0^{+\infty} u e^{-u^2(1+x^2)} dx$ 关于 $u$ 的一致收敛性. 事实上, 对于 $u \geqslant 1$, 由 $u e^{-u^2} < 1$, 有

$$\int_0^{+\infty} u e^{-u^2(1+x^2)} dx \leqslant \int_0^{+\infty} e^{-x^2} dx,$$

故对 $u \geqslant 1$ 一致收敛.

但对 $u \to 0$, 易知 $\forall A > 0$, 有

$$\int_A^{+\infty} u e^{-u^2(1+x^2)} dx = e^{-u^2} \int_{Au}^{+\infty} e^{-y^2} dy,$$

$u \to 0$ 时上式趋于 $J$ 而不趋于零.

综上, 我们得不到作为广义积分换序所需的一致收敛性. 尽管如此, 在之前的多元积分中, 通过两个累次极限的换序, 加上一个积分区域趋于无穷的极限过程, 我们证明了换序仍可操作.

在不能换序的情况下, 我们改用另一做法. 考虑 $0 < \delta < A$, 有

$$\left(\int_\delta^A e^{-x^2}dx\right)^2 = \int_\delta^A e^{-x^2}dx \int_{\frac{\delta}{x}}^{\frac{A}{x}} xe^{-u^2x^2}du$$

$$= \int_{\frac{\delta}{A}}^1 du \int_{\frac{\delta}{u}}^A e^{-(1+u^2)x^2}xdx + \int_1^{\frac{A}{\delta}} du \int_{\frac{\delta}{u}}^{\frac{A}{u}} e^{-(1+u^2)x^2}xdx$$

$$= \int_{\frac{\delta}{A}}^1 \frac{e^{-(1+u^2)A^2} - e^{-(1+u^2)\frac{\delta^2}{u^2}}}{-2(1+u^2)}du + \int_1^{\frac{A}{\delta}} \frac{e^{-(1+u^2)\frac{A^2}{u^2}} - e^{-(1+u^2)\delta^2}}{-2(1+u^2)}du,$$

先令 $A \to +\infty$, 则

$$\left(\int_\delta^{+\infty} e^{-x^2}dx\right)^2 = \int_0^1 \frac{-e^{-(1+u^2)\frac{\delta^2}{u^2}}}{-2(1+u^2)}du + \int_1^{+\infty} \frac{-e^{-(1+u^2)\delta^2}}{-2(1+u^2)}du.$$

再令 $\delta \to 0$, 则

$$\left(\int_0^{+\infty} e^{-x^2}dx\right)^2 = \frac{1}{2}\left[\int_0^1 \frac{1}{1+u^2}du + \int_1^{+\infty} \frac{1}{1+u^2}du\right] = \frac{\pi}{4}.$$

于是 $J = \frac{\sqrt{\pi}}{2}$.

**例 12.8**

$$\int_0^{+\infty} e^{-x^2}\cos 2\beta x dx.$$

**解** 记

$$I(\beta) = \int_0^{+\infty} e^{-x^2}\cos 2\beta x dx.$$

由魏尔斯特拉斯判别法, 它关于 $\beta$ 一致收敛, 因此求导得 (导函数也一致收敛)

$$I'(\beta) = -\int_0^{+\infty} e^{-x^2} 2x \sin 2\beta x dx$$
$$= e^{-x^2}\sin 2\beta x \Big|_0^{+\infty} - \int_0^{+\infty} e^{-x^2}\cos 2\beta x \cdot 2\beta dx$$
$$= -2\beta I(\beta).$$

这就是说,

$$\frac{dI}{d\beta} = -2\beta I,$$

因此,

$$d\ln|I| + d\beta^2 = 0,$$

于是
$$\beta^2 + \ln|I| = C.$$

注意到 $I(0) = \dfrac{\sqrt{\pi}}{2}$, 可算出
$$C = \ln \dfrac{\sqrt{\pi}}{2}.$$

这就给出
$$I(\beta) = \dfrac{\sqrt{\pi}}{2} e^{-\beta^2}.$$

**例 12.9** 计算狄利克雷积分
$$I = \int_0^{+\infty} \dfrac{\sin \beta x}{x} dx.$$

**解** 之前我们计算过广义积分
$$\int_0^{+\infty} e^{-\alpha x} \cos \beta x \, dx = \dfrac{\alpha}{\alpha^2 + \beta^2},$$
$$\int_0^{+\infty} e^{-\alpha x} \sin \beta x \, dx = \dfrac{\beta}{\alpha^2 + \beta^2}.$$

令
$$I(\beta) = \int_0^{+\infty} e^{-\alpha x} \dfrac{\sin \beta x}{x} dx,$$
通过关于 $\beta$ 一致收敛 (阿贝尔判别法), 利用求导得
$$I'(\beta) = \int_0^{+\infty} e^{-\alpha x} \cos \beta x \, dx = \dfrac{\alpha}{\alpha^2 + \beta^2}.$$

关于 $\beta$ 积分, 并注意到 $I(0) = 0$, 知 $I(\beta) = \arctan \dfrac{\beta}{\alpha}$. 而 $\displaystyle\int_0^{+\infty} e^{-\alpha x} \dfrac{\sin \beta x}{x} dx$ 对 $\alpha \geqslant 0$ 一致收敛, 因此
$$\lim_{\alpha \to 0+} \int_0^{+\infty} e^{-\alpha x} \dfrac{\sin \beta x}{x} dx = \int_0^{+\infty} \lim_{\alpha \to 0+} e^{-\alpha x} \dfrac{\sin \beta x}{x} dx$$
$$= \int_0^{+\infty} \dfrac{\sin \beta}{x} dx.$$

于是得到
$$\int_0^{+\infty} \dfrac{\sin \beta x}{x} dx = \lim_{\alpha \to 0+} \arctan \dfrac{\beta}{\alpha} = \begin{cases} \dfrac{\pi}{2}, & \beta > 0, \\ 0, & \beta = 0, \\ -\dfrac{\pi}{2}, & \beta < 0. \end{cases}$$

上述计算中若定义
$$\widetilde{I}(\beta) = \int_0^{+\infty} \frac{\sin \beta x}{x} \mathrm{d}x,$$
则直接求导得到
$$\int_0^{+\infty} \cos \beta x \mathrm{d}x,$$
它并不收敛. 通过引入 $\mathrm{e}^{-\alpha x}$ 这样一个收敛因子我们绕开了这个困难.

**例 12.10** 若 $b > a > 0$, 计算 $\int_0^{+\infty} \frac{\cos ax - \cos bx}{x^2} \mathrm{d}x$.

**解**
$$\begin{aligned}
\int_0^{+\infty} \frac{\cos ax - \cos bx}{x^2} \mathrm{d}x &= \int_0^{+\infty} \mathrm{d}x \int_a^b \frac{\sin xy}{x} \mathrm{d}y \\
&= \int_a^b \mathrm{d}y \int_0^{+\infty} \frac{\sin xy}{x} \mathrm{d}x \\
&= \int_a^b \mathrm{d}y \int_0^{+\infty} \frac{\sin xy}{xy} \mathrm{d}(xy) \\
&= \int_a^b \frac{\pi}{2} \mathrm{d}y \\
&= \frac{\pi}{2}(b-a).
\end{aligned}$$

这里 $\int_0^{+\infty} \frac{\sin xy}{x} \mathrm{d}x$ 经变量代换后可以看出与 $y \in [a,b]$ 是无关的, 一致收敛于 $\frac{\pi}{2}$, 因此积分可换序.

## 12.4 欧拉积分

在数学物理方程、概率论等应用中常常用到两个特殊函数: $\Gamma$ (伽马, Gamma) 函数与 B (贝塔, Beta) 函数, 它们分别被称为第二类和第一类欧拉积分, 都是含参变元的积分.

### 12.4.1 $\Gamma$ 函数

定义函数
$$\Gamma(x) = \int_0^{+\infty} s^{x-1} \mathrm{e}^{-s} \mathrm{d}s.$$

$\Gamma(x)$ 在 $(0, +\infty)$ 上有定义且连续.

事实上, 由广义积分的收敛判别法容易知道, $x > 0$ 时, $\Gamma(x)$ 收敛. 其次, $\forall \delta > 0, A > 0, \Gamma(x)$ 在 $x \in [\delta, A]$ 上一致收敛, 因此 $\Gamma(x)$ 在 $(0, +\infty)$ 上连续.

**定理 12.14** $\Gamma(x)$ 满足以下基本性质:

(1) $\Gamma(x) > 0, \forall x \in (0, +\infty)$;

(2) 递推公式: $\Gamma(x+1) = x\Gamma(x), \forall x \in (0, +\infty)$;

(3) $\ln \Gamma(x)$ 在 $(0, +\infty)$ 上下凸.

**证明** (1) 易证.

(2) 做分部积分, 有

$$\begin{aligned}\Gamma(x+1) &= \int_0^{+\infty} s^x \mathrm{e}^{-s}\mathrm{d}s \\ &= -\int_0^{+\infty} s^x \mathrm{d}\mathrm{e}^{-s} \\ &= -s^x \mathrm{e}^{-s}\Big|_0^{+\infty} + \int_0^{+\infty} \mathrm{e}^{-s} x s^{x-1}\mathrm{d}s \\ &= x\Gamma(x).\end{aligned}$$

(3) 我们在证明中要用到如下赫尔德 (Hölder) 不等式 (取 $a = 0, b \to +\infty$[①]):
若 $p, q > 0$ 且 $\dfrac{1}{p} + \dfrac{1}{q} = 1$, 对于 $[a, b]$ 上非负连续函数 $f(s), g(s)$, 有

$$\int_a^b fg \mathrm{d}s \leqslant \left(\int_a^b f^p \mathrm{d}s\right)^{\frac{1}{p}} \left(\int_a^b g^q \mathrm{d}s\right)^{\frac{1}{q}}.$$

计算可得

$$\begin{aligned}\Gamma\left(\frac{x}{p} + \frac{y}{q}\right) &= \int_0^{+\infty} s^{\frac{x}{p} + \frac{y}{q} - 1} \mathrm{e}^{-s}\mathrm{d}s \\ &= \int_0^{+\infty} s^{\frac{x}{p} - \frac{1}{p}} s^{\frac{y}{q} - \frac{1}{q}} \mathrm{e}^{-\frac{s}{p}} \mathrm{e}^{-\frac{s}{q}}\mathrm{d}s \\ &\leqslant \left(\int_0^{+\infty} \left(s^{\frac{x}{p} - \frac{1}{p}} \mathrm{e}^{-\frac{s}{p}}\right)^p \mathrm{d}s\right)^{\frac{1}{p}} \left(\int_0^{+\infty} \left(s^{\frac{y}{q} - \frac{1}{q}} \mathrm{e}^{-\frac{s}{q}}\right)^q \mathrm{d}s\right)^{\frac{1}{q}} \\ &= \{\Gamma(x)\}^{\frac{1}{p}} \{\Gamma(y)\}^{\frac{1}{q}},\end{aligned}$$

于是

$$\ln \Gamma\left(\frac{x}{p} + \frac{y}{q}\right) \leqslant \frac{1}{p} \ln \Gamma\left(\frac{x}{p}\right) + \frac{1}{q} \ln \Gamma\left(\frac{y}{q}\right).$$

---

[①] 我们只考虑积分区间为 $[a, b]$, 通过 $\forall \delta > 0, A < +\infty$, 然后在

$$\int_\delta^A s^{\frac{x}{p} + \frac{y}{q} - 1} \mathrm{e}^{-s}\mathrm{d}s \leqslant \left(\int_\delta^A s^{x-1} \mathrm{e}^{-s}\mathrm{d}s\right)^{\frac{1}{p}} \left(\int_\delta^A s^{y-1} \mathrm{e}^{-s}\mathrm{d}s\right)^{\frac{1}{q}}$$

中令 $\delta \to 0, A \to +\infty$ 即可.

这里给出赫尔德不等式的一个证明.

由
$$(\ln x)'' = -\frac{1}{x^2} < 0, \forall x > 0,$$

$-\ln x$ 是下凸函数, 即 $\forall u, v > 0$, 有
$$-\ln\left(\frac{u}{p} + \frac{v}{q}\right) \leqslant \frac{-\ln u}{p} + \frac{-\ln v}{q},$$

即
$$\frac{u}{p} + \frac{v}{q} \geqslant u^{\frac{1}{p}} v^{\frac{1}{q}}.$$

令
$$u = \frac{f(x)}{\int_a^b f(x)\mathrm{d}x},\ v = \frac{g(x)}{\int_a^b g(x)\mathrm{d}x},$$

则
$$\frac{f(x)^{\frac{1}{p}}}{\left(\int_a^b f(x)\mathrm{d}x\right)^{\frac{1}{p}}} \frac{g(x)^{\frac{1}{q}}}{\left(\int_a^b g(x)\mathrm{d}x\right)^{\frac{1}{q}}} \leqslant \frac{f(x)}{p\int_a^b f(x)\mathrm{d}x} + \frac{g(x)}{q\int_a^b g(x)\mathrm{d}x},$$

因此,
$$\frac{\int_a^b f(x)^{\frac{1}{p}} g(x)^{\frac{1}{q}} \mathrm{d}x}{\left(\int_a^b f(x)\mathrm{d}x\right)^{\frac{1}{p}} \left(\int_a^b g(x)\mathrm{d}x\right)^{\frac{1}{q}}} \leqslant \frac{1}{p} + \frac{1}{q} = 1,$$

此即
$$\int_a^b f(x)^{\frac{1}{p}} g(x)^{\frac{1}{q}} \mathrm{d}x \leqslant \left(\int_a^b f(x)\mathrm{d}x\right)^{\frac{1}{p}} \left(\int_a^b g(x)\mathrm{d}x\right)^{\frac{1}{q}}.$$

最后, 以 $f(x)^p, g(x)^q$ 分别代替 $f(x), g(x)$ 即得到赫尔德不等式.

从递推公式和
$$\Gamma(0) = \int_0^{+\infty} \mathrm{e}^{-s}\mathrm{d}s = 1$$

可知, $\Gamma(x)$ 是阶乘的一个推广:
$$\Gamma(n+1) = n!, \forall n \in \mathbb{N}.$$

下面的定理给出了函数为 $\Gamma(x)$ 的判定条件.

**定理 12.15 (玻尔–莫勒阿普 (Bohr-Mollerup) 定理)** $\Gamma$ 函数由下述三个条件唯一确定, 即若

(1) $f(x) > 0, \forall x \in (0, +\infty), f(1) = 1,$

(2) $f(x+1) = xf(x), \forall x \in (0, +\infty),$

(3) $\ln f(x)$ 下凸,

则
$$f(x) = \Gamma(x).$$

**证明** 记 $\varphi(x) = \ln f(x)$, 由 $f(n+1) = n!$, 知
$$\varphi(n+1) = \ln n!,$$

再由
$$f(x+n+1) = (x+n)\cdots xf(x),$$

得到
$$\varphi(x+n+1) = \varphi(x) + \ln[x(x+1)\cdots(x+n)].$$

$\varphi(x)$ 下凸, 故 $\forall x \in (0,1]$, 有
$$\frac{\varphi(n+1) - \varphi(n)}{(n+1) - n} \leqslant \frac{\varphi(x+n+1) - \varphi(n+1)}{(x+n+1) - (n+1)}$$
$$\leqslant \frac{\varphi(n+2) - \varphi(n+1)}{(n+2) - (n+1)},$$

即
$$\ln n \leqslant \frac{\varphi(x+n+1) - \ln(n!)}{x} \leqslant \ln(n+1),$$

亦即
$$x\ln n + \ln(n!) \leqslant \varphi(x+n+1) \leqslant x\ln(n+1) + \ln(n!).$$

再用递推公式知
$$\ln \frac{n^x n!}{x(x+1)\cdots(x+n)} \leqslant \varphi(x) \leqslant \ln \frac{(n+1)^x n!}{x(x+1)\cdots(x+n)},$$

即
$$0 \leqslant \varphi(x) - \ln \frac{n^x n!}{x(x+1)\cdots(x+n)} \leqslant x\ln\left(1 + \frac{1}{n}\right).$$

令 $n \to +\infty$, 得到
$$\varphi(x) = \lim_{n \to +\infty} \ln \frac{n^x n!}{x(x+1)\cdots(x+n)}.$$

因此, $\forall x \in [0,1]$,
$$f(x) = \lim_{n \to +\infty} \frac{n^x n!}{x(x+1)\cdots(x+n)}.$$

由极限的唯一性知 $f(x) = \Gamma(x)$.

补充说明一下极限 $\lim\limits_{n\to+\infty}\dfrac{n^x n!}{x(x+1)\cdots(x+n)}$ 是良定义 (收敛) 的, 原因如下.

(1) 数列是单调递增的:

$$\dfrac{\dfrac{(n+1)^x(n+1)!}{x(x+1)\cdots(x+n+1)}}{\dfrac{n^x n!}{x(x+1)\cdots(x+n)}} = \left(1+\dfrac{1}{n}\right)^x \dfrac{n+1}{x+n+1}.$$

考察函数 $g(y) = (1+y)^x - \dfrac{x+\dfrac{1}{y}+1}{\dfrac{1}{y}+1}$, 其中 $y > 0$. 对于 $0 < x \leqslant 1$, 计算可得 $g(0) = 0, g'(y) = x[(1+y)^{x-1} - (1+y)^{-2}] > 0$, 故 $g(y) > 0$. 令 $y = \dfrac{1}{n}$, 即得 $\left(1+\dfrac{1}{n}\right)^x \dfrac{n+1}{x+n+1} > 1$.

(2) 数列有上界: 由

$$\dfrac{\left(1+\dfrac{1}{n}\right)^x}{1+\dfrac{x}{n+1}} \leqslant \mathrm{e}^{\frac{x}{n(n+1)}},$$

可以推出

$$\dfrac{n^x n!}{x(x+1)\cdots(x+n)} \leqslant \mathrm{e}^{\frac{x}{(n-1)n}} \cdot \mathrm{e}^{\frac{x}{(n-2)(n-1)}} \cdots \mathrm{e}^{\frac{x}{2\cdot 1}} \cdot \dfrac{1^x \cdot 1!}{x(x+1)}$$

$$\leqslant \mathrm{e}^{x\left(1-\frac{1}{n}\right)} \dfrac{1}{x(x+1)}$$

$$< \dfrac{\mathrm{e}^x}{x(x+1)}.$$

上面给出的

$$\Gamma(x) = \lim_{n\to+\infty} \dfrac{n^x n!}{x(x+1)\cdots(x+n)}$$

称为欧拉无限乘积表达式.

**定理 12.16 (余元公式)** $\forall x \in (0,1)$, 有

$$\Gamma(x)\Gamma(1-x) = \dfrac{\pi}{\sin \pi x}.$$

定理的证明用到以下展开式:

$$\sin \pi x = \pi x \lim_{N\to+\infty} \prod_{i=1}^{N}\left(1-\dfrac{x^2}{n^2}\right), \forall x \in (0,1].$$

**证明**

$$\Gamma(x) = \lim_{n \to +\infty} \frac{n^x n!}{x(x+1)\cdots(x+n)}$$

$$= \lim_{n \to +\infty} \frac{n^x}{x(1+x)\cdots\left(1+\dfrac{x}{n}\right)},$$

$$\Gamma(1-x) = \lim_{n \to +\infty} \frac{n^{1-x} n!}{(1-x)\cdots(n+1-x)}$$

$$= \lim_{n \to +\infty} \frac{n^{1-x}}{(1-x)\cdots\left(1-\dfrac{x}{n}\right)(n+1-x)}.$$

相乘得

$$\Gamma(x)\Gamma(1-x) = \lim_{n \to +\infty} \frac{n}{x(1-x^2)\cdots\left(1-\dfrac{x^2}{n^2}\right)(n+1-x)}$$

$$= \frac{\pi}{\sin \pi x}.$$

在余元公式中令 $x = \dfrac{1}{2}$, 可得

$$\Gamma\left(\frac{1}{2}\right) = \sqrt{\pi}.$$

通过变量替换, 有

$$\sqrt{\pi} = \int_0^{+\infty} s^{\frac{1}{2}-1} e^{-s} ds$$

$$= \int_0^{+\infty} y^{-1} e^{-y^2} 2y\, dy$$

$$= 2\int_0^{+\infty} e^{-y^2} dy.$$

这就又给出了

$$\int_0^{+\infty} e^{-y^2} dy = \frac{\sqrt{\pi}}{2}.$$

**定理 12.17 (倍元公式)** $\forall x > 0$, 有

$$\Gamma(2x) = \frac{2^{2x-1}}{\sqrt{\pi}} \Gamma(x) \Gamma\left(x + \frac{1}{2}\right).$$

**证明** 定理即证

$$\Gamma(x) = \frac{2^{x-1}}{\sqrt{\pi}} \Gamma\left(\frac{x}{2}\right) \Gamma\left(\frac{x+1}{2}\right).$$

我们令
$$f(x) = \frac{2^{x-1}}{\sqrt{\pi}} \Gamma\left(\frac{x}{2}\right) \Gamma\left(\frac{x+1}{2}\right).$$

$\forall x > 0, f(x) > 0$, 且

$$f(1) = \frac{2^{1-1}}{\sqrt{\pi}} \Gamma\left(\frac{1}{2}\right) \Gamma\left(\frac{1+1}{2}\right) = 1,$$
$$f(x+1) = \frac{2^x}{\sqrt{\pi}} \Gamma\left(\frac{x+1}{2}\right) \Gamma\left(\frac{x+2}{2}\right)$$
$$= \frac{2^x}{\sqrt{\pi}} \Gamma\left(\frac{x+1}{2}\right) \frac{x}{2} \Gamma\left(\frac{x}{2}\right)$$
$$= xf(x),$$

以及
$$\ln f(x) = (x-1)\ln 2 - \ln \sqrt{\pi} + \ln \Gamma\left(\frac{x}{2}\right) + \ln \Gamma\left(\frac{x+1}{2}\right)$$

中各函数皆下凸, 故 $\ln f(x)$ 下凸. 因此 $f(x) = \Gamma(x)$.

### 12.4.2 贝塔函数

定义贝塔函数
$$\mathrm{B}(x, y) = \int_0^1 t^{x-1}(1-t)^{y-1} \mathrm{d}t.$$

**定理 12.18** $\mathrm{B}(x, y)$ 在 $x, y > 0$ 上有意义, 且满足以下性质:

(1) $\forall x, y > 0$, 有 $\mathrm{B}(x, y) > 0$, 并有 $\mathrm{B}(1, y) = \dfrac{1}{y}$;

(2) $\mathrm{B}(x+1, y) = \dfrac{x}{x+y} \mathrm{B}(x, y)$;

(3) $\forall y > 0, \ln \mathrm{B}(x, y)$ 关于 $x$ 下凸.

**证明** (1) 由于被积函数非负且不恒为 0, 易知 $\mathrm{B}(x, y) > 0$, 而

$$\mathrm{B}(1, y) = \int_0^1 (1-t)^{y-1} \mathrm{d}t$$
$$= \frac{-1}{y}(1-t)^y \Big|_0^1$$
$$= \frac{1}{y}.$$

(2) 分部积分可得

$$\begin{aligned}
&\mathrm{B}(x+1,y)\\
&=\int_0^1 t^x(1-t)^{y-1}\mathrm{d}t\\
&=\int_0^1 \left(\frac{t}{1-t}\right)^x (1-t)^{x+y-1}\mathrm{d}t\\
&=-\left(\frac{t}{1-t}\right)^x \frac{1}{x+y}(1-t)^{x+y}\Big|_{0^+}^{1^-} + \frac{1}{x+y}\int_0^1 \left(\frac{t}{1-t}\right)^{x-1} x(1-t)^{x+y-2}\mathrm{d}t\\
&=\frac{x}{x+y}\int_0^1 t^{x-1}(1-t)^{y-1}\mathrm{d}t\\
&=\frac{x}{x+y}\mathrm{B}(x,y).
\end{aligned}$$

(3) $\forall y>0, p,q>0$，满足 $\frac{1}{p}+\frac{1}{q}=1$，有

$$\begin{aligned}
\mathrm{B}\left(\frac{x_1}{p}+\frac{x_2}{q},y\right) &= \int_0^1 t^{\frac{x_1}{p}+\frac{x_2}{q}-1}(1-t)^{y-1}\mathrm{d}t\\
&= \int_0^1 (t^{x_1-1}(1-t)^{y-1})^{\frac{1}{p}}(t^{x_2-1}(1-t)^{y-1})^{\frac{1}{q}}\mathrm{d}t\\
&\leqslant \left(\int_0^1 t^{x_1-1}(1-t)^{y-1}\mathrm{d}t\right)^{\frac{1}{p}}\left(\int_0^1 t^{x_2-1}(1-t)^{y-1}\mathrm{d}t\right)^{\frac{1}{q}}\\
&= [\mathrm{B}(x_1,y)]^{\frac{1}{p}}[\mathrm{B}(x_2,y)]^{\frac{1}{q}}.
\end{aligned}$$

两边取对数即得

$$\ln\mathrm{B}\left(\frac{x_1}{p}+\frac{x_2}{q},y\right) \leqslant \frac{1}{p}\ln\mathrm{B}(x_1,y)+\frac{1}{q}\ln\mathrm{B}(x_2,y).$$

**定理 12.19** $\forall x,y>0$，有 $\mathrm{B}(x,y)=\dfrac{\Gamma(x)\Gamma(y)}{\Gamma(x+y)}$.

**证明** 令

$$f(x)=\frac{\Gamma(x+y)\mathrm{B}(x,y)}{\Gamma(y)},$$

它满足:

(1) $\forall x>0, f(x)>0$，且

$$f(1)=\frac{\Gamma(1+y)\mathrm{B}(1,y)}{\Gamma(y)}=\frac{\Gamma(1+y)}{y\Gamma(y)}=1;$$

(2)
$$f(x+1) = \frac{\Gamma(x+1+y)B(x+1,y)}{\Gamma(y)}$$
$$= \frac{(x+y)\Gamma(x+y)\dfrac{x}{x+y}B(x,y)}{\Gamma(y)}$$
$$= xf(x);$$

(3) $\forall y > 0$ 固定, 则 $\ln\Gamma(x+y), \ln B(x,y)$ 均为关于 $x$ 的下凸函数, 因此 $\ln f(x)$ 为下凸函数.

由玻尔–莫勒阿普定理, $f(x) = \Gamma(x)$.

由此我们知道贝塔函数是对称的, 即
$$B(x,y) = B(y,x), \forall x,y > 0,$$
以及
$$B(x, 1-x) = \frac{\pi}{\sin \pi x}.$$

**例 12.11** 若 $\alpha > -1, \beta > -1$, 计算 $\int_0^{\frac{\pi}{2}} \sin^\alpha x \cos^\beta x \mathrm{d}x$.

**解** 令 $t = \sin^2 x$, 则
$$\int_0^{\frac{\pi}{2}} \sin^\alpha x \cos^\beta x \mathrm{d}x = \frac{1}{2}\int_0^1 t^{\frac{\alpha-1}{2}}(1-t)^{\frac{\beta-1}{2}}\mathrm{d}t$$
$$= \frac{1}{2}B\left(\frac{\alpha+1}{2}, \frac{\beta+1}{2}\right)$$
$$= \frac{\Gamma\left(\dfrac{\alpha+1}{2}\right)\Gamma\left(\dfrac{\beta+1}{2}\right)}{2\Gamma\left(\dfrac{\alpha+\beta}{2}+1\right)}.$$

例如, 对于 $\alpha = 4, \beta = 6$, 就有
$$\int_0^{\frac{\pi}{2}} \sin^4 \cos^6 x \mathrm{d}x = \frac{\Gamma\left(\dfrac{5}{2}\right)\Gamma\left(\dfrac{7}{2}\right)}{2\Gamma(6)} = \frac{3\pi}{512}.$$

**例 12.12** $n$ 维半径为 $r$ 的球体体积为 $V_n(r) = a_n r^n$, 满足
$$a_n = 2a_{n-1}\int_0^{\frac{\pi}{2}} \sin^\alpha t \mathrm{d}t,$$
其中 $a_1 = 2$. 试计算 $a_n$.

**解** 由
$$\int_0^{\frac{\pi}{2}} \sin^\alpha t\,dt = \frac{\sqrt{\pi}}{2} \frac{\Gamma\left(\frac{n+1}{2}\right)}{\Gamma\left(\frac{n+2}{2}\right)},$$

归纳得
$$a_n = \frac{\pi^{\frac{n}{2}}}{\Gamma\left(\frac{n+2}{2}\right)}.$$

如 $a_2 = \dfrac{\pi}{\Gamma(2)} = \pi$,为圆面积公式中的系数,而
$$a_3 = \frac{\pi^{\frac{3}{2}}}{\Gamma\left(\frac{5}{2}\right)}$$
$$= \frac{\pi^{\frac{3}{2}}}{\frac{3}{2}\cdot\frac{1}{2}\Gamma\left(\frac{1}{2}\right)}$$
$$= \frac{4}{3}\pi,$$

即球体积公式中的系数.

## 习 题

1. 计算下列各式:

    (1) $\dfrac{d}{dt}\displaystyle\int_{\frac{\pi}{2}}^{\pi} \dfrac{\cos tx}{x}\,dx$;

    (2) $\dfrac{d}{dt}\displaystyle\int_2^3 \dfrac{x^2}{(1-tx)^2}\,dx$;

    (3) $\dfrac{d}{dt}\displaystyle\int_{t^2}^2 \ln(1+x^2)\,dx$;

    (4) $\dfrac{d^2}{dt^2}\displaystyle\int_0^t (x+t)f(x)\,dx$.

2. 对于函数 $F(x) = \displaystyle\int_0^{2\pi} e^{x\cos\theta}\cos(x\sin\theta)\,d\theta$,求 $F'(x)$,并计算 $F(x)$.

3. 计算 $\displaystyle\int_0^\pi \ln(1-2a\cos x + a^2)\,dx\ (a \leqslant 1)$.

4. 计算 $\displaystyle\int_0^1 \dfrac{x^b - x^a}{\ln x}\,dx\ (a,b > 0)$.

5. 证明 $\int_0^1 dx \int_0^1 \dfrac{x^2-y^2}{x^2+y^2} dy \neq \int_0^1 dy \int_0^1 \dfrac{x^2-y^2}{x^2+y^2} dx$.

6. 计算 $\dfrac{d}{dt} \int_0^1 \dfrac{\ln(1+tx)}{1+x^2} dx$, 并以此计算 $\int_0^1 \dfrac{\ln(1+x)}{1+x^2} dx$.

7. 证明 $\int_0^{+\infty} \dfrac{\sin tx}{x} dx$ 在 $t \geqslant t_0 > 0$ 上一致收敛.

8. 证明 $\int_0^{+\infty} x e^{tx} dx$ 在 $t > 0$ 上不一致收敛.

9. 证明 $\int_0^{+\infty} \dfrac{dx}{x^2+t^2}$ 在 $t \geqslant t_0 > 0$ 上一致收敛, 并利用 $\int_0^{+\infty} \dfrac{dx}{x^2+t^2}$ 计算 $\int_0^{+\infty} \dfrac{dx}{(x^2+t^2)^3}$.

10. 证明 $\int_0^{+\infty} \dfrac{\sin x^2}{1+x^t} dx$ 在 $t \geqslant 0$ 上一致收敛.

11. 讨论 $\int_0^{+\infty} \dfrac{t\,dx}{1+t^2x^2}$ 在 $t \in (0,1)$ 上是否一致连续.

12. 讨论 $\lim\limits_{t \to 0^+} \int_0^{+\infty} t e^{-tx} dx$ 中极限是否可以与积分相交换, 为什么?

13. 若 $\int_0^{+\infty} f(x) dx$ 可积, 试证明
$$\lim_{\alpha \to 0^+} \int_0^{+\infty} e^{-\alpha x} f(x) dx = \int_0^{+\infty} f(x) dx.$$

14. 求 $\lim\limits_{n \to +\infty} \int_0^{+\infty} \dfrac{dx}{1+x^n}$.

15. 计算 $\int_0^{+\infty} \dfrac{e^{-ax}-e^{-bx}}{x} dx \ (a,b>0)$.

16. 若函数 $f(x)$ 连续, 且 $\forall \delta > 0$, $\int_\delta^{+\infty} \dfrac{f(x)}{x} dx$ 收敛, 证明
$$\int_0^{+\infty} \dfrac{f(bx)-f(ax)}{x} dx = f(0) \ln \dfrac{b}{a} \ (a,b>0).$$

17. 利用欧拉积分计算 (或表示出) 下列各式:

(1) $\int_0^{\frac{\pi}{2}} \sin^3\theta \cos^5\theta\, d\theta$;

(2) $\int_0^{\frac{\pi}{2}} \sin^n\theta\, d\theta \ (n \in \mathbb{N})$;

(3) $\int_0^1 x^2 \sqrt{1-x^2}\, dx$;

(4) $\int_0^{+\infty} \dfrac{1}{1+x^3} dx$;

(5) $\int_0^{\frac{\pi}{2}} \tan^\alpha x \, dx \ (|\alpha| < 1)$;

(6) $\int_0^1 \dfrac{dx}{\sqrt[n]{1-x^n}} \ (n \in \mathbb{N})$.

18. 证明在 $x+y+z \leqslant 1$ 处于第一卦限部分的四面体 $V$ 上, 下述等式成立 ($a,b,c > 0$):
$$\iiint_V x^{a-1} y^{b-1} z^{c-1} d(x,y,z) = \dfrac{\Gamma(a)\Gamma(b)\Gamma(c)}{(a+b+c)\Gamma(a+b+c)}.$$

# 第十三章 级 数

级数是无穷项求和, 是一种非常古老的表达形式, 有时候非常有效, 但同时也很容易引起混淆. 根据其中的加项是数或函数, 级数分为数项级数和函数项级数[①].

其实, 实数的定义就是一个数项级数:

$$a = a_0.a_1 \cdots a_n \cdots = a_0 + \sum_{n=1}^{+\infty} a_n \times 10^{-n},$$

如非规范小数

$$0.999\cdots = \sum_{n=1}^{\infty} 9 \times 10^{-n} = 9 \times \frac{0.1}{1-0.1} = 1.$$

我们已经遇到过的函数项级数有泰勒级数, 定义为若泰勒展式在项数 $n \to +\infty$ 时收敛到函数本身, 则 (形式上) 无穷项的泰勒展开式称为泰勒级数. 例如指数函数:

$$e^x = \sum_{n=0}^{+\infty} \frac{x^n}{n!}.$$

当然, 级数未必收敛, 著名的例子是

$$1 + (-1) + 1 + (-1) + \cdots.$$

在本章中, 我们将讨论数项级数、函数项级数, 以及一种非常重要的函数项级数: 傅里叶 (Fourier) 级数.

## 13.1 数 项 级 数

### 13.1.1 概述

级数是无穷和

$$\sum_{n=1}^{+\infty} a_n = a_1 + a_2 + \cdots + a_n + \cdots.$$

这样一个求和是否收敛, 可以通过研究相应的有限和序列 $\{S_n\}$ 来确定, 其中

$$S_n = \sum_{i=1}^{n} a_i = a_1 + \cdots + a_n$$

---

[①] 数项级数习惯上也简称级数, 换言之, 狭义的级数就指数项级数.

称为部分和.

若级数 $\sum_{n=1}^{+\infty} a_n$ 的部分和序列 $\{S_n\}$ 收敛于 $A$, 则称该级数收敛, 级数的和为 $A$, 记为

$$\sum_{n=1}^{+\infty} a_n = A.$$

反之, 若部分和序列发散, 则称级数发散.

**例 13.1**  $r$ 为实数, 讨论等比级数 $\sum_{n=1}^{+\infty} r^n$ 的极限.

**解**  由等比数列的前 $n$ 项和为 (设 $r \neq 1$)

$$S_n = \sum_{i=1}^{n} r^i = \frac{r - r^{n+1}}{1 - r}$$

看出, 若 $|r| < 1$, 则

$$\lim_{n \to +\infty} S_n = \frac{r}{1-r},$$

否则发散.

因此, 若 $|r| < 1$, 级数 $\sum_{n=1}^{+\infty} r^n = \frac{r}{1-r}$, 否则发散.

**例 13.2**  讨论调和级数 $\sum_{n=1}^{+\infty} \frac{1}{n} = 1 + \frac{1}{2} + \frac{1}{3} + \cdots$ 的极限.

**解**  $\forall p \in \mathbb{N}$, 两个部分和之差

$$S_{2^{p+1}} - S_{2^p} = \frac{1}{2^p + 1} + \cdots + \frac{1}{2^{p+1}}$$
$$> \frac{1}{2^{p+1}} \times (2^{p+1} - 2^p)$$
$$= \frac{1}{2}.$$

由序列的柯西收敛原理, $\{S_n\}$ 发散, 因此调和级数发散.

**例 13.3**  讨论交错调和级数 $\sum_{n=1}^{+\infty} \frac{(-1)^{n-1}}{n} = 1 - \frac{1}{2} + \frac{1}{3} - \frac{1}{4} + \cdots$ 的极限.

**解** 考虑部分和

$$S_{2n} = \frac{1}{1 \times 2} + \frac{1}{3 \times 4} + \cdots + \frac{1}{2n(2n-1)}$$
$$< \frac{1}{2} + \frac{1}{4} \sum_{i=2}^{n} \frac{1}{i(i-1)}$$
$$= \frac{1}{2} + \frac{1}{4} \left(1 - \frac{1}{n}\right).$$

序列 $\{S_{2n}\}$ 单调递增且有界,因此收敛,记极限为 $A$.

由 $S_{2n+1} - S_{2n} = \dfrac{1}{2n+1}$ 知 $\{S_{2n+1}\}$ 也收敛于 $A$. 因此,

$$\lim_{n \to +\infty} S_n = A,$$

即交错调和级数收敛.

有意思的是,利用 $\ln(1+x)$ 的麦克劳林展式可以证明 $A = \ln 2$.

从这个例子我们得到启发: 要区分各加项均非负的级数与一般的级数.

由于级数的本质是序列, 因此序列的一些主要性质在级数中也同样成立.

**定理 13.1** 若 $\sum\limits_{n=1}^{+\infty} a_n, \sum\limits_{n=1}^{+\infty} b_n$ 分别收敛于 $A$ 和 $B$, $\lambda, \mu \in \mathbb{R}$, 则

(1) $\sum\limits_{n=1}^{+\infty} (\lambda a_n + \mu b_n) = \lambda A + \mu B$;

(2) $\lim\limits_{n \to +\infty} a_n = 0$.

两个级数相乘可能出现比较复杂的情况, 我们后面专门讨论.

**定理 13.2 (柯西收敛原理)** 级数 $\sum\limits_{n=1}^{+\infty} a_n$ 收敛当且仅当 $\forall \varepsilon > 0, \exists N \in \mathbb{N}, \forall n > N, p \in \mathbb{N}$, 有

$$|a_{n+1} + \cdots + a_{n+p}| < \varepsilon.$$

由柯西收敛原理可以看到, 若两个级数 $\sum\limits_{n=1}^{+\infty} a_n$ 和 $\sum\limits_{n=1}^{+\infty} \widetilde{a}_n$ 仅有有限项不等, 即 $\exists N \in \mathbb{N}, \forall n > N, a_n = \widetilde{a}_n$, 则 $\sum\limits_{n=1}^{+\infty} a_n$ 和 $\sum\limits_{n=1}^{+\infty} \widetilde{a}_n$ 同时收敛或同时发散. 换言之, 级数是否收敛看的是任意有限项之后的加项.

### 13.1.2 上下极限

为了后面级数收敛性讨论的方便, 我们简单介绍一下序列的上下极限.

若序列 $\{x_n\}$ 有界, 那么, $\forall n \in \mathbb{N}$, 可以定义

$$u_n = \sup_{p \geqslant n} x_p.$$

显然 $\{u_n\}$ 单调下降且以整个 $\{x_n\}$ 的下界为下界, 因此

$$\varlimsup_{n \to +\infty} x_n \equiv \lim_{n \to +\infty} u_n$$

存在, 称为 $\{x_n\}$ 的上极限. 容易看出, 上极限一定是 $\{x_n\}$ 的一个极限点 (聚点).

类似地, $\{v_n = \inf\limits_{p \geqslant n} x_p\}$ 单调上升且以整个 $\{x_n\}$ 的上界为上界, 因此

$$\varliminf_{n \to +\infty} x_n \equiv \lim_{n \to +\infty} v_n$$

存在, 称为 $\{x_n\}$ 的下极限, 它也一定是 $\{x_n\}$ 的一个极限点 (聚点).

其实, 上极限就是 $\{x_n\}$ 的极限点中最大者 (上确界), 下极限则是最小者 (下确界).

例如, 序列

$$0, \frac{1}{2}, 0, -\frac{1}{2}, 0, \frac{3}{4}, 0, -\frac{3}{4}, 0, \frac{7}{8}, 0, -\frac{7}{8}, 0, \frac{15}{16}, 0, -\frac{15}{16}, \cdots$$

的上极限为 1, 下极限为 −1. 这里, 上极限也刚好是整个序列的上确界, 下极限是整个序列的下确界.

但是序列

$$0, \frac{3}{2}, 0, -\frac{3}{2}, 0, \frac{5}{4}, 0, -\frac{5}{4}, 0, \frac{9}{8}, 0, -\frac{9}{8}, 0, \frac{17}{16}, 0, -\frac{17}{16}, \cdots$$

也是上极限为 1, 下极限为 −1, 而上 (下) 极限并不是整个序列的上 (下) 确界.

由定义看出, $\forall \varepsilon > 0, \forall N \in \mathbb{N}, \exists m > N$, 使得 $x_m > \varlimsup\limits_{n \to +\infty} x_n - \varepsilon$. 此外, 以下一些性质成立 (均理解成若右式有意义, 则左式收敛):

(1) $\lim\limits_{n \to +\infty} x_n = x$ 收敛, 当且仅当

$$\varlimsup_{n \to +\infty} x_n = \varliminf_{n \to +\infty} x_n = x;$$

(2) $\forall \lambda, \mu \geqslant 0$, 有

$$\varlimsup_{n \to +\infty} (\lambda x_n + \mu y_n) \leqslant \lambda \varlimsup_{n \to +\infty} x_n + \mu \varlimsup_{n \to +\infty} y_n;$$

(3) $\varlimsup\limits_{n\to+\infty}(-x_n) = -\varliminf\limits_{n\to+\infty} x_n$;

(4) 若 $\lim\limits_{n\to+\infty} x_n = x$, 则

$$\varlimsup_{n\to+\infty}(x_n+y_n) = x + \varlimsup_{n\to+\infty} y_n;$$

(5) 若 $x_n \leqslant y_n$, 则 $\varlimsup\limits_{n\to+\infty} x_n \leqslant \varlimsup\limits_{n\to+\infty} y_n$.

关于下极限有一些类似的性质, 就不一一列举了.

### 13.1.3 正项级数

如果所有加项 $a_n$ 都非负, 我们就称级数 $\sum\limits_{n=1}^{+\infty} a_n$ 为正项级数. 由于相应的部分和序列必为单调递增的, 因此有以下收敛定理.

**定理 13.3** 正项级数 $\sum\limits_{n=1}^{+\infty} a_n$ 收敛, 当且仅当部分和序列有界, 即 $\exists M \in \mathbb{R}, \forall N \in \mathbb{N}, \sum\limits_{n=1}^{N} a_n \leqslant M$.

由此立刻得到下述判别法.

**定理 13.4 (比较判别法)** 两个正项级数 $\sum\limits_{n=1}^{+\infty} a_n$ 和 $\sum\limits_{n=1}^{+\infty} b_n$, 若有 $\forall n, a_n \leqslant b_n$, 则有:

(1) 若 $\sum\limits_{n=1}^{+\infty} b_n$ 收敛, 则 $\sum\limits_{n=1}^{+\infty} a_n$ 收敛;

(2) 若 $\sum\limits_{n=1}^{+\infty} a_n$ 发散, 则 $\sum\limits_{n=1}^{+\infty} b_n$ 发散.

由前面的柯西收敛原理, 这里的条件 $a_n \leqslant b_n$ 若对某一项之后的 $n$ 都成立, 定理也成立, 或者如果 $\exists \alpha > 0, \forall n, a_n \leqslant \alpha b_n$ 也是可以的. 本节之后的各个收敛判别法也同样如此, 不再赘述.

在级数的讨论中, 计算两个级数中加项的比值常常是很方便的. 譬如比较判别法可以用比值的极限来重新叙述如下.

**定理 13.5 (比较判别法极限形式)** 两个正项级数 $\sum\limits_{n=1}^{+\infty} a_n$ 和 $\sum\limits_{n=1}^{+\infty} b_n$, 若满足

$$\lim_{n\to+\infty} \frac{a_n}{b_n} = \alpha \in \mathbb{R}^+,$$

则 $\sum_{n=1}^{+\infty} a_n$ 和 $\sum_{n=1}^{+\infty} b_n$ 同时收敛或同时发散.

**例 13.4** 判断 $\sum_{n=1}^{+\infty} \sin \frac{1}{n}$ 的收敛性.

**解** 注意到
$$\lim_{n \to +\infty} \frac{\sin \frac{1}{n}}{\frac{1}{n}} = 1,$$
而 $\sum_{n=1}^{+\infty} \frac{1}{n}$ 如前所述是发散的, 因此 $\sum_{n=1}^{+\infty} \sin \frac{1}{n}$ 也发散.

对于比较判别法, 如果我们取 $b_n = r^n$, 由于 $r > 1$ 时 $\sum_{n=1}^{+\infty} b_n$ 发散, 而 $0 < r < 1$ 时 $\sum_{n=1}^{+\infty} b_n$ 收敛, 于是我们有以下判别法.

**定理 13.6 (柯西根式判别法)** 对正项级数 $\sum_{n=1}^{+\infty} a_n$:

(1) 若 $\exists 0 < r < 1, N \in \mathbb{N}, \forall n > N$, 有 $\sqrt[n]{a_n} < r$, 则 $\sum_{n=1}^{+\infty} a_n$ 收敛;

(2) 若 $\exists$ 无穷个 $n$, 有 $\sqrt[n]{a_n} > 1$, 则 $\sum_{n=1}^{+\infty} a_n$ 发散.

该判别法还有如下极限形式.

**定理 13.7 (柯西根式判别法极限形式)** 对正项级数 $\sum_{n=1}^{+\infty} a_n$, 若
$$\lim_{n \to +\infty} \sqrt[n]{a_n} = r,$$
则有:

(1) 若 $0 < r < 1$, 则 $\sum_{n=1}^{+\infty} a_n$ 收敛;

(2) 若 $r > 1$, 则 $\sum_{n=1}^{+\infty} a_n$ 发散.

注意 $r = 1$ 这样的临界情形定理中没有给出判断. 例如 $\sum_{n=1}^{+\infty} \frac{1}{n}$ 和 $\sum_{n=1}^{+\infty} \frac{1}{n^2}$ 相应的 $r$ 都为 1, 但是前者发散后者收敛.

另外一种有用的判断方式是利用无穷限积分来加以判断,参见图 13.1.

**定理 13.8 (柯西积分判别法)** 若函数 $f(x)$ 在 $[1,+\infty)$ 上单调下降并非负, 则级数 $\sum_{n=1}^{+\infty} f(n)$ 与 $\int_{1}^{+\infty} f(x)\mathrm{d}x$ 同收敛或同发散.

**证明** 若 $\int_{1}^{+\infty} f(x)\mathrm{d}x$ 收敛, 则根据定义不定积分

$$F(x) = \int_{1}^{x} f(t)\mathrm{d}t$$

相应的级数 $\sum_{n=1}^{+\infty} (F(n) - F(n-1))$ 一定收敛.

由于 $f(x)$ 单调下降, 因此

$$f(n) \leqslant \int_{n-1}^{n} f(x)\mathrm{d}x = F(n) - F(n-1)$$

给出的级数 $\sum_{n=1}^{+\infty} f(n)$ 必收敛.

反之, 若 $\int_{1}^{+\infty} f(x)\mathrm{d}x$ 发散, 则级数 $\sum_{n=1}^{+\infty} (F(n+1) - F(n))$ 一定发散. 特别地, 由于 $f(x)$ 单调下降, 因此

$$f(n) \geqslant \int_{n}^{n+1} f(x)\mathrm{d}x = F(n+1) - F(n)$$

给出的级数 $\sum_{n=1}^{+\infty} f(n)$ 必发散.

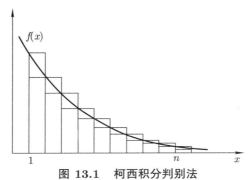

图 13.1　柯西积分判别法

利用积分判别法, 我们可以判断下述几个积分的收敛性:

$$\sum_{n=1}^{+\infty} \frac{1}{n^p}, \sum_{n=1}^{+\infty} \frac{1}{n(\ln n)^p}, \sum_{n=1}^{+\infty} \frac{1}{n \ln n (\ln \ln n)^p}.$$

它们都是当 $p > 1$ 时收敛, 而 $0 < p \leqslant 1$ 时发散.

**例 13.5** 讨论 $\sum_{n=1}^{+\infty} \frac{1}{n^p}$ $(p > 0)$ 的收敛性.

**解** 考察函数 $f(x) = \frac{1}{x^p}$, 注意到

$$\int f(x) \mathrm{d}x = \begin{cases} \dfrac{x^{1-p}}{1-p} + C, & p \neq 1, \\ \ln x + C, & p = 1. \end{cases}$$

当 $p > 1$ 时, $\int_1^{+\infty} f(x) \mathrm{d}x$ 收敛, 利用柯西积分判别法知级数 $\sum_{n=1}^{+\infty} \frac{1}{n^p}$ 收敛. 类似地, $0 < p \leqslant 1$ 时积分发散, 故级数发散.

我们先通过比较判别法获得以下的比值判别法.

**定理 13.9 (比值判别法)** 正项级数 $\sum_{n=1}^{+\infty} a_n, \sum_{n=1}^{+\infty} b_n$, 若满足

$$\frac{a_{n+1}}{a_n} \leqslant \frac{b_{n+1}}{b_n},$$

则:

(1) 若 $\sum_{n=1}^{+\infty} b_n$ 收敛, 则 $\sum_{n=1}^{+\infty} a_n$ 收敛;

(2) 若 $\sum_{n=1}^{+\infty} a_n$ 发散, 则 $\sum_{n=1}^{+\infty} b_n$ 发散.

**证明** 注意到

$$\begin{aligned} \frac{a_n}{a_1} &= \frac{a_n}{a_{n-1}} \cdot \frac{a_{n-1}}{a_{n-2}} \cdots \frac{a_2}{a_1} \\ &\leqslant \frac{b_n}{b_{n-1}} \cdot \frac{b_{n-1}}{b_{n-2}} \cdots \frac{b_2}{b_1} \\ &= \frac{b_n}{b_1}, \end{aligned}$$

因此

$$a_n \leqslant \frac{a_1}{b_1} b_n.$$

由比较判别法, 若 $\sum_{n=1}^{+\infty} b_n$ 收敛, 则 $\sum_{n=1}^{+\infty} a_n$ 收敛. 而若 $\sum_{n=1}^{+\infty} a_n$ 发散, 则 $\sum_{n=1}^{+\infty} b_n$ 发散.

将 $a_n$ 与 $r^n$ 做比较, 我们得到达朗贝尔判别法.

**定理 13.10 (达朗贝尔判别法)** 正项级数 $\sum_{n=1}^{+\infty} a_n$ 若满足 $\exists 0 < r < 1, \forall n \in \mathbb{N}, a_n \neq 0$, 且 $\frac{a_{n+1}}{a_n} \leqslant r$, 则 $\sum_{n=1}^{+\infty} a_n$ 收敛; 若 $\frac{a_{n+1}}{a_n} \geqslant 1$, 则 $\sum_{n=1}^{+\infty} a_n$ 发散.

换言之, 若 $\varlimsup_{n \to +\infty} \frac{a_{n+1}}{a_n} < 1$, 则 $\sum_{n=1}^{+\infty} a_n$ 收敛; 若 $\varliminf_{n \to +\infty} \frac{a_{n+1}}{a_n} \geqslant 1$, 则 $\sum_{n=1}^{+\infty} a_n$ 发散.

**例 13.6** 判断级数 $\sum_{n=1}^{+\infty} \frac{a^n}{n^p}$ $(a, p > 0)$ 的收敛性.

**解** 令 $x_n = \frac{a^n}{n^p}$, 计算可知
$$\frac{x_{n+1}}{x_n} = a \left( \frac{n+1}{n} \right)^p,$$

当 $n \to +\infty$ 时, 上式收敛到 $a$, 根据达朗贝尔判别法, 若 $a < 1$, 级数 $\sum_{n=1}^{+\infty} \frac{a^n}{n^p}$ 收敛; 若 $a > 1$, 级数 $\sum_{n=1}^{+\infty} \frac{a^n}{n^p}$ 发散.

若 $a = 1$, 用柯西积分判别法前面已经判定了: $p > 1$ 时 $\sum_{n=1}^{+\infty} \frac{1}{n^p}$ 收敛; $p \leqslant 1$ 时 $\sum_{n=1}^{+\infty} \frac{1}{n^p}$ 发散.

**例 13.7** 判断级数 $\sum_{n=1}^{+\infty} \frac{a^n}{n!}$ 的收敛性.

**解** 令 $x_n = \frac{a^n}{n!}$, 计算可知
$$\frac{x_{n+1}}{x_n} = \frac{a}{n+1},$$

当 $n \to +\infty$, 上式收敛到 $0$, 根据达朗贝尔判别法, 级数 $\sum_{n=1}^{+\infty} \frac{a^n}{n!}$ 收敛.

这个例子表明 $\mathrm{e}^x$ 的麦克劳林展式给出的泰勒级数是良定义的.

### 13.1.4 任意项级数

正项级数的收敛性取决于是否有上界, 对于一般的级数, 各项可正可负可为 0, 由于往往出现正负抵消, 收敛判断更为复杂.

首先, 注意到柯西收敛原理中

$$|a_n + \cdots + a_{n+p}| \leqslant |a_n| + \cdots + |a_{n+p}|,$$

因此, 若 $\sum_{n=1}^{+\infty} |a_n|$ 收敛, 必有 $\sum_{n=1}^{+\infty} a_n$ 收敛 (反之不然). 类似于广义积分, $\sum_{n=1}^{+\infty} |a_n|$ 收敛时称 $\sum_{n=1}^{+\infty} a_n$ 绝对收敛. 若 $\sum_{n=1}^{+\infty} |a_n|$ 发散而 $\sum_{n=1}^{+\infty} a_n$ 收敛, 则称 $\sum_{n=1}^{+\infty} a_n$ 条件收敛.

**例 13.8** 判断级数 $\sum_{n=1}^{+\infty} (-1)^{n+1} \dfrac{a^{2n-1}}{(2n-1)!}$ 的收敛性.

**解** 令 $x_n = (-1)^{n+1} \dfrac{a^{2n-1}}{(2n-1)!}$, 计算可知

$$\frac{|x_{n+1}|}{|x_n|} = \frac{a^2}{2n(2n+1)}.$$

当 $n \to +\infty$ 时, 上式收敛到 0, 根据达朗贝尔判别法, 级数 $\sum_{n=1}^{+\infty} (-1)^{n+1} \dfrac{a^{2n-1}}{(2n-1)!}$ 绝对收敛.

因此我们得出结论: $\sin x$ 和类似定义的 $\cos x$ 都绝对收敛.

接着, 讨论一类特殊的任意项级数: 交错级数, 即 $\{a_n\}$ 的符号正负交替. 不失一般性, 考虑 $a_1 > 0$.

**定理 13.11 (莱布尼茨定理)** 若 $a_n = (-1)^{n+1} |a_n|$ 满足:

(1) $\{|a_n|\}$ 单调递减,

(2) $\lim\limits_{n \to +\infty} a_n = 0$,

则 $\sum_{n=1}^{+\infty} a_n$ 收敛.

**证明** 考察柯西收敛原理中的余项, 当 $p$ 为奇数时, 由单调性知

$$|a_n + \cdots + a_{n+p}| = |(|a_n| - |a_{n+1}|) + \cdots + (|a_{n+p-1}| - |a_{n+p}|)|$$
$$= (|a_n| - |a_{n+1}|) + \cdots + (|a_{n+p-1}| - |a_{n+p}|)$$
$$\geqslant 0,$$

同时
$$(|a_n| - |a_{n+1}|) + \cdots + (|a_{n+p-1}| - |a_{n+p}|)$$
$$= |a_n| - (|a_{n+1}| - |a_{n+2}|) - \cdots - (|a_{n+p-2}| - |a_{n+p-1}|) - |a_{n+p}|$$
$$\leqslant |a_n|,$$

因此,
$$|a_n + \cdots + a_{n+p}| \leqslant |a_n|.$$

当 $p$ 为偶数时,
$$|a_n + \cdots + a_{n+p}| \leqslant |a_n + \cdots + a_{n+p-1}| + |a_{n+p}| \leqslant 2|a_n|.$$

另一方面,由 $\lim\limits_{n \to +\infty} a_n = 0$,知 $\forall \varepsilon > 0$,无论 $p$ 为奇数或偶数,都可取 $N$ 充分大,$\forall n > N$,都有 $|a_n + \cdots + a_{n+p}| < \varepsilon$,因此级数 $\sum\limits_{n=1}^{+\infty} a_n$ 收敛.

**例 13.9** 讨论 $\sum\limits_{n=1}^{+\infty} \dfrac{(-1)^n}{n}$ 的收敛性.

**解** 由莱布尼茨定理,$\sum\limits_{n=1}^{+\infty} \dfrac{(-1)^n}{n}$ 收敛.

另一方面,之前已经知道 $\sum\limits_{n=1}^{+\infty} \dfrac{1}{n}$ 发散,因此,$\sum\limits_{n=1}^{+\infty} \dfrac{(-1)^n}{n}$ 条件收敛.

下面,我们考虑比交错级数更为一般的任意项级数.

**定理 13.12 (阿贝尔判别法)** 若

(1) $\sum\limits_{n=1}^{+\infty} b_n$ 收敛,

(2) $\{a_n\}$ 单调有界,

则 $\sum\limits_{n=1}^{+\infty} a_n b_n$ 收敛.

**证明** 由柯西收敛原理,$\forall \varepsilon > 0, \exists N \in \mathbb{N}, \forall n > N, p \in \mathbb{N}$,有
$$|b_{n+1} + \cdots + b_{n+p}| < \varepsilon.$$

记 $B_m = b_{n+1} + \cdots + b_{n+m}, |a_n| \leqslant K$,计算可得
$$|a_{n+1} b_{n+1} + \cdots + a_{n+p} b_{n+p}|$$
$$= |a_{n+1} B_1 + a_{n+2}(B_2 - B_1) + \cdots + a_{n+p-1}(B_{p-1} - B_{p-2}) + a_{n+p}(B_p - B_{p-1})|$$

$$= |-(a_{n+2}-a_{n+1})B_1 - \cdots - (a_{n+p}-a_{n+p-1})B_{p-1} + a_{n+p}B_p|$$
$$\leqslant \varepsilon(|a_{n+2}-a_{n+1}| + \cdots + |a_{n+p}-a_{n+p-1}|) + |a_{n+p}||B_p|$$
$$\leqslant \varepsilon|a_{n+p}-a_{n+1}| + |a_{n+p}|\varepsilon$$
$$\leqslant 3K\varepsilon.$$

这里我们用到了 $\{a_n\}$ 单调.

由柯西收敛原理知 $\sum\limits_{n=1}^{+\infty} a_n b_n$ 收敛.

这个定理的证明与广义积分的阿贝尔判别法的证明是类似的. 同样, 类似于那里, 级数也有狄利克雷判别法.

**定理 13.13 (狄利克雷判别法)** 若

(1) $\sum\limits_{n=1}^{+\infty} b_n$ 的部分和有界, 即 $\exists M, \forall m \in \mathbb{N}, \left|\sum\limits_{n=1}^{m} b_n\right| \leqslant M$,

(2) $\{a_n\}$ 单调趋于 $0$,

则 $\sum\limits_{n=1}^{+\infty} a_n b_n$ 收敛.

**证明** 由 $\lim\limits_{n\to+\infty} a_n = 0$, 知 $\forall \varepsilon > 0, \exists N \in \mathbb{N}, \forall n > N, |a_n| < \varepsilon$.

记 $B_m = b_{n+1} + \cdots + b_{n+m}$, 计算可得

$$|a_{n+1}b_{n+1} + \cdots + a_{n+p}b_{n+p}|$$
$$= |-(a_{n+2}-a_{n+1})B_1 - \cdots - (a_{n+p}-a_{n+p-1})B_{p-1} + a_{n+p}B_p|$$
$$\leqslant M(|a_{n+2}-a_{n+1}| + \cdots + |a_{n+p}-a_{n+p-1}|) + |a_{n+p}|M$$
$$\leqslant M(|a_{n+p}-a_{n+1}| + |a_{n+p}|)$$
$$\leqslant 3M\varepsilon.$$

这里我们用到了 $\{a_n\}$ 单调.

由柯西收敛原理知 $\sum\limits_{n=1}^{+\infty} a_n b_n$ 收敛.

莱布尼茨定理是 $b_n = (-1)^{n+1}$ 时狄利克雷判别法的特例.

**例 13.10** 若 $\{a_n\}$ 单调收敛到 $0$, 试证明级数 $\sum\limits_{n=1}^{+\infty} a_n \sin nx$ 收敛 $(x \in \mathbb{R})$, 以及级数 $\sum\limits_{n=1}^{+\infty} a_n \cos nx$ 收敛 $(x \neq 2k\pi, k \in \mathbb{Z})$.

**证明** 当 $x \neq 2k\pi$ 时, 注意到

$$\sin\frac{x}{2}\sin nx = \frac{1}{2}\left(\cos\frac{(2n-1)x}{2} - \cos\frac{(2n+1)x}{2}\right),$$

因此,

$$|\sin x + \cdots + \sin nx| = \frac{1}{2}\left|\frac{\cos\dfrac{x}{2} - \cos\dfrac{(2n+1)x}{2}}{\sin\dfrac{x}{2}}\right|$$

$$\leqslant \frac{1}{\left|\sin\dfrac{x}{2}\right|}.$$

由狄利克雷判别法, $\sum\limits_{n=1}^{+\infty} a_n \sin nx$ 收敛.

当 $x = 2k\pi$ 时, 显然 $\sum\limits_{n=1}^{+\infty} a_n \sin nx = 0$ 收敛.

类似地可以证明, $x \neq 2k\pi$ 时, $\sum\limits_{n=1}^{+\infty} a_n \cos nx$ 收敛.

### 13.1.5 级数的交换、结合、重排与乘积

绝对收敛和条件收敛的级数, 它们的性质不完全一样. 绝对收敛级数的性质更好一些.

**定理 13.14** 级数 $\sum\limits_{n=1}^{+\infty} a_n$ 收敛, 若 $\{n_k\}$ 是严格递增的自然数序列, 定义 $b_k = a_{n_{k-1}+1} + \cdots + a_{n_k}$, 则有 $\sum\limits_{k=1}^{+\infty} b_k$ 收敛, 且与 $\sum\limits_{n=1}^{+\infty} a_n$ 相等.

**证明** 记部分和 $A_N = \sum\limits_{n=1}^{N} a_n$, 以及 $B_K = \sum\limits_{k=1}^{K} b_k$, 则

$$B_K = A_{n_K},$$

因此 $\{B_k\}$ 为 $\{A_n\}$ 的一个子序列.

$\sum\limits_{n=1}^{+\infty} a_n$ 收敛, 即部分和序列 $\{A_n\}$ 收敛, 因此它的子序列 $\{B_k\}$ 收敛于同一极限, 即 $\sum\limits_{k=1}^{+\infty} b_k$ 收敛, 且与 $\sum\limits_{n=1}^{+\infty} a_n$ 相等.

这个定理是说, 收敛级数具有结合性质.

下述定理区分了绝对收敛的级数和条件收敛的级数.

**定理 13.15** 对于级数 $\sum_{n=1}^{+\infty} a_n$, 定义两个级数

$$p_n = \frac{|a_n| + a_n}{2}, \quad q_n = \frac{|a_n| - a_n}{2},$$

即分别由 $\{a_n\}$ 中正数项和负数项组成的级数.

(1) $\sum_{n=1}^{+\infty} a_n$ 绝对收敛, 则 $\sum_{n=1}^{+\infty} p_n, \sum_{n=1}^{+\infty} q_n$ 都收敛;

(2) $\sum_{n=1}^{+\infty} a_n$ 条件收敛, 则 $\sum_{n=1}^{+\infty} p_n, \sum_{n=1}^{+\infty} q_n$ 都发散.

**证明** 首先 $\sum_{n=1}^{+\infty} p_n, \sum_{n=1}^{+\infty} q_n$ 都是正项级数, 而且

$$p_n \leqslant |a_n|, \; q_n \leqslant |a_n|.$$

因此, 由比较判别法, 若 $\sum_{n=1}^{+\infty} a_n$ 绝对收敛, 则 $\sum_{n=1}^{+\infty} p_n, \sum_{n=1}^{+\infty} q_n$ 都收敛.

另一方面, 若 $\sum_{n=1}^{+\infty} a_n$ 条件收敛且 $\sum_{n=1}^{+\infty} p_n, \sum_{n=1}^{+\infty} q_n$ 中有一个收敛, 不妨设 $\sum_{n=1}^{+\infty} p_n$ 收敛, 则 $\sum_{n=1}^{+\infty} |a_n| = \sum_{n=1}^{+\infty} (2p_n - a_n)$ 收敛, 即 $\sum_{n=1}^{+\infty} a_n$ 绝对收敛, 矛盾. 故, 若 $\sum_{n=1}^{+\infty} a_n$ 条件收敛, 则 $\sum_{n=1}^{+\infty} p_n, \sum_{n=1}^{+\infty} q_n$ 都发散.

在此基础上, 我们讨论收敛级数的重排 (交换). 为此, 我们定义一个 $\mathbb{N} \to \mathbb{N}$ 的一一对应 (单且满) $\varphi$, 以及重排之后的级数的每一个加项

$$a'_n = a_{\varphi(n)}.$$

**定理 13.16** 若 $\sum_{n=1}^{+\infty} a_n$ 绝对收敛, 则重排之后的级数 $\sum_{n=1}^{+\infty} a_n$ 也绝对收敛, 且 $\sum_{n=1}^{+\infty} a'_n = \sum_{n=1}^{+\infty} a_n.$

**证明** 先假设 $\sum\limits_{n=1}^{+\infty} a_n$ 为正项级数，记 $\sum\limits_{n=1}^{+\infty} a_n = A$，则 $\forall N \in \mathbb{N}$，

$$\sum_{n=1}^{N} a'_n \leqslant A,$$

因此，正项级数 $\sum\limits_{n=1}^{+\infty} a'_n$ 有上界为 $A$. 由序列的单调收敛原理知 $\sum\limits_{n=1}^{+\infty} a'_n$ 收敛，且 $\sum\limits_{n=1}^{+\infty} a'_n \leqslant A = \sum\limits_{n=1}^{+\infty} a_n$.

另一方面，由于 $\varphi$ 是一一映射，$\sum\limits_{n=1}^{+\infty} a_n$ 也是 $\sum\limits_{n=1}^{+\infty} a'_n$ 的重排，因此有 $\sum\limits_{n=1}^{+\infty} a_n \leqslant \sum\limits_{n=1}^{+\infty} a'_n$.

综上，$\sum\limits_{n=1}^{+\infty} a'_n = \sum\limits_{n=1}^{+\infty} a_n$.

再考虑 $\sum\limits_{n=1}^{+\infty} a_n$ 为任意项级数. 用前面的记号，$\sum\limits_{n=1}^{+\infty} p'_n, \sum\limits_{n=1}^{+\infty} q'_n$ 均为正项级数，它们是正项级数 $\sum\limits_{n=1}^{+\infty} p_n, \sum\limits_{n=1}^{+\infty} q_n$ 的重排. 利用正项级数的结论计算可得

$$\begin{aligned}\sum_{n=1}^{+\infty} a'_n &= \sum_{n=1}^{+\infty} (p'_n - q'_n) \\ &= \sum_{n=1}^{+\infty} p'_n - \sum_{n=1}^{+\infty} q'_n \\ &= \sum_{n=1}^{+\infty} p_n - \sum_{n=1}^{+\infty} q_n \\ &= \sum_{n=1}^{+\infty} (p_n - q_n) \\ &= \sum_{n=1}^{+\infty} a_n.\end{aligned}$$

另一方面，条件收敛的级数可以经过重排后收敛到任意一个数值[①]，包括无穷

---

[①] 这一结论称为黎曼定理.

大. 我们仅以 $\sum_{n=1}^{+\infty} \frac{(-1)^{n+1}}{n}$ 可以重排收敛到无穷大为例加以说明. 事实上, 定义以下的排列

$$1 - \frac{1}{2} + \frac{1}{3} - \frac{1}{4} + \frac{1}{5} + \frac{1}{7} - \frac{1}{6} + \frac{1}{9} + \frac{1}{11} + \frac{1}{13} + \frac{1}{15} - \frac{1}{8} + \cdots,$$

可以看出, 连续的加项的项数为 $1, 1, 2, 4, 8, \cdots, 2^k, \cdots$, 而它们每一项都不小于 $2^{-(k+2)}$, 于是它们的和不小于 $\frac{1}{4}$. 注意到减项依次为 $-\frac{1}{2k}$, 显然随着 $k \to +\infty$, 减项趋于 0. 因此, 有限和趋于 $+\infty$. 即重排后的级数和发散到无穷.

有了关于重排的分析, 我们就可以讨论两个级数的乘法.

如图 13.2 所示, 两个级数 $\sum_{n=1}^{+\infty} a_n$ 和 $\sum_{n=1}^{+\infty} b_n$ 相乘后得到的各项可以表示在一个无穷的矩阵中, 但如何将它们排成一个级数形式 $\sum_{n=1}^{+\infty} c_n$ 就有很多不同的选择, 其中最常见的有两种: 对角的、方形的. 前者是先排 $a_1 b_1$ (下标和为 2), 再排 $a_1 b_2, a_2 b_1$ (下标和为 3, 先排 $a$ 的下标中较小的), 再排 $a_1 b_3, a_2 b_2, a_3 b_1$, 如此续行; 后者则是先排 $a_1 b_1$ (仅涉及 $a_1$ 和 $b_1$), 再排 $a_1 b_2, a_2 b_2, a_2 b_1$ (仅涉及 $a_1, b_1, a_2, b_2$ 且不在前面先排的里面), 再排 $a_1 b_3, a_2 b_3, a_3 b_3, a_3 b_2, a_3 b_1$, 如此续行.

| $a_1 b_1$ | $a_1 b_2$ | $a_1 b_3$ | $\cdots$ | $a_1 b_n$ | $\cdots$ |
| $a_2 b_1$ | $a_2 b_2$ | $a_2 b_3$ | $\cdots$ | $a_2 b_n$ | $\cdots$ |
| $a_3 b_1$ | $a_3 b_2$ | $a_3 b_3$ | $\cdots$ | $a_3 b_n$ | $\cdots$ |
| $\vdots$ | $\vdots$ | $\vdots$ | $\vdots$ | $\vdots$ | $\vdots$ |
| $a_n b_1$ | $a_n b_2$ | $a_n b_3$ | $\cdots$ | $a_n b_n$ | $\cdots$ |
| $\vdots$ | $\vdots$ | $\vdots$ | $\vdots$ | $\vdots$ | $\vdots$ |

图 13.2 级数的乘法

按照对角的方式排列所得的级数, 称为 $\sum_{n=1}^{+\infty} a_n$ 和 $\sum_{n=1}^{+\infty} b_n$ 的柯西乘积.

区分 $\sum_{n=1}^{+\infty} a_n, \sum_{n=1}^{+\infty} b_n$ 的收敛性, 有以下三类可能: 二者都绝对收敛; 一个绝对收敛, 另一个条件收敛; 两个都条件收敛.

**定理 13.17 (柯西定理)** 若 $\sum_{n=1}^{+\infty} a_n, \sum_{n=1}^{+\infty} b_n$ 都绝对收敛,且 $\sum_{n=1}^{+\infty} a_n = A, \sum_{n=1}^{+\infty} b_n = B$,则 $\sum_{i,j=1}^{+\infty} a_i b_j$ 无论如何排列都绝对收敛,且得到的级数 $\sum_{i,j=1}^{+\infty} a_i b_j = AB$.

**证明** 设 $c_k = a_{i(k)} b_{j(k)}$ 是相乘后通项的某一种排序,记 $N(K) = \max\{i(k), j(k) | k = 1, \cdots, K\}$,则

$$\sum_{k=1}^{K} |a_{i(k)} b_{j(k)}| \leqslant \sum_{n=1}^{N(K)} |a_n| \sum_{n=1}^{N(K)} |b_n| \leqslant \sum_{n=1}^{+\infty} |a_n| \sum_{n=1}^{+\infty} |b_n|.$$

因此,$\sum_{n=1}^{+\infty} c_n$ 绝对收敛,它的值与排序无关. 特别地,我们采用方形排序,此时

$$\sum_{n=1}^{+\infty} c_n = \lim_{N \to +\infty} \sum_{n=1}^{N} a_n \sum_{n=1}^{N} b_n$$
$$= \sum_{n=1}^{+\infty} a_n \sum_{n=1}^{+\infty} b_n$$
$$= AB.$$

另一方面,如果 $\sum_{n=1}^{+\infty} a_n, \sum_{n=1}^{+\infty} b_n$ 都只是条件收敛,下面的例子表明乘积不一定有意义.

考虑 $a_n = b_n = \dfrac{(-1)^{n+1}}{\sqrt{n}}$. 由莱布尼茨定理,它们收敛. 另一方面,由于指数 $\dfrac{1}{2} < 1$,故它们都不绝对收敛,因此它们都是条件收敛的级数.

如果我们按照对角的方式来排列相乘后的级数,那么,每一条斜线相加得到

$$|a_1 b_n + a_2 b_{n-1} + \cdots + a_n b_1| = \sum_{k=1}^{n} \frac{1}{\sqrt{k(n+1-k)}}$$
$$\geqslant \sum_{k=1}^{n} \sqrt{\frac{1}{\left(\dfrac{n+1}{2}\right)^2}}$$
$$= \frac{2n}{n+1},$$

显然,这样排列的 $\sum_{n=1}^{+\infty} |c_n|$ 发散到无穷.

最后, 如果 $\sum\limits_{n=1}^{+\infty} a_n$ 绝对收敛, $\sum\limits_{n=1}^{+\infty} b_n$ 条件收敛, 也可以得到条件收敛的结论. 我们略去下述定理的证明.

**定理 13.18 (梅尔滕斯 (Mertens) 定理)** $\sum\limits_{n=1}^{+\infty} a_n$ 绝对收敛, $\sum\limits_{n=1}^{+\infty} b_n$ 条件收敛, 那么其柯西乘积条件收敛.

**例 13.11** 试证明 $\forall x, y \in \mathbb{R}, \sum\limits_{n=0}^{+\infty} \dfrac{x^n}{n!} \sum\limits_{n=0}^{+\infty} \dfrac{y^n}{n!} = \sum\limits_{n=0}^{+\infty} \dfrac{(x+y)^n}{n!}.$

**证明** 之前已经知道 $\sum\limits_{n=0}^{+\infty} \dfrac{x^n}{n!}, \sum\limits_{n=0}^{+\infty} \dfrac{y^n}{n!}$ 绝对收敛, 因此二者的乘积与排序无关且绝对收敛. 特别地, 取其柯西乘积中一条斜线上的项, 有

$$\sum_{p=0}^{n} \dfrac{x^p}{p!} \dfrac{y^{n-p}}{(n-p)!} = \dfrac{(x+y)^n}{n!},$$

这里用到了二项式定理.

关于 $n$ 无穷求和, 即证明了这一等式.

这其实是 $\mathrm{e}^x \mathrm{e}^y = \mathrm{e}^{x+y}$.

### 13.1.6 无穷乘积

类似于级数, 也可以定义无穷乘积, 即若 $P_N = a_1 a_2 \cdots a_N = \prod\limits_{n=1}^{N} a_n$ 在 $N \to +\infty$ 时收敛于 $A \neq 0$, 就称无穷乘积

$$\prod_{n=1}^{+\infty} a_n = A.$$

显然, 无穷乘积收敛的必要条件是

$$\lim_{n \to +\infty} a_n = 1.$$

事实上, $\forall \varepsilon > 0, \exists N \in \mathbb{N}, \forall n > N,$

$$A - \varepsilon < P_n < A + \varepsilon,$$

因此,

$$a_{n+1} = \dfrac{P_{n+1}}{P_n} \in \left[ \min \left\{ \dfrac{A+\varepsilon}{A-\varepsilon}, \dfrac{A-\varepsilon}{A+\varepsilon} \right\}, \max \left\{ \dfrac{A+\varepsilon}{A-\varepsilon}, \dfrac{A-\varepsilon}{A+\varepsilon} \right\} \right],$$

由夹挤原理可知其极限为 1.

这样, 收敛的无穷乘积最多有限项可能为负数, 而这样的负数的乘项个数的奇偶性决定了最终极限 $A$ 的符号. 以下我们不妨只考虑所有乘项 $a_n$ 都为正的情况.

**定理 13.19** 无穷乘积 $\prod_{n=1}^{+\infty} a_n$ 收敛的充要条件是 $\sum_{n=1}^{+\infty} \ln a_n$ 收敛.

这个定理的证明略.

如果我们记 $a_n = 1 + \alpha_n$, 若无穷乘积收敛, 则必有 $\lim_n \alpha_n = 0$, 于是由

$$\lim_{n \to +\infty} \frac{\ln(1+\alpha_n)}{\alpha_n} = 1,$$

按照比较判别法, 知 $\sum_{n=1}^{+\infty} \alpha_n$ 收敛.

反之, 若 $\sum_{n=1}^{+\infty} \alpha_n$ 收敛, 同样必有 $\lim_n \alpha_n = 0$, 仍然根据上述比较, $\sum_{n=1}^{+\infty} \ln a_n$ 收敛, 因此无穷乘积收敛.

**定理 13.20** 无穷乘积 $\prod_{n=1}^{+\infty}(1 + \alpha_n)$ 收敛的充要条件是 $\sum_{n=1}^{+\infty} \alpha_n$ 收敛.

## 13.2 函数项级数

对于每个 $x$ 定义一个级数, 记为 $\sum_{n=1}^{+\infty} f_n(x)$, 称为函数项级数.

使得函数项级数收敛的 $x$ 形成的集合称为它的收敛域. 例如: 级数 $\sum_{n=1}^{+\infty} \frac{x^n}{n!}$ 的收敛域是 $\mathbb{R}$; 函数 $\sum_{n=1}^{+\infty} nx^n$ 的收敛域是 $(-1, 1)$.

在收敛域 (或者它的一个子集) 上, 逐点定义

$$f(x) = \sum_{n=1}^{+\infty} f_n(x),$$

称之为极限函数.

微积分关注的函数基本性质, 包括连续、可导、可积等. 如果每一个加项 $f_n(x)$ 都是连续、可导、可积的, 是否极限函数一定也如此呢? 答案一般而言是否定的.

例如, 在区间 $[0,1]$ 上, 定义以下函数:

$$f_1(x) = \begin{cases} 0, & 0 \leqslant x \leqslant \frac{1}{4}, \\ 4x - 1, & \frac{1}{4} \leqslant x \leqslant \frac{1}{2}, \\ 1, & \frac{1}{2} \leqslant x \leqslant 1, \end{cases}$$

$$f_2(x) = \begin{cases} 0, & 0 \leqslant x \leqslant \frac{1}{8}, \\ 8x - 1, & \frac{1}{8} \leqslant x \leqslant \frac{1}{4}, \\ 1, & \frac{1}{4} \leqslant x \leqslant 1, \end{cases}$$

$$\vdots$$

$$f_n(x) = \begin{cases} 0, & 0 \leqslant x \leqslant 2^{-(n+1)}, \\ 2^{n+1}x - 1, & 2^{-(n+1)} \leqslant x \leqslant 2^{-n}, \\ 1, & 2^{-n} \leqslant x \leqslant 1, \end{cases}$$

$$\vdots$$

$\forall n \in \mathbb{N}, f_n(x)$ 在 $[0,1]$ 上连续, 而对于 $\forall x \in (0,1]$, 容易看出 $f(x) = 1$. 但是 $f(0) = 0$, 因此 $f(x)$ 在 $x = 0$ 处不连续.

这跟含参变量的积分是类似的, 级数的收敛是一个极限过程, 连续又是另一个极限过程. 要求极限函数连续, 其实就是要求

$$\lim_{x \to x_0} \left[ \lim_{N \to +\infty} \left( \sum_{n=1}^{N} f_n(x) \right) \right] = \lim_{N \to +\infty} \left[ \lim_{x \to x_0} \left( \sum_{n=1}^{N} f_n(x) \right) \right].$$

等式成立是需要条件的, 这就是函数项级数一致收敛.

我们称 $\sum\limits_{n=1}^{+\infty} f_n(x)$ 在集合 $D$ 上一致收敛, 若 $\forall \varepsilon > 0, \exists N \in \mathbb{N}, \forall x \in D, \forall p > N$, 有

$$\left| \sum_{n=1}^{p} f_n(x) - f(x) \right| < \varepsilon,$$

记为

$$\sum_{n=1}^{+\infty} f_n(x) \rightrightarrows f(x).$$

比较一下, $\sum_{n=1}^{+\infty} f_n(x)$ 在集合 $D$ 上收敛是指: 若 $\forall \varepsilon > 0, \forall x \in D, \exists N \in \mathbb{N}, \forall p > N$, 有
$$\left| \sum_{n=1}^{p} f_n(x) - f(x) \right| < \varepsilon.$$

区别只在 $\exists N \in \mathbb{N}$ 的位置. 对于一致收敛, 这意味着 $N$ 可以依赖于 $\varepsilon$ 的选择, 但与 $x$ 是无关的, 也就是说关于所有的 $x \in D$, 能够找到一致的 $N$. 而对于收敛, $N$ 的选择不仅依赖于 $\varepsilon$, 也依赖于 $x$ 点的选择.

级数一致收敛与含参变元的积分一致收敛的情况是一样的, 只不过这里把 $x$ 看作参变量, 相应的性质、定理也完全类似. 我们选取几个叙述如下 (证明略).

**定理 13.21 (柯西收敛原理)** $\sum_{n=1}^{+\infty} f_n(x)$ 在集合 $D$ 上一致收敛, 当且仅当 $\forall \varepsilon > 0, \exists N \in \mathbb{N}, \forall x \in D, \forall q > p > N$, 有
$$\left| \sum_{n=p+1}^{q} f_n(x) \right| < \varepsilon.$$

**定理 13.22 (比较判别法[①])** $\sum_{n=1}^{+\infty} f_n(x)$ 在集合 $D$ 上有定义, 若有数项级数 $\sum_{n=1}^{+\infty} M_n$ 收敛, 且 $\forall x \in D, \forall n \in \mathbb{N}$, 有
$$|f_n(x)| < M_n,$$
则 $\sum_{n=1}^{+\infty} f_n(x)$ 在集合 $D$ 上一致收敛.

称定理中的数项级数 $\sum_{n=1}^{+\infty} M_n$ 为 $\sum_{n=1}^{+\infty} f_n(x)$ 的优级数.

由比较判别法可以知道以下结论.

**例 13.12** 若 $\sum_{n=1}^{+\infty} a_n$ 绝对收敛, 则
$$\sum_{n=1}^{+\infty} a_n \sin nx, \quad \sum_{n=1}^{+\infty} a_n \cos nx$$
在 $\mathbb{R}$ 上一致收敛.

---
[①] 也称为魏尔斯特拉斯判别法.

这里 $\sum_{n=1}^{+\infty} a_n$ 绝对收敛, 也称为序列 $\{a_n\} \in l^1$.

**定理 13.23 (狄利克雷判别法)** 若在集合 $D$ 上序列 $a_n(x) \rightrightarrows 0$, 且在每一取定的 $x$ 处都单调, 而 $\sum_{n=1}^{+\infty} b_n(x)$ 的部分和序列在 $D$ 上一致有界, 即 $\exists L \in \mathbb{R}, \forall p \in \mathbb{N}, \forall x \in D$, 有 $\left|\sum_{n=1}^{p} b_n(x)\right| \leqslant L$, 则 $\sum_{n=1}^{+\infty} a_n(x)b_n(x)$ 在 $D$ 上一致收敛.

**定理 13.24 (阿贝尔判别法)** 若在集合 $D$ 上序列 $a_n(x)$ 一致有界, 且在每一取定的 $x$ 处都单调, 而 $\sum_{n=1}^{+\infty} b_n(x)$ 在 $D$ 上一致收敛, 则 $\sum_{n=1}^{+\infty} a_n(x)b_n(x)$ 在 $D$ 上一致收敛.

下面在一致收敛的条件下, 考虑函数项级数的连续性、可微和可积.

**定理 13.25** $J$ 为区间, 若 $\forall n \in \mathbb{N}, f_n(x) \in C(J)$, 且 $\sum_{n=1}^{+\infty} f_n(x) \rightrightarrows f(x)$, 则 $f(x) \in C(J)$.

**证明** $\forall \varepsilon > 0$, 由 $\sum_{n=1}^{+\infty} f_n(x) \rightrightarrows f(x)$ 知 $\exists N \in \mathbb{N}, \forall x \in J, \forall p > N$, 有

$$\left|\sum_{n=1}^{p} f_n(x) - f(x)\right| < \varepsilon.$$

特别地,

$$\left|\sum_{n=1}^{N+1} f_n(x) - f(x)\right| < \varepsilon.$$

对任意选定的一点 $x_0 \in J$, 也有

$$\left|\sum_{n=1}^{N+1} f_n(x_0) - f(x_0)\right| < \varepsilon.$$

由 $f_n(x)$ 连续, 知 $\sum_{n=1}^{N+1} f_n(x)$ 连续, 所以 $\exists \delta > 0, \forall x \in (x_0 - \delta, x_0 + \delta) \cap J$, 有

$$\left|\sum_{n=1}^{N+1} f_n(x) - \sum_{n=1}^{N+1} f_n(x_0)\right| < \varepsilon.$$

因此,

$$|f(x) - f(x_0)|$$

$$\leqslant \left|\sum_{n=1}^{N+1} f_n(x) - f(x)\right| + \left|\sum_{n=1}^{N+1} f_n(x_0) - f(x_0)\right| + \left|\sum_{n=1}^{N+1} f_n(x) - \sum_{n=1}^{N+1} f_n(x_0)\right|$$
$$< 3\varepsilon,$$

即 $f(x)$ 在 $x_0$ 连续. 由 $x_0$ 的任意性, $f(x) \in C(J)$.

**定理 13.26 (逐项积分定理)** 若 $\forall n \in \mathbb{N}, f_n(x) \in C[a,b]$, 且 $\sum\limits_{n=1}^{+\infty} f_n(x) \rightrightarrows f(x)$, 则

$$\sum_{n=1}^{+\infty} \int_a^b f_n(x) \mathrm{d}x = \int_a^b f(x) \mathrm{d}x.$$

**证明** 由连续性定理知 $f(x) \in C[a,b]$, 它与 $f_n(x) \in C[a,b]$ 都可积.

由 $\sum\limits_{n=1}^{+\infty} f_n(x) \rightrightarrows f(x)$ 知, $\forall \varepsilon > 0, \exists N \in \mathbb{N}, \forall x \in [a,b], \forall p > N$, 有

$$\left|\sum_{n=1}^{p} f_n(x) - f(x)\right| < \varepsilon,$$

于是

$$\left|\sum_{n=1}^{p} \int_a^b f_n(x) \mathrm{d}x - \int_a^b f(x) \mathrm{d}x\right| < \varepsilon |b-a|.$$

**定理 13.27 (逐项求导定理)** 若 $\forall n \in \mathbb{N}, f_n(x) \in C^1[a,b]$, 且 $\sum\limits_{n=1}^{+\infty} f_n(x) = f(x)$, $\sum\limits_{n=1}^{+\infty} f_n'(x) \rightrightarrows \varphi(x)$, 则 $f'(x) = \varphi(x)$, 即

$$\frac{\mathrm{d}}{\mathrm{d}x}\left(\sum_{n=1}^{+\infty} f_n(x)\right) = \sum_{n=1}^{+\infty} \frac{\mathrm{d}}{\mathrm{d}x} f_n(x).$$

**证明** 由 $f_n(x) \in C^1[a,b], \sum\limits_{n=1}^{+\infty} f_n'(x) \rightrightarrows \varphi(x)$, 故 $\varphi(x) \in C[a,b]$.

$\forall x_0 \in [a,b], [a, x_0]$ 上的连续性和一致收敛性当然成立. 由逐项积分定理, 有

$$\int_a^{x_0} \varphi(t) \mathrm{d}t = \int_a^{x_0} \sum_{n=1}^{+\infty} f_n'(t) \mathrm{d}t$$
$$= \sum_{n=1}^{+\infty} \int_a^{x_0} f_n'(t) \mathrm{d}t$$
$$= \sum_{n=1}^{+\infty} f_n(x_0) - \sum_{n=1}^{+\infty} f_n(a)$$

$$= f(x_0) - f(a).$$

因此,
$$\varphi(x_0) = \sum_{n=1}^{+\infty} f'(x_0).$$

其实, 这里条件 $\sum_{n=1}^{+\infty} f_n(x) = f(x)$ 仅需在区间中某一点成立即可.

**例 13.13** 定义
$$C(x) = 1 + \sum_{n=1}^{+\infty} \frac{(-1)^n}{(2n)!} x^{2n}, \quad S(x) = \sum_{n=1}^{+\infty} \frac{(-1)^{n+1}}{(2n-1)!} x^{2n-1},$$

则有
$$C'(x) = -S(x), \quad S'(x) = C(x).$$

**证明** 首先, 前面例 13.8 中已经证明了 $S(x), C(x)$ 绝对收敛, 记其极限为 $\sin x$, $\cos x$. 其次, 在交错级数的莱布尼茨定理证明中, 我们已经知道 $C(x)$ 这样的级数满足
$$\left| 1 + \sum_{n=1}^{N} \frac{(-1)^n}{(2n)!} x^{2n} - \cos x \right| < \frac{x^{2(N+1)}}{(2(N+1))!},$$

因此, 任意选定一个足够大的闭区间 $[-A, A]$, 则
$$\left| 1 + \sum_{n=1}^{N} \frac{(-1)^n}{(2n)!} x^{2n} - \cos x \right| < \frac{A^{2(N+1)}}{(2(N+1))!},$$

即 $C(x) \rightrightarrows \cos x$.

同理, $S(x) \rightrightarrows \sin x$.

由逐项求导定理, 知
$$(\cos x)' = \frac{\mathrm{d}}{\mathrm{d}x} \left[ 1 + \sum_{n=1}^{+\infty} \frac{(-1)^n}{(2n)!} x^{2n} \right]$$
$$= \sum_{n=1}^{+\infty} \frac{(-1)^n}{(2n)!} \cdot 2n \cdot x^{2n-1}$$
$$= \sum_{n=1}^{+\infty} \frac{(-1)^n}{(2n-1)!} x^{2n-1}$$
$$= -\sin x.$$

函数项级数中最重要的一类是幂级数, 即形如

$$\sum_{n=0}^{+\infty} a_n(x-x_0)^n$$

的级数. 幂级数可依据以下的柯西–阿达玛 (Cauchy-Hadamard) 公式判别收敛性.

**定理 13.28 (柯西–阿达玛公式)** 记 $\rho = \dfrac{1}{\varlimsup\limits_{n\to +\infty} \sqrt[n]{|a_n|}}$, 则幂级数 $\sum\limits_{n=0}^{+\infty} a_n(x-x_0)^n$ 对于 $|x-x_0| < \rho$ 的 $x$ 绝对收敛, 对于 $|x-x_0| > \rho$ 的 $x$ 发散.

**证明** 记

$$q = \varlimsup_{n\to +\infty} \sqrt[n]{|a_n(x-x_0)^n|},$$

则显然 $q < 1$ 时级数发散, 而 $q > 1$ 时级数收敛. 由此就得出定理中的收敛半径.

在临界情况, 上述级数的收敛性需要逐个讨论.

**例 13.14** 对于 $\sum\limits_{n=0}^{+\infty}(-x)^n, \sum\limits_{n=1}^{+\infty}\dfrac{(-x)^n}{n}, \sum\limits_{n=1}^{+\infty}\dfrac{(-x)^n}{n^2}$, 分别讨论其收敛域.

**解** 计算可知

$$\lim_{n\to +\infty} \sqrt[n]{|x^n|} = |x|,$$

故 $|x| < 1$ 时收敛, $|x| > 1$ 时发散. 而 $x = 1$ 处 $\sum\limits_{n=0}^{+\infty}(-1)^n$ 发散, $x = -1$ 处 $\sum\limits_{n=0}^{+\infty} 1^n$ 也发散. 因此, $\sum\limits_{n=0}^{+\infty}(-x)^n$ 的收敛域为 $(-1,1)$.

类似地,

$$\lim_{n\to +\infty} \sqrt[n]{\left|\dfrac{(-x)^n}{n}\right|} = |x|,$$

故 $|x| < 1$ 时收敛, $|x| > 1$ 时发散. 而 $x = 1$ 处 $\sum\limits_{n=1}^{+\infty}\dfrac{(-1)^n}{n}$ 收敛, $x = -1$ 处 $\sum\limits_{n=1}^{+\infty}\dfrac{1^n}{n}$ 发散. 因此, $\sum\limits_{n=1}^{+\infty}\dfrac{(-x)^n}{n}$ 的收敛域为 $(-1,1]$.

$$\lim_{n\to +\infty} \sqrt[n]{\left|\dfrac{(-x)^n}{n^2}\right|} = |x|,$$

故 $|x| < 1$ 时收敛, $|x| > 1$ 时发散. 而 $x = \pm 1$ 处 $\sum\limits_{n=1}^{+\infty}\dfrac{1^n}{n^2}$ 收敛, 因此, $\sum\limits_{n=1}^{+\infty}\dfrac{(-x)^n}{n^2}$ 的收敛域为 $[-1,1]$.

由柯西–阿达玛公式容易知道, $f(x) = \sum_{n=0}^{+\infty} a_n(x-x_0)^n$ 与 $f'(x) = \sum_{n=0}^{+\infty} na_n(x-x_0)^{n-1}$ 的收敛半径相等.

之前学过的泰勒级数 (如果泰勒展式收敛到原来的函数, 才称为泰勒级数), 就是最重要的一种函数幂级数.

与幂级数的部分和序列类似, 我们可以考虑多项式函数形成的一个序列, 并有以下定理.

**定理 13.29 (魏尔斯特拉斯定理)** 闭区间上连续函数可用多项式序列一致逼近.

**证明** 首先, 我们有以下一些恒等式 (证明略):

$$\sum_{k=0}^{n} C_n^k x^k (1-x)^{n-k} = 1;$$

$$\sum_{k=0}^{n} \frac{k}{n} C_n^k x^k (1-x)^{n-k} = x;$$

$$\sum_{k=0}^{n} \frac{k^2}{n^2} C_n^k x^k (1-x)^{n-k} = \frac{x(1-x)}{n} + x^2;$$

$$\sum_{k=0}^{n} \left(\frac{k}{n} - x\right)^2 C_n^k x^k (1-x)^{n-k} = \frac{x(1-x)}{n}.$$

不妨设闭区间为 $[0,1]$, 若 $f(x) \in C[0,1]$, 则它有界且一致连续, 即 $\exists M, \forall x \in [0,1], |f(x)| \leqslant M$, 以及 $\forall \varepsilon > 0, \exists \delta > 0, \forall x_1, x_2 \in [0,1], |x_1 - x_2| < \delta$, 就有

$$|f(x_1) - f(x_2)| < \varepsilon.$$

记指标集

$$I(x;n;\delta) = \left\{k \in \{0, 1, \cdots, n\} \bigg| \left|\frac{k}{n} - x\right| \geqslant \delta\right\},$$

以及

$$J(x;n;\delta) = \left\{k \in \{0, 1, \cdots, n\} \bigg| \left|\frac{k}{n} - x\right| < \delta\right\}.$$

记多项式 (称为伯恩斯坦 (Bernstein) 多项式)

$$B_n(x) = \sum_{k=0}^{n} f\left(\frac{k}{n}\right) C_n^k x^k (1-x)^{n-k},$$

则对给定的 $x \in [0,1]$, 取 $N = \max\left\{\left[\dfrac{1}{\delta}\right], \left[\dfrac{M}{2\delta^2\varepsilon}\right]\right\} + 1 \in \mathbb{N}, \forall n > N$, 有

$$\begin{aligned}
|f(x) - B_n(x)| &\leqslant \sum_{k=0}^{n} \left|f\left(\frac{k}{n}\right) - f(x)\right| \mathrm{C}_n^k x^k (1-x)^{n-k} \\
&\leqslant \sum_{k \in I(x;n;\delta)} \left|f\left(\frac{k}{n}\right) - f(x)\right| \mathrm{C}_n^k x^k (1-x)^{n-k} \\
&\quad + \sum_{k \in J(x;n;\delta)} \left|f\left(\frac{k}{n}\right) - f(x)\right| \mathrm{C}_n^k x^k (1-x)^{n-k} \\
&\leqslant 2M \sum_{k \in I(x;n;\delta)} \mathrm{C}_n^k x^k (1-x)^{n-k} + \varepsilon \sum_{k \in J(x;n;\delta)} \mathrm{C}_n^k x^k (1-x)^{n-k} \\
&\leqslant 2M \sum_{k \in I(x;n;\delta)} \left(\frac{\frac{k}{n} - x}{\delta}\right)^2 \mathrm{C}_n^k x^k (1-x)^{n-k} + \varepsilon \\
&\leqslant \frac{2M}{\delta^2} \sum_{k=0}^{n} \left(\frac{k}{n} - x\right)^2 \mathrm{C}_n^k x^k (1-x)^{n-k} + \varepsilon \\
&\leqslant \frac{2M}{\delta^2} \cdot \frac{x(1-x)}{n} + \varepsilon \\
&\leqslant \frac{M}{2n\delta^2} + \varepsilon \\
&\leqslant 2\varepsilon.
\end{aligned}$$

伯恩斯坦多项式序列和泰勒级数的区别在于: 首先, 泰勒级数的部分和序列中, 对于 $m > n$, $S_n(x)$ 和 $S_m(x)$ 的前 $n$ 项是完全一样的, 而伯恩斯坦多项式序列 $B_n(x)$ 的系数是随着 $n$ 变化的; 其次, 泰勒级数的收敛域未必能够覆盖 $[0,1]$ 区间, 而伯恩斯坦多项式序列在 $[0,1]$ 上点点收敛.

## 13.3 傅里叶级数

在介绍傅里叶级数之前, 我们有必要把空间的概念拓展一下.

### 13.3.1 内积空间与投影

与线性代数中的有限维线性空间一样, 我们讨论 $[0,2\pi]$ 上周期函数形成的线性空间, 记作 $C(\mathbb{R}/2\pi\mathbb{Z}) = \{f \in C(\mathbb{R}) | f(x+2\pi) = f(x)\}$.

首先定义加法. $f, g \in C(\mathbb{R}/2\pi\mathbb{Z})$, 定义

$$f + g : \mathbb{R} \to \mathbb{R}$$

$$x \mapsto f(x) + g(x)$$

再定义数乘. $f \in C(\mathbb{R}/2\pi\mathbb{Z}), \lambda \in \mathbb{R}$, 定义

$$\lambda f : \mathbb{R} \to \mathbb{R}$$
$$x \mapsto \lambda f(x)$$

显然, $f+g, \lambda f$ 连续且以 $2\pi$ 为周期, 因此, $C(\mathbb{R}/2\pi\mathbb{Z})$ 关于加法和数乘封闭. 这样定义了加法和数乘的空间称为线性空间.

给定一组函数 $f_1, \cdots, f_n \in C(\mathbb{R}/2\pi\mathbb{Z})$, 如果 $\exists \lambda_1, \cdots, \lambda_n$ 不全为 0, 而

$$\lambda_1 f_1 + \cdots + \lambda_n f_n = 0,$$

则称 $f_1, \cdots, f_n$ 线性相关. 否则, 若由

$$\lambda_1 f_1 + \cdots + \lambda_n f_n = 0$$

必可推出 $\lambda_1 = \cdots = \lambda_n = 0$, 则称 $f_1, \cdots, f_n$ 线性无关.

例如 $\sin x, \sin 2x$ 线性无关.

跟多维空间中类似, 我们进一步给出 $C(\mathbb{R}/2\pi\mathbb{Z})$ 的几何结构. 在 $\mathbb{R}^n$ 里我们通过定义范数而诱导出了距离. 有了距离, 极限的定义就自然有了. 这里, 我们定义一个可以诱导出范数的结构: 内积 (inner product). 具体地说, 我们定义

$$(f, g) = \int_0^{2\pi} f(x) g(x) \mathrm{d}x.$$

内积具有以下一些性质:

(1) 对称性: $(f, g) = (g, f)$;
(2) 线性性: $(\alpha_1 f_1 + \alpha_2 f_2, g) = \alpha_1 (f_1, g) + \alpha_2 (f_2, g)$;
(3) 柯西不等式: $(f, g)^2 \leqslant (f, f)(g, g)$;
(4) 非负性: $(f, f) \geqslant 0$, 且 $(f, f) = 0$ 当且仅当 $f = 0$;
(5) 平行四边形性质: $(f+g, f+g) + (f-g, f-g) = 2(f, f) + 2(g, g)$.

由这些性质, 可以推出

$$\| \cdot \| : C(\mathbb{R}/2\pi\mathbb{Z}) \to \mathbb{R}$$
$$f \mapsto \|f\| = \sqrt{(f, f)}$$

是一个范数[①].

---

[①]当积分 $\int_0^{2\pi} f(x)g(x)\mathrm{d}x$ 拓展为勒贝格 (Lebesgue) 积分时, 这一范数称为 $L^2$ 范数, 所有 $L^2$ 范数有限的函数构成函数空间 $L^2([0, 2\pi])$.

在内积下，我们可以定义两个函数 (向量) 的夹角 $\theta = \arcsin \dfrac{(f,g)}{\|f\|\|g\|}$. 特别地，若两个非零函数满足
$$(f, g) = 0,$$
就说它们相互正交. 于是我们看到，$\{1, \cos x, \sin x, \cos 2x, \sin 2x, \cdots, \cos nx, \sin nx\}$ 是两两正交的.

如果一个线性空间中有 $n$ 个向量组成的线性无关组，而任意 $(n+1)$ 个向量必定线性相关，那么就称为 $n$ 维的空间. 如果对任给的 $n \in \mathbb{N}$, 都有 $n$ 个向量组成的线性无关组，就称为无穷维空间.

特别地，$C(\mathbb{R}/2\pi\mathbb{Z})$ 是一个无穷维线性空间.

内积空间里如果有一组两两正交的向量组 $(e_1, \cdots, e_n)$, 那么我们考虑以下误差的极小化问题:
$$\min_{a_1, \cdots, a_n} \left( f - \sum_{k=1}^n a_k e_k, f - \sum_{k=1}^n a_k e_k \right),$$
这其实是说找到 $e_1, \cdots, e_n$ 的一个线性组合，最好地近似 $f$.

极小值问题可以作为 $a_1, \cdots, a_n$ 的函数极小值问题，利用多元微分来求解:
$$\frac{\partial}{\partial a_j} \left( f - \sum_{k=1}^n a_k e_k, f - \sum_{k=1}^n a_k e_k \right) = -2(f, e_j) + 2a_j(e_j, e_j),$$
因此可能的极值点为
$$a_j = \frac{(f, e_j)}{(e_j, e_j)}.$$

在这种选取下，计算可得
$$\left( f - \sum_{k=1}^n \frac{(f, e_k)}{(e_k, e_k)} e_k, f - \sum_{k=1}^n \frac{(f, e_k)}{(e_k, e_k)} e_k \right) = (f, f) - \sum_{k=1}^n \frac{(f, e_k)^2}{(e_k, e_k)},$$
即
$$\left\| f - \sum_{k=1}^n \frac{(f, e_k)}{(e_k, e_k)} e_k \right\|^2 = \|f\|^2 - \sum_{k=1}^n a_k^2 (e_k, e_k).$$

这个结论称为贝塞尔 (Bessel) 等式，而其推论
$$\|f\|^2 - \sum_{k=1}^n a_k^2 \geqslant 0$$
称为贝塞尔不等式. 显然，若 $\|f\|$ 有界，必有
$$\lim_{n \to +\infty} a_n = 0.$$

### 13.3.2 傅里叶级数

函数 $f(x)$ 的泰勒级数的有限和序列是 $\{1, x-x_0, (x-x_0)^2, \cdots, (x-x_0)^n\}$ 的线性组合，可以看作是它在一组幂函数"基"$\{1, x-x_0, (x-x_0)^2, \cdots, (x-x_0)^n, \cdots\}$ 上的投影[①]. 如果我们换一组"基"，又会怎样呢？

方便起见，我们考虑 $[0, 2\pi]$ 上的函数 $f(x)$，要求 $f(0) = f(2\pi)$. 傅里叶级数采用了 $\{1, \cos x, \sin x, \cos 2x, \sin 2x, \cdots, \cos nx, \sin nx, \cdots\}$ 为"基"，也就是说，考虑

$$f_n(x) = \frac{a_0}{2} + \sum_{k=1}^{n}(a_k \cos kx + b_k \sin kx).$$

作为后面讨论的基础，我们先给出以下一些积分关系：

$$\int_0^{2\pi} \cos kx \, dx = 0,$$

$$\int_0^{2\pi} \sin kx \, dx = 0,$$

$$\int_0^{2\pi} \cos kx \sin lx \, dx = 0,$$

$$\int_0^{2\pi} \frac{1}{2} \, dx = \pi,$$

$$\int_0^{2\pi} \cos kx \cos lx \, dx = \pi \delta_{kl},$$

$$\int_0^{2\pi} \sin kx \sin lx \, dx = \pi \delta_{kl},$$

其中 $k, l \in \mathbb{N}$，$\delta_{kl}$ 是克罗内克符号，当 $k = l$ 时为 1，否则为 0.

如果以上述两两正交的函数系 $\{1, \cos x, \sin x, \cos 2x, \sin 2x, \cdots, \cos nx, \sin nx, \cdots\}$ 作为内积空间中的线性无关向量组，达到误差最小的系数应取为

$$a_j = \frac{1}{\pi}(\cos jx, f(x)) = \frac{1}{\pi}\int_0^{2\pi} f(x) \cos jx \, dx,$$

和

$$b_j = \frac{1}{\pi}(\sin jx, f(x)) = \frac{1}{\pi}\int_0^{2\pi} f(x) \sin jx \, dx.$$

这就是傅里叶级数的变换公式，称为欧拉–傅里叶公式.

---

[①] 按照线性代数的语言，这些幂函数确实是线性无关的，因此可以作为基. 但这里有无穷个这样的函数，这就跟线性代数里的有限维线性空间不同了.

此时, 贝塞尔不等式为

$$\int_0^{2\pi} f^2(x)\mathrm{d}x \geqslant \frac{1}{\pi}\left(\frac{a_0^2}{2} + \sum_{k=1}^n (a_k^2 + b_k^2)\right).$$

并且若 $\int_0^{2\pi} f^2(x)\mathrm{d}x$ 有限, 必有

$$\lim_{j\to +\infty}\int_0^{2\pi} f(x)\cos jx\mathrm{d}x = \lim_{j\to +\infty}\int_0^{2\pi} f(x)\sin jx\mathrm{d}x = 0.$$

事实上, 有更为一般的结论如下 (证明略).

**定理 13.30 (黎曼–勒贝格引理)** 若函数 $f(x)$ 在区间 $[\alpha,\beta]$ 上可积或广义绝对可积[①], 则

$$\lim_{j\to +\infty}\int_\alpha^\beta f(x)\cos jx\mathrm{d}x = \lim_{j\to +\infty}\int_\alpha^\beta f(x)\sin jx\mathrm{d}x = 0.$$

### 13.3.3 傅里叶级数的收敛性

与幂级数部分的讨论相似, 我们要研究

$$f_\infty(x) = \frac{a_0}{2} + \sum_{n=1}^{+\infty}(a_n\cos nx + b_n\sin nx)$$

是否收敛以及是否收敛到 $f(x)$. 比较完整的研究涉及函数 $f(x)$ 的性质以及积分的定义, 这里我们仅就比较典型的情形, 局限在黎曼积分下进行讨论.

先把有限和改写为狄利克雷积分. 注意到

$$\begin{aligned}
f_n(x) &= \frac{1}{2\pi}\int_0^{2\pi} f(t)\mathrm{d}t + \frac{1}{\pi}\sum_{k=1}^n\left[\cos kx\int_0^{2\pi} f(t)\cos kt\mathrm{d}t + \sin kx\int_0^{2\pi} f(t)\sin kt\mathrm{d}t\right] \\
&= \frac{1}{\pi}\int_0^{2\pi} f(t)\left[\frac{1}{2} + \sum_{k=1}^n \cos k(x-t)\right]\mathrm{d}t \\
&= \frac{1}{\pi}\int_0^{2\pi} f(t)\frac{\sin\left(n+\frac{1}{2}\right)(x-t)}{2\sin\frac{x-t}{2}}\mathrm{d}t \\
&\equiv \frac{1}{2\pi}f(x) * \frac{\sin\left(n+\frac{1}{2}\right)x}{\sin\frac{x}{2}},
\end{aligned}$$

---

[①] 允许有瑕点.

其中
$$f(x) * g(x) = \int_0^{2\pi} f(t)g(x-t)\mathrm{d}t$$
称为卷积.

方便起见, 以下记
$$g(t, x_0) = \frac{f(x_0+t) + f(x_0-t)}{2}.$$

**定理 13.31 (黎曼局域化原理)** 若周期函数 $f(x)$ 在区间 $[0, 2\pi]$ 上可积或广义绝对可积, 那么其傅里叶级数在点 $x_0 \in (0, 2\pi)$ 的收敛性和极限, 仅与任意选定 $\delta > 0$ 的邻域 $U(x_0, \delta)$ 有关.

**证明** 利用函数 $\dfrac{\sin\left(n+\dfrac{1}{2}\right)x}{\sin\dfrac{x}{2}}$ 为偶函数, 以及 $f(x)$ 的周期性, 可以知道

$$f_n(x_0) = \frac{1}{2\pi}\int_0^{2\pi} f(x_0-t)\frac{\sin\left(n+\dfrac{1}{2}\right)t}{\sin\dfrac{t}{2}}\mathrm{d}t$$

$$= \frac{1}{\pi}\int_0^{\pi} g(t,x_0)\frac{\sin\left(n+\dfrac{1}{2}\right)t}{\sin\dfrac{t}{2}}\mathrm{d}t$$

$$= \frac{1}{\pi}\int_0^{\delta} \frac{g(t,x_0)}{\sin\dfrac{t}{2}}\sin\left(n+\frac{1}{2}\right)t\,\mathrm{d}t$$

$$+ \frac{1}{\pi}\int_{\delta}^{\pi} \frac{g(t,x_0)}{\sin\dfrac{t}{2}}\sin\left(n+\frac{1}{2}\right)t\,\mathrm{d}t.$$

在 $t \in [\delta, \pi]$ 上, $\dfrac{g(t,x_0)}{\sin\dfrac{t}{2}}$ 是可积或广义绝对可积的 (分母为非 0 有界函数), 因此

$$\lim_{n \to +\infty}\int_{\delta}^{\pi} \frac{g(t,x_0)}{\sin\dfrac{t}{2}}\sin\left(n+\frac{1}{2}\right)t\,\mathrm{d}t = 0.$$

所以, 傅里叶级数的收敛性和极限, 仅与任意选定 $\delta > 0$ 的邻域 $U(x_0, \delta)$ 有关.

在此基础上, 注意到
$$\frac{1}{2\sin\dfrac{t}{2}} - \frac{1}{t} = \frac{t - 2\sin\dfrac{t}{2}}{2t\sin\dfrac{t}{2}}$$

在 $[0,\delta]$ 上有界 (当 $t \to 0^+$ 时极限为 0), 因此由黎曼–勒贝格引理,

$$\lim_{n\to+\infty} \int_0^\delta g(t,x_0) \left[\frac{1}{2\sin\frac{t}{2}} - \frac{1}{t}\right] \sin\left(n+\frac{1}{2}\right) t \mathrm{d}t = 0.$$

另一方面, 若 $\int_0^\delta \frac{|g(t,x_0) - g(0^+,x_0)|}{t} \mathrm{d}t$ 收敛, 计算可知 (还是由黎曼–勒贝格引理)

$$\int_0^\delta \frac{g(t,x_0)}{t} \sin\left(n+\frac{1}{2}\right) t \mathrm{d}t$$

$$= \int_0^\delta \frac{g(t,x_0) - g(0^+,x_0)}{t} \sin\left(n+\frac{1}{2}\right) t \mathrm{d}t + g(0^+,x_0) \int_0^\delta \frac{\sin\left(n+\frac{1}{2}\right) t}{t} \mathrm{d}t$$

$$= \int_0^\delta \frac{g(t,x_0) - g(0^+,x_0)}{t} \sin\left(n+\frac{1}{2}\right) t \mathrm{d}t + g(0^+,x_0) \int_0^{(n+\frac{1}{2})\delta} \frac{\sin t}{t} \mathrm{d}t$$

$$= g(0^+,x_0) \int_0^{(n+\frac{1}{2})\delta} \frac{\sin t}{t} \mathrm{d}t.$$

再求极限可知

$$\lim_{n\to+\infty} f_n(x_0) = g(0^+,x_0).$$

因此, 我们得到以下结论.

**定理 13.32 (迪尼 (Dini) 判别法)** 若周期函数 $f(x)$ 在 $[0,2\pi]$ 上可积或广义绝对可积, 且对足够小的 $\delta > 0$, 有 $\int_0^\delta \frac{|g(t,x_0) - g(0^+,x_0)|}{t} \mathrm{d}t$ 收敛, 则 $f(x)$ 的傅里叶级数在 $x_0$ 收敛于

$$g(0^+,x_0) = \frac{f(x_0^+) + f(x_0^-)}{2}.$$

迪尼判别法中的条件在以下一些情况下是满足的, 于是傅里叶级数在 $x_0$ 点 (或区间上任一点) 收敛于其左右极限的均值:

(1) 可微或分段可微;

(2) 在 $x_0$ 点连续或为第一类间断, 且满足利普希茨条件: $\exists L > 0, s > 0, \delta > 0, \forall t \in (0,\delta]$,

$$|f(x_0 \pm t) - f(x_0^\pm)| \leqslant L t^s;$$

(3) 不连续点和不可微点仅为有限个.

如果 $f(x)$ 的傅里叶级数有限和满足

$$\lim_{n\to+\infty} \int_0^{2\pi} (f(x) - f_n(x))^2 \mathrm{d}x = 0,$$

则称傅里叶级数 $f_\infty(x)$ 均方收敛到 $f(x)$. 一个特例是 $f(x) = f_\infty(x)$.

直接计算可知

$$\frac{1}{\pi}(f_\infty(x), f_\infty(x)) = \frac{a_0^2}{2} + \sum_{n=1}^{+\infty}(a_n^2 + b_n^2).$$

再由均方收敛知

$$\frac{1}{\pi}\int_0^{2\pi}(f(x))^2 \mathrm{d}x = \frac{a_0^2}{2} + \sum_{n=1}^{+\infty}(a_n^2 + b_n^2).$$

这称为帕塞瓦尔 (Parseval) 等式, 它表明了可积函数 $f(x)$ 的 $L^2$ 模可以完全用其傅里叶级数系数组成的序列的 $l^2$ 模 (即各项的平方和) 来表示.

**例 13.15** 对于 $2\pi$ 周期函数 $f(x) = \begin{cases} 1, & 0 < x < \pi, \\ -1, & \pi < x < 2\pi, \end{cases}$ 分析其傅里叶级数及收敛情况①.

**解** 由于这是一个奇函数, 其常数项及余弦项系数为 0, 而

$$b_n = \frac{1}{\pi}\int_0^{2\pi} f(x) \sin nx \mathrm{d}x$$
$$= \frac{1 - (-1)^n}{n\pi}.$$

由于函数除了 $0, \pi$ 处以外均可微, 因此傅里叶级数除了在间断点以外收敛到函数值, 但是在间断点处收敛到左右极限的均值 0.

从图 13.3 可以看到, 即使到 $f_{39}(x)$, 在间断点附近也有一个大概 $\pm 0.2$ 的振幅, 而且这一振幅并不随项数的增加而减小, 这称为吉布斯 (Gibbs) 现象. 这与均方收敛不矛盾, 振荡的宽度随项数增加而缩窄.

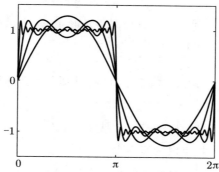

**图 13.3** 方波的傅里叶级数近似: 从内到外依次为 $f_1(x), f_3(x), f_9(x), f_{39}(x)$

---

①在信号分析的应用中, 它代表了方波.

**例 13.16** 对于 $2\pi$ 周期函数 $f(x) = \begin{cases} x, & 0 < x < \pi, \\ x - 2\pi, & \pi < x < 2\pi, \end{cases}$ 分析其傅里叶级数及收敛情况①.

**解** 由于这是一个奇函数, 其常数项及余弦项系数为 0, 而

$$b_n = \frac{1}{\pi} \int_0^{2\pi} f(x) \sin nx \mathrm{d}x$$
$$= \frac{2 \times (-1)^n}{n}.$$

由于函数除了 $\pi$ 处以外均可微, 因此傅里叶级数除了在间断点以外收敛到函数值 (参考图 13.4), 但是在间断点处收敛到左右极限的均值 0.

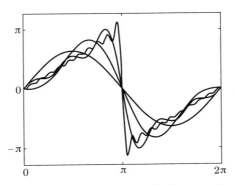

**图 13.4** 锯齿波的傅里叶级数近似: 从内到外依次为 $f_1(x), f_3(x), f_6(x), f_{21}(x)$

### 13.3.4 傅里叶级数的推广及讨论

上面的分析容易推广到 $L$ 周期的函数. 考虑 $[0, L]$ 上定义的函数 $f(x)$, 我们做坐标变换 $x \to \widetilde{x} = \dfrac{2\pi x}{L}$, 就得到新的函数 $f(\widetilde{x})$, 傅里叶级数为

$$f(x) = f(\widetilde{x})$$
$$\sim a_0 + \sum_{n=1}^{+\infty} (a_n \cos n\widetilde{x} + b_n \sin n\widetilde{x})$$
$$= a_0 + \sum_{n=1}^{+\infty} \left( a_n \cos \frac{2n\pi}{L} x + b_n \sin \frac{2n\pi}{L} x \right),$$

---

①在信号分析的应用中, 它代表了锯齿波.

其中
$$a_n = \frac{1}{\pi}\int_0^{2\pi} f(\widetilde{x})\cos n\widetilde{x}\,\mathrm{d}\widetilde{x}$$
$$= \frac{2}{L}\int_0^L f(x)\cos\frac{2n\pi}{L}x\,\mathrm{d}x,$$
$$b_n = \frac{1}{\pi}\int_0^{2\pi} f(\widetilde{x})\sin n\widetilde{x}\,\mathrm{d}\widetilde{x}$$
$$= \frac{2}{L}\int_0^L f(x)\sin\frac{2n\pi}{L}x\,\mathrm{d}x.$$

在很多应用中, 会将傅里叶级数定义成复数形式. 也就是说, 对于 $2\pi$ 周期的函数 $f(x)$, 考虑

$$f(x) \sim \sum_{n=-\infty}^{+\infty} c_n \mathrm{e}^{\mathrm{i}nx} = c_0 + \sum_{n=1}^{+\infty}((c_n + c_{-n})\cos nx + \mathrm{i}(c_n - c_{-n})\sin nx),$$

与实数形式的傅里叶级数比较可见:

$$c_0 = \frac{a_0}{2} = \frac{1}{2\pi}\int_0^{2\pi} f(x)\mathrm{d}x,$$
$$c_n = \frac{a_n - \mathrm{i}b_n}{2}$$
$$= \frac{1}{2\pi}\int_0^{2\pi} f(x)(\cos nx - \mathrm{i}\sin nx)\mathrm{d}x$$
$$= \frac{1}{2\pi}\int_0^{2\pi} f(x)\mathrm{e}^{-\mathrm{i}nx}\mathrm{d}x,$$
$$c_{-n} = \frac{a_n + \mathrm{i}b_n}{2}$$
$$= \frac{1}{2\pi}\int_0^{2\pi} f(x)\mathrm{e}^{\mathrm{i}nx}\mathrm{d}x.$$

于是有统一的表达式 $(n \in \mathbb{Z})$

$$c_n = \frac{1}{2\pi}\int_0^{2\pi} f(x)\mathrm{e}^{-\mathrm{i}nx}\mathrm{d}x.$$

对于 $L$ 周期的函数, 复数形式的傅里叶级数为

$$f(x) \sim \sum_{n=-\infty}^{+\infty} c_n \mathrm{e}^{\mathrm{i}\frac{2n\pi}{L}x},$$

其中

$$c_n = \frac{1}{L}\int_0^{2\pi} f(x)\mathrm{e}^{-\mathrm{i}\frac{2n\pi}{L}x}\mathrm{d}x.$$

关于傅里叶级数, 另一个值得关心的问题是求导和积分. 在函数充分光滑的条件下, 如果 $2\pi$ 周期的函数 (点点收敛)

$$f(x) = a_0 + \sum_{n=1}^{+\infty}(a_n \cos nx + b_n \sin nx),$$

那么

$$f'(x) = \sum_{n=1}^{+\infty} n(b_n \cos nx - a_n \sin nx),$$

以及

$$\int_0^x (f(t) - a_0)\mathrm{d}t = \sum_{n=1}^{+\infty} \frac{1}{n}(-b_n \cos nx + a_n \sin nx).$$

## 习　　题

1. 讨论下列级数的收敛性:

   (1) $\sum_{n=1}^{+\infty} \dfrac{1}{n(\ln n)^p}$ $(p > 0)$;

   (2) $\sum_{n=1}^{+\infty} \dfrac{1}{n \ln n (\ln \ln n)^p}$ $(p > 0)$;

   (3) $\sum_{n=1}^{+\infty} (-1)^n \dfrac{a^{2n}}{(2n)!}$;

   (4) $\sum_{n=1}^{+\infty} \sin \dfrac{\pi}{n}$;

   (5) $\sum_{n=1}^{+\infty} \cos \dfrac{\pi}{n}$;

   (6) $\sum_{n=1}^{+\infty} \dfrac{(-1)^n}{\sqrt{n}}$;

   (7) $\sum_{n=1}^{+\infty} \dfrac{(-1)^n}{n+1+(-1)^n}$;

   (8) $\sum_{n=1}^{+\infty} \dfrac{(n!)^2}{(2n)!}$;

   (9) $\sum_{n=1}^{+\infty} \dfrac{n^{n+1}}{(n+1)^{n+2}}$;

(10) $\sum_{n=1}^{+\infty} \dfrac{n^n}{n!}$;

(11) $\sum_{n=1}^{+\infty} (-1)^n \dfrac{\ln(n+1)}{n+1}$;

(12) $\sum_{n=1}^{+\infty} \sin \sqrt{1+n^2}\pi$;

(13) $\sum_{n=1}^{+\infty} \sin \dfrac{n^2+2}{n}\pi$.

2. 证明拉阿贝 (Raabe) 判别法: 正项级数 $\sum_{n=1}^{+\infty} a_n$ 若满足 $\exists q > 1, \forall n \in \mathbb{N}, a_n \neq 0$, 且 $n\left(\dfrac{a_n}{a_{n+1}} - 1\right) > q$, 则 $\sum_{n=1}^{+\infty} a_n$ 收敛; 若 $n\left(\dfrac{a_n}{a_{n+1}} - 1\right) \leqslant 1$, 则 $\sum_{n=1}^{+\infty} a_n$ 发散.

换言之, 若 $\varliminf_{n \to +\infty} n\left(\dfrac{a_n}{a_{n+1}} - 1\right) > 1$, 则 $\sum_{n=1}^{+\infty} a_n$ 收敛; 若 $\varlimsup_{n \to +\infty} n\left(\dfrac{a_n}{a_{n+1}} - 1\right) \leqslant 1$, 则 $\sum_{n=1}^{+\infty} a_n$ 发散.

3. 证明无穷乘积 $\prod_{n=1}^{+\infty} a_n$ 收敛的充要条件是 $\sum_{n=1}^{+\infty} \ln a_n$ 收敛.

4. 判断 $\prod_{n=1}^{+\infty} \dfrac{n^2-9}{n^2-1}$ 是否收敛.

5. 对于函数

$$S(x) = \sum_{n=0}^{+\infty} (-1)^n \dfrac{x^{2n+1}}{(2n+1)!},$$
$$C(x) = \sum_{n=0}^{+\infty} (-1)^n \dfrac{x^{2n}}{(2n)!},$$

试证明
$$C(x)S(y) + C(y)S(x) = S(x+y).$$

6. 求下列函数项级数的收敛域:

(1) $\sum_{n=1}^{+\infty} \dfrac{1}{n(n+1)} x^n$;

(2) $\sum_{n=1}^{+\infty} \dfrac{(n!)^2}{(2n)!} x^n$;

(3) $\sum_{n=1}^{+\infty} \dfrac{x^n}{(1+x)(1+x^2)\cdots(1+x^n)}$;

(4) $\sum_{n=1}^{+\infty} \dfrac{x^n}{2^{\sqrt{n}}}$.

7. 判断下列函数项级数的一致收敛性:

(1) $\sum_{n=1}^{+\infty} \dfrac{\sin nx}{\sqrt{n^3+x^3}}, x \in \mathbb{R}$;

(2) $\sum_{n=0}^{+\infty} (1-x)x^n, x \in [0,1]$;

(3) $\sum_{n=1}^{+\infty} \dfrac{x^n}{n(n+1)}, x \in [-1,1]$.

8. 将下列函数在给定的周期上展开成傅里叶级数:

(1) $\sin^4 x,\ x \in [0, 2\pi]$;

(2) $|x|,\ x \in [-\pi, \pi]$;

(3) $|\sin x|,\ x \in [0, \pi]$;

(4) $\mathrm{e}^x,\ x \in [-1, 1]$.

9. 若 $2\pi$ 周期函数 $f(x) = \dfrac{a_0}{2} + \sum_{n=1}^{+\infty}(a_n\cos nx + b_n \sin nx)$, $g(x) = \dfrac{\alpha_0}{2} + \sum_{n=1}^{+\infty}(\alpha_n \cos nx + \beta_n \sin nx)$, 其中 $\sum_{n=1}^{+\infty}(a_n^2 + b_n^2)$, $\sum_{n=1}^{+\infty}(\alpha_n^2 + \beta_n^2)$ 都收敛, 试求 $\int_0^{2\pi} f(y)g(x-y)\mathrm{d}y$ 的傅里叶级数.

10. 计算 $2\pi$ 周期函数 $f(x) = x^2,\ x \in [-\pi, \pi]$ 的傅里叶级数, 并由此计算 $\sum_{n=1}^{+\infty} \dfrac{1}{n^2}$.